U0263116

中国科学院科学出版基金资助出版

信息科学技术学术著作丛书

量子光学

张智明　著

科学出版社
北京

内 容 简 介

　　量子光学是研究光场的量子统计性质、量子相干性质，以及光与物质相互作用中的量子效应的一门学科。本书重点介绍量子光学的基本内容，包括经典光场与原子的相互作用（光与原子相互作用的半经典理论）；光场本身的量子统计性质和量子相干性质；量子光场与原子的相互作用（光与原子相互作用的全量子理论）；耗散的量子理论以及量子光学实验中常用的物理系统。同时，简要介绍量子信息科学和冷原子物理。

　　本书可供从事量子光学、量子信息、冷原子物理及相关学科研究的科技人员、教师、研究生和高年级本科生参考，也可用作相关专业的教材。

图书在版编目(CIP)数据

量子光学/张智明著.—北京:科学出版社,2015
　(信息科学技术学术著作丛书)
　ISBN 978-7-03-043370-1

Ⅰ.量… Ⅱ.张… Ⅲ.量子光学-研究 Ⅳ.O431.2

中国版本图书馆 CIP 数据核字(2015)第 030272 号

责任编辑:魏英杰 / 责任校对:桂伟利
责任印制:赵 博 / 封面设计:陈 敬

科 学 出 版 社 出版
北京东黄城根北街 16 号
邮政编码:100717
http://www.sciencep.com
固安县铭成印刷有限公司印刷
科学出版社发行　各地新华书店经销

*

2015 年 2 月第 一 版　开本:720×1000 1/16
2025 年 3 月第十二次印刷　印张:16
字数:320 000

定价:98.00 元
(如有印装质量问题,我社负责调换)

《信息科学技术学术著作丛书》序

21世纪是信息科学技术发生深刻变革的时代，一场以网络科学、高性能计算和仿真、智能科学、计算思维为特征的信息科学革命正在兴起。信息科学技术正在逐步融入各个应用领域并与生物、纳米、认知等交织在一起，悄然改变着我们的生活方式。信息科学技术已经成为人类社会进步过程中发展最快、交叉渗透性最强、应用面最广的关键技术。

如何进一步推动我国信息科学技术的研究与发展；如何将信息技术发展的新理论、新方法与研究成果转化为社会发展的新动力；如何抓住信息技术深刻发展变革的机遇，提升我国自主创新和可持续发展的能力？这些问题的解答都离不开我国科技工作者和工程技术人员的求索和艰辛付出。为这些科技工作者和工程技术人员提供一个良好的出版环境和平台，将这些科技成就迅速转化为智力成果，将对我国信息科学技术的发展起到重要的推动作用。

《信息科学技术学术著作丛书》是科学出版社在广泛征求专家意见的基础上，经过长期考察、反复论证之后组织出版的。这套丛书旨在传播网络科学和未来网络技术，微电子、光电子和量子信息技术、超级计算机、软件和信息存储技术，数据知识化和基于知识处理的未来信息服务业，低成本信息化和用信息技术提升传统产业，智能与认知科学、生物信息学、社会信息学等前沿交叉科学，信息科学基础理论，信息安全等几个未来信息科学技术重点发展领域的优秀科研成果。丛书力争起点高、内容新、导向性强，具有一定的原创性；体现出科学出版社“高层次、高质量、高水平”的特色和“严肃、严密、严格”的优良作风。

希望这套丛书的出版，能为我国信息科学技术的发展、创新和突破带来一些启迪和帮助。同时，欢迎广大读者提出好的建议，以促进和完善丛书的出版工作。

中国工程院院士

原中国科学院计算技术研究所所长

李国杰

序

现代量子光学诞生于20世纪60年代。美国著名学者Glauber研究了Hanbury-Brown和Tuiss的强度关联实验(通常称为HBT实验)现象,首先预言光子反聚束的非经典效应,并引进相干态的概念,开创了量子光学发展的新时代。由于这项贡献,Glauber教授在2005年荣获了诺贝尔物理学奖。迄今量子光学已成为物理学领域中的重要学科,并不断获得重大研究进展和广泛的应用。我国的量子光学发展始于20世纪80年代,近30年的发展已取得巨大进步,在国际学术界占有一席之地。越来越多的大学开设了"量子光学"的研究生课程,张智明教授的这本书恰好适合当前我国在这个领域科研和教育的需要。

量子光学是一门运用量子力学研究光以及光与物质相互作用的学科。量子光学与光学领域其他学科的根本区别在于光场是量子化的。处理光与物质相互作用的理论大致可以划分为三类,第一类是全量子理论,即光和物质均采用量子力学描述;第二类是半经典理论,即光场量子化,而物质则采用经典描述,如折射系数等;第三类是半量子化理论,光场是经典光场,而物质是量子化描述。例如,在原子物理中,原子是量子化后的能级描述,而光场是经典电磁场。广义上的量子光学教科书包括上述这三类理论体系,当然作者按自己的观点会有不同的取舍。

量子光学学科经历了近半个世纪的发展,其理论体系已趋于完善。量子信息的诞生更有力地促进了量子光学基础理论和实验技术的飞速发展,量子光学学科进入到蓬勃兴旺的新阶段,正吸引越来越多年轻人步入这个领域,因此人们期待着更多适合他们需要的量子光学著作的出版。目前国内外已有许多优秀的量子光学著作。张智明教授根据自己30余年的相关教学和研究经历,编写了这本《量子光学》著作,书中凝聚了他对该领域的深刻体会,同时简单介绍了近年来量子信息和冷原子物理的研究进展。

相信此书的出版将有助于年轻人迈进量子光学的大门,为我国量子光学事业的发展做出贡献。

郭光灿

中国科学院院士

前　　言

国内外已经出版了许多量子光学方面的著作，为什么还要写这本书呢？主要原因是：作者学习、讲授、研究量子光学已经30余年，对量子光学的一些基本概念和理论体系有一些自己的体会，也做出了一些科研成果，希望能够写出来，与大家分享；不同的作者由于自己的教学和科研经历不同，面对受众（授课时的听众和著作的读者）的不同，著作的侧重点也就不同。本书就是按照作者本人的教学和科研经历以及面对的受众而写的。

量子光学是研究光场的量子统计性质、量子相干性质，以及光与物质（原子、离子等）相互作用中的量子效应的一门学科。按照作者的理解，可以将量子光学的研究内容分为三大部分。

第一部分是量子光学的基础部分，也是从事量子光学研究必须掌握的部分，包括经典光场与原子的相互作用（光与原子相互作用的半经典理论）；光场本身的量子统计性质和量子相干性质；量子光场与原子的相互作用（光与原子相互作用的全量子理论）；耗散的量子理论等。

第二部分是在量子光学发展史上曾经很活跃，但在目前看来已相对成熟的论题，如激光理论，共振荧光、超荧光、超辐射，光学双稳态等。

第三部分是量子光学的新进展，主要包括量子信息科学和冷原子物理。

本书重点介绍第一部分，对第二部分不予介绍，对第三部分只作简单介绍。

本书第1章介绍量子力学基础，为学习后面的章节做准备。第2章介绍经典光场与原子的相互作用（光与原子相互作用的半经典理论）。在这一章中，我们首先给出多模光场与多能级原子相互作用的一般形式。然后讨论单模光场与多能级原子的相互作用。由此讨论得出结论，在研究单模光场与原子的相互作用时，原子可取二能级近似（尽管实际存在的原子都是多能级系统）。最后详细讨论单模光场与二能级原子的相互作用以及双模光场与三能级原子的相互作用。第3章～第6章讨论光场本身的量子统计性质和量子相干性质。第3章讨论电磁场量子化，即将描述电磁场的物理量（电场强度、磁场强度、哈密顿量等）用算符表示。第4章讨论电磁场的各种量子态，包括光子数态（Fock态）、相干态、压缩态、相干态的相干叠加态和非相干叠加态、热态等，同时还介绍了光学分束器及其对量子态的变换，以及单模压缩态光场和双模压缩态光场的实验产生和探测。第5章介绍电磁场量子态在相干态表象中的表示（电磁场量子态在相空间中的表示），讨论电磁场量子态的几种重要准概率分布函数，包括 $P(\alpha)$ 函数、$Q(\alpha)$ 函数和 Wigner 函数，以及与准概率分布函数密切相关的特征函数。第 6 章介绍电磁场的相干性质,包括经典的一阶和二阶相干性质,以及量子的一阶、二阶和高阶相干性质。第 7 章讨论量子电磁场与原子的相互作用(光与原子相互作用的全量子理论),与第 2 章类似,依次讨论多模光场与多能级原子相互作用的一般形式、单模光场与多能级原子的相互作用、单模光场与二能级原子的相互作用。此外,该章还介绍了原子自发辐射的 Weisskopf-Wigner 理论。第 8 章介绍耗散和消相干的量子理论,包括量子跳跃理论、密度算符方程方法、Fokker-Planck 方程方法、Heisenberg-Langevin 方程方法、耗散的输入-输出形式等。由于量子光学的理论结果最终要接受实验的检验,第 9 章介绍量子光学实验中常用的一些物理系统,包括腔量子电动力学系统、超导电路量子电动力学系统、囚禁离子系统和光学系统等,同时介绍了一些重要的代表性实验。第 10 章和第 11 章分别简单介绍与量子光学密切相关的两个新领域,量子信息科学和冷原子物理。第 10 章介绍量子信息科学,按照作者的理解,可将量子信息科学分为量子通信和量子计算。在量子通信部分,介绍量子密集编码、量子隐形传态、量子密钥分发等。在量子计算部分,介绍量子寄存器、量子逻辑门、量子算法等。第 11 章介绍冷原子物理,分别介绍光场对原子的作用力、激光冷却原子的机理和温度极限、几种囚禁原子的阱(包括激光阱、静磁阱、磁光阱等)、玻色-爱因斯坦凝聚和相干原子波激射器等。

在本书出版之际,作者要向许多老师、学生、同行表示感谢。感谢王志诚教授,是他将作者引进了量子光学研究的大门;感谢郭光灿院士和彭堃墀院士,在作者 30 多年从事量子光学的研究中始终得到他们的大力支持和帮助;感谢刘颂豪院士,作者长期在他的直接领导下工作,得到他的诸多关心和帮助;感谢谢绳武教授,作者在上海交通大学工作期间曾得到他的大力支持和帮助;感谢 Prof. Chi S.(台湾新竹交通大学),Prof. Oh C. H.(新加坡国立大学),Prof. Walther H.(德国马普量子光学研究所),Prof. Zhu S. Y.(朱诗尧:香港浸会大学),作者曾有幸到他们的课题组进行科研合作,开阔了视野,受益匪浅;感谢作者长期的科研合作者冯勋立教授,与他的科研合作是愉快的和富有成效的;感谢作者曾经的科研合作者,这里要特别提到的是何林生教授、周士康教授、曾贵华教授;感谢作者在华南师范大学的量子光学与量子信息研究团队的朱诗亮、於亚飞、王发强、王金东、魏正军、颜辉、张新定、薛正远、邹平、王瑞强、艾保全等,我们的团队是一个团结、和谐的团队,大家的科研合作是愉快的和富有成果的;感谢作者的历届研究生们,这里要特别提到的是熊锦博士、梁文青博士、欧永成博士、袁春华博士、严明博士、杨健博士、张建奇博士、梅锋博士,吴琴博士、马鹏程博士、魏朝平博士。

感谢胡利云、肖银、陈俊、张达森和胡亚云,他们仔细阅读了本书初稿并提出了不少宝贵的建议。感谢李青,他帮助绘制了部分插图。

再次感谢郭光灿院士,他在百忙之中抽出时间为本书作序。

感谢科学出版社的魏英杰先生，他为本书的出版做了大量的工作。

感谢中国科学院科学出版基金对本书出版的资助。

感谢国家自然科学基金委员会长期以来对我科研工作的资助(项目编号：11574092；61378012；91121023；60978009；60578055；60178001；10074046)。

最后也是最要感谢的是我的家人，感谢他们一直以来对我的理解和支持。

作　者

2014年3月

目　录

第1章　量子力学基础

1.1　量子力学和量子光学发展简史

1900 年，普朗克(Planck)，黑体辐射，能量量子化

$$\varepsilon = h\nu$$

1905 年，爱因斯坦(Einstein)，光电效应，光量子－光子

$$E = h\nu,\quad p = \frac{h}{\lambda}\ \left(p = \frac{E}{c} = \frac{h\nu}{c} = \frac{h}{\lambda}\right)$$

1913 年，玻尔(Bohr)，原子光谱和原子结构，定态、量子跃迁及跃迁频率

$$\nu_{mn} = (E_m - E_n)/h$$

1923 年，德布罗意(de Broglie)，物质粒子的波动性，物质波

$$\nu = \frac{E}{h},\quad \lambda = \frac{h}{p}$$

1925 年，海森堡(Heisenberg)，矩阵力学。

1926 年，薛定谔(Schrödinger)，波函数 $\psi(\boldsymbol{r},t)$，波动方程-薛定谔方程，波动力学

$$\mathrm{i}\hbar\frac{\partial}{\partial t}\psi(\boldsymbol{r},t) = H\psi(\boldsymbol{r},t)$$

1926 年，波恩(Born)，波函数的统计诠释：$|\psi(\boldsymbol{r},t)|^2$ 为概率密度，满足归一化条件

$$\int \mathrm{d}v\,|\psi(\boldsymbol{r},t)|^2 = 1$$

1926 年，狄拉克(Dirac)，狄拉克符号、态矢量 $|\psi\rangle$、量子力学的表象理论。

1927 年，Dirac，电磁场的量子化。

1928 年，Dirac，相对论性波动方程。

至此，量子力学的基本架构已经建立，起初主要用其处理原子、分子、固体等实物粒子问题。尽管量子力学在实际问题的处理中获得了巨大成功，但是关于量子力学的基本解释和适用范围一直存在争论，最著名的有 1935 年薛定谔猫态和 1935 年 EPR 佯谬。

薛定谔猫态和 EPR 佯谬都涉及量子纠缠态，纠缠态在量子力学的基础研究和应用研究中，如量子信息处理等有着广泛而重要的应用。

1960 年前后，量子理论用于电磁场(量子光学)。

1956 年，Brown 和 Twiss，强度关联实验。

1963 年，Glauber(2005 年诺奖得主)，光的量子相干性。

1963 年，Jaynes & Cummings，JC 模型，量子单模电磁场与二能级原子的相互作用。

1962—1964 年，激光理论(Lamb、Haken、Lax 三个主要学派)。

1970 年前后，光学瞬态、共振荧光、超荧光、超辐射。

1980 年前后，光学双稳态。

1990 年前后，光场的非经典性质(反群聚效应、亚泊松分布、压缩态等)。

量子光学新发展主要有以下两个方面。

量子信息科学：量子通信、量子计算等。

冷原子物理：原子的激光冷却与囚禁、atom optics(通常直译为“原子光学”，但作者认为意译为“原子波学”更为合适，因为它研究的是由原子的波动性引起的物理效应)、玻色-爱因斯坦凝聚(BEC)、atom laser(通常直译为“原子激光(器)”，但作者认为意译为“相干原子波激射(器)”更合适)、nonlinear atom optics(建议意译为“非线性原子波学”)等。

1.2 量子力学的基本原理[1-3]

1. 量子体系状态的描述

在量子理论中，量子体系的状态用一个态矢量$|\psi\rangle$(这种形式的态矢量称为右矢)描述。态矢量满足下列线性叠加性，即

$$|\psi\rangle = c_1|\psi_1\rangle + c_2|\psi_2\rangle \tag{1.1a}$$

$$|\psi\rangle = \sum_n c_n|\psi_n\rangle \tag{1.1b}$$

其中，c_n 为普通的数，一般为复数。

式(1.1)称为**态叠加原理**，它是量子力学中非常重要的一条原理。

右矢的厄米共轭(Hermitian conjugate)定义为左矢，记为

$$\langle\psi| = (|\psi\rangle)^+ \tag{1.2}$$

态矢量$|\psi\rangle$和$|\varphi\rangle$的内积记为

$$\langle\psi\|\varphi\rangle \equiv \langle\psi|\varphi\rangle \tag{1.3a}$$

内积为普通的数，其复数共轭为

$$\langle\psi\|\varphi\rangle^* = \langle\varphi|\psi\rangle \tag{1.3b}$$

态矢量$|\psi\rangle$和$|\varphi\rangle$的正交性表示为

$$\langle\psi|\varphi\rangle = 0 \tag{1.4a}$$

态矢量$|\psi\rangle$的归一化条件表示为

$$\langle\psi|\psi\rangle=1 \tag{1.4b}$$

2. 量子体系力学量的描述

在量子理论中,量子体系的力学量用一个**线性算符**描述,线性算符 $\hat{F}$ 满足下式,即

$$\hat{F}[c_1|\psi_1\rangle+c_2|\psi_2\rangle]=c_1\hat{F}|\psi_1\rangle+c_2\hat{F}|\psi_2\rangle \tag{1.5a}$$

$$\hat{F}\sum_n c_n|\psi_n\rangle=\sum_n c_n\hat{F}|\psi_n\rangle \tag{1.5b}$$

有时将量子力学算符称为 q 数。相应的,将经典的数称为 **c** 数。以后为了书写方便,在不引起混淆的情况下,我们将算符 $\hat{F}$ 简单写为 F。

算符 F 的厄米共轭算符记为 F^+。算符乘积的厄米共轭满足下式,即

$$(ABC)^+=C^+B^+A^+ \tag{1.6}$$

如果

$$F^+=F \tag{1.7}$$

那么 F 称为**厄米算符**。

算符的**本征方程**为

$$F|\psi_n\rangle=F_n|\psi_n\rangle \tag{1.8}$$

其中,F_n 称为算符 F 的本征值;$|\psi_n\rangle$称为算符 F 的本征矢量(**本征矢**或**本征态**)。

可以证明,线性厄米算符的本征值和本征矢具有下列性质。

① 本征值为实数:$A_n^*=A_n$。

② 属于不同本征值的本征矢彼此正交:$\langle\psi_m|\psi_n\rangle=0(m\neq n)$,可将本征矢的正交性和归一性统一写为

$$\langle\psi_m|\psi_n\rangle=\delta_{mn}\equiv\begin{cases}1, & m=n\\0, & m\neq n\end{cases} \tag{1.9}$$

称为本征矢$|\psi_n\rangle$的**正交归一性**。

③ 本征矢张起一个**完备**的矢量空间

$$\sum_n|\psi_n\rangle\langle\psi_n|=I \tag{1.10}$$

其中,I 为单位算符(或恒等算符)。

式(1.10)称为本征矢$|\psi_n\rangle$的**完备性**。基于此,任意态矢量$|\psi\rangle$可以用算符的本征态$|\psi_n\rangle$展开为

$$|\psi\rangle=\sum|\psi_n\rangle\langle\psi_n||\psi\rangle=\sum_n c_n|\psi_n\rangle \tag{1.11a}$$

其中

$$c_n=\langle\psi_n||\psi\rangle\equiv\langle\psi_n|\psi\rangle \tag{1.11b}$$

由于线性厄米算符具有上述性质,实验可观测的力学量,如坐标、动量、能量、角动量、自旋等均用线性厄米算符表示。但是,我们也会遇到一些非常重要的**非**

厄米算符,如光子产生算符、光子湮灭算符等。

算符 F 在量子态 $|\psi\rangle$ 中的**期望值(平均值)**记为

$$\langle F\rangle=\langle\psi|F|\psi\rangle \tag{1.12a}$$

平均值为 c 数。若将态矢量 $|\psi\rangle$ 按式(1.11a)用算符的本征态 $|\psi_n\rangle$ 展开,则平均值的计算公式为

$$\langle F\rangle=\langle\psi|F|\psi\rangle=\sum_{m,n}c_m^*c_n\langle\psi_m|F|\psi_n\rangle \tag{1.12b}$$

进一步,若 $|\psi_n\rangle$ 为 F 的本征态,即 $F|\psi_n\rangle=F_n|\psi_n\rangle$,则

$$\begin{aligned}\langle F\rangle&=\sum_{m,n}c_m^*c_n\langle\psi_m|F|\psi_n\rangle\\&=\sum_{m,n}c_m^*c_nF_n\langle\psi_m\|\psi_n\rangle\\&=\sum_{m,n}c_m^*c_nF_n\delta_{mn}\\&=\sum_n c_n^*c_nF_n\\&=\sum_n|c_n|^2F_n\end{aligned} \tag{1.12c}$$

可见,$|c_n|^2$ 表示当量子体系处于量子态 $|\psi\rangle$ 时,测量力学量 F 得到其**本征值** F_n 的概率。

上面讨论的是本征值不连续变化的情况(离散情况),对本征值连续变化的情况有如下性质。

① 正交归一性

$$\langle x|x'\rangle=\delta(x-x') \tag{1.13}$$

② 完备性

$$\int dx\,|x\rangle\langle x|=I \tag{1.14}$$

一般态矢量的展开式,即

$$|\psi\rangle=\int dx\,|x\rangle\langle x\|\psi\rangle=\int dx\psi(x)\,|x\rangle \tag{1.15a}$$

其中

$$\psi(x)=\langle x\|\psi\rangle\equiv\langle x|\psi\rangle \tag{1.15b}$$

期望值

$$\begin{aligned}\langle F\rangle&=\langle\psi|F|\psi\rangle\\&=\int dx\psi^*(x)\langle x|F\int dx'\psi(x')|x'\rangle\\&=\int dx\int dx'\psi^*(x)\langle x|F|x'\rangle\psi(x')\end{aligned} \tag{1.16a}$$

进一步，若$|x\rangle$为F的本征态，即$F|x\rangle=F(x)|x\rangle$，则

$$\begin{aligned}\langle F\rangle&=\int\mathrm{d}x\int\mathrm{d}x'\psi^*(x)\langle x\mid F\mid x'\rangle\psi(x')\\&=\int\mathrm{d}x\int\mathrm{d}x'\psi^*(x)\psi(x')F(x')\delta(x-x')\\&=\int\mathrm{d}x\psi^*(x)\psi(x)F(x)\\&=\int\mathrm{d}x\ |\psi(x)|^2F(x)\end{aligned}\tag{1.16b}$$

作为特例，若$F=x$，则$F(x)=x$

$$\langle x\rangle=\int\mathrm{d}x\ |\psi(x)|^2x\tag{1.16c}$$

可见，$|\psi(x)|^2$为概率密度。

3. 量子态随时间的演化

量子体系的状态随时间的演化服从薛定谔方程，即

$$\mathrm{i}\hbar\frac{\mathrm{d}}{\mathrm{d}t}|\psi(t)\rangle=H|\psi(t)\rangle\tag{1.17a}$$

其中，H是体系的哈密顿量(Hamiltonian)。

若H不显含时间，则有

$$|\psi(t)\rangle=U(t)|\psi(0)\rangle\tag{1.17b}$$

其中

$$U(t)=\exp\left(-\frac{\mathrm{i}}{\hbar}Ht\right)\tag{1.17c}$$

称为**时间演化算符**。

4. 量子力学中的测量问题

① 设算符A的本征方程为$A|\psi_n\rangle=A_n|\psi_n\rangle$，若系统处于算符$A$的本征态$|\psi_n\rangle$，则测量力学量$A$得到相应的本征值$A_n$，测量后系统仍处于本征态$|\psi_n\rangle$；若系统处于任意态(本征态的线性叠加态)$|\psi\rangle=\sum_n c_n|\psi_n\rangle$，则测量力学量$A$时以概率$|c_n|^2$得到本征值$A_n$，若测量得到本征值$A_n$，则测量后系统**塌缩**到相应的本征态$|\psi_n\rangle$。

② 若两个力学量算符A和B彼此对易，即$[A,B]\equiv AB-BA=0$，则A和B具有共同本征态，可以同时具有确定值；若A和B彼此不对易，即$[A,B]\neq0$，则A和B不具有共同本征态，不能同时具有确定值，其不确定度服从**不确定度原理**，即

$$\Delta A\cdot\Delta B\geqslant\frac{1}{2}|\langle[A,B]\rangle|\tag{1.18}$$

其中，$\Delta A=\sqrt{\langle A^2\rangle-\langle A\rangle^2}$。

例如，坐标 x 和动量 p_x 的对易关系为

$$[x,p_x]=\mathrm{i}\hbar$$

其不确定度关系为

$$\Delta x\cdot\Delta p_x\geqslant\frac{\hbar}{2}$$

5. 全同粒子假设

作为量子力学的一条基本假设，认为所有的同一类粒子（如所有的电子、所有的光子等）的各种固有属性都是相同的，即同一类粒子是全同的粒子。因此，在由全同粒子组成的系统中，交换其中任意两个粒子不会改变系统的状态，这导致描述全同粒子系统的波函数对粒子的交换要么是对称的，要么是反对称的。

研究发现，全同粒子可以分为两类，一类称为玻色子，其自旋为零或正整数（0，1，2，…）；另一类称为费米子，其自旋为半奇数$\left(\frac{1}{2},\frac{3}{2},\frac{5}{2},\cdots\right)$。玻色子和费米子具有完全不同的性质，例如描述玻色子系统的波函数对粒子的交换是对称的，而描述费米子系统的波函数对粒子的交换是反对称的；玻色子服从玻色-爱因斯坦统计，而费米子服从费米-狄拉克统计。

1.3　态矢量和力学量算符的表象及表象变换

1.3.1　表象的概念

设有力学量算符 A（如坐标、动量、能量、角动量、自旋等），其正交归一化的本征态集为$\{|\psi_n\rangle\}$，$\{|\psi_n\rangle\}$张起一个完备的矢量空间。若将这组态矢量作为基矢量来表示任意态矢量和算符，则称采用 A 表象。

1.3.2　态矢量在具体表象中的表示

设力学量算符 A 的本征方程为

$$A|\psi_n\rangle=A_n|\psi_n\rangle \tag{1.19}$$

其本征值 A_n 构成离散谱，本征态的完备性条件为

$$\sum_n|\psi_n\rangle\langle\psi_n|=I \tag{1.20}$$

则任意态矢量$|\psi\rangle$可用$\{|\psi_n\rangle\}$展开为

$$|\psi\rangle=\sum_n|\psi_n\rangle\langle\psi_n|\psi\rangle=\sum_n c_n|\psi_n\rangle \tag{1.21a}$$

其中

$$c_n = \langle \psi_n | \psi \rangle \tag{1.21b}$$

表示态矢量$|\psi\rangle$沿基矢$|\psi_n\rangle$的分量(或投影)。

由于作为基矢的$\{|\psi_n\rangle\}$是已知的,因此知道了$\{c_n\}$就知道了$|\psi\rangle$。通常将态矢量$|\psi\rangle$表示为下面的列矢量

$$|\psi\rangle = \begin{bmatrix} c_1 \\ c_2 \\ \vdots \end{bmatrix} \tag{1.22}$$

这称为态矢量$|\psi\rangle$在A表象中的表示。可见,态矢量在离散表象中表现为一个列矢量。

态矢量的归一化条件为

$$\langle \psi | \psi \rangle = \sum_{m,n} c_m^* c_n \langle \psi_m | \psi_n \rangle = \sum_{m,n} c_m^* c_n \delta_{mn} = \sum_n c_n^* c_n = \sum_n |c_n|^2 = 1 \tag{1.23}$$

在连续变量x表象中,完备性条件为

$$\int \mathrm{d}x \, |x\rangle\langle x| = I \tag{1.24}$$

任意态矢量$|\psi\rangle$可以展开为

$$|\psi\rangle = \int \mathrm{d}x \, |x\rangle\langle x|\psi\rangle = \int \mathrm{d}x \, |x\rangle \psi(x) \tag{1.25a}$$

其中

$$\psi(x) = \langle x | \psi \rangle \tag{1.25b}$$

是态矢$|\psi\rangle$在x表象中的表示,也就是量子力学中通常讲的波函数。可见,态矢量在连续表象中表现为一个普通函数。

态矢量的归一化条件为

$$\begin{aligned} \langle \psi | \psi \rangle &= \langle \psi | \int \mathrm{d}x \, |x\rangle\langle x || \psi \rangle \\ &= \int \mathrm{d}x \langle \psi | x \rangle \langle x | \psi \rangle \\ &= \int \mathrm{d}x \psi^*(x) \psi(x) \\ &= \int \mathrm{d}x \, |\psi(x)|^2 \\ &= 1 \end{aligned} \tag{1.26}$$

可见,选定了一组基矢,就选定了一个表象。类似于选定一组单位矢量,就选定了一个坐标系。常用的**连续表象**有坐标表象和动量表象;常用的**离散表象**有能量表象和角动量表象。

1.3.3 算符在具体表象中的表示

设有任意算符 F,可将其用算符 A 的本征态集$\{|\psi_n\rangle\}$展开为

$$F=\sum_m|\psi_m\rangle\langle\psi_m|F\sum_n|\psi_n\rangle\langle\psi_n|$$
$$=\sum_{m,n}\langle\psi_m|F|\psi_n\rangle|\psi_m\rangle\langle\psi_n|$$
$$=\sum_{m,n}F_{mn}|\psi_m\rangle\langle\psi_n| \tag{1.27a}$$

其中

$$F_{mn}=\langle\psi_m|F|\psi_n\rangle \tag{1.27b}$$

称为算符 F 在 A 表象中的表示。

可见,算符在离散表象中表现为一个矩阵。在连续变量表象中,算符表现为微分算符或普通函数。

算符只有作用在态矢量上才有意义,在离散表象中,矩阵作用于列矢量,构成量子力学的矩阵形式(海森堡的矩阵力学);在连续表象中,微分算符作用于连续变化的波函数,构成量子力学的波动形式(薛定谔的波动力学)。

1.3.4 表象变换

设有两个表象 A 和 B,其基矢分别为$\{|A_n\rangle\}$和$\{|B_m\rangle\}$。

1. 态矢的表象变换

在表象 A 中,可将任意态矢$|\psi\rangle$展开为

$$|\psi\rangle=\sum_n|A_n\rangle\langle A_n|\psi\rangle=\sum_n a_n|A_n\rangle,\quad a_n=\langle A_n|\psi\rangle \tag{1.28}$$

在表象 B 中,可将同一个态矢$|\psi\rangle$展开为

$$|\psi\rangle=\sum_m|B_m\rangle\langle B_m|\psi\rangle=\sum_m b_m|B_m\rangle,\quad b_m=\langle B_m|\psi\rangle \tag{1.29}$$

所谓态矢的表象变换,就是要建立 b_m 和 a_n 之间的关系,即

$$b_m=\langle B_m|\psi\rangle$$
$$=\sum_n\langle B_m|A_n\rangle\langle A_n|\psi\rangle$$
$$=\sum_n S_{mn}\langle A_n|\psi\rangle$$
$$=\sum_n S_{mn}a_n \tag{1.30}$$

其中

$$S_{mn}=\langle B_m|A_n\rangle \tag{1.31}$$

$S=\{S_{mn}\}$称为表象 A 和表象 B 之间的变换矩阵。式(1.30)可简写为

$$\psi(B)=S\psi(A) \tag{1.32}$$

容易证明,$S=\{S_{mn}\}$为**幺正矩阵**,表明态矢在不同表象之间的变换为**幺正变换**,证明如下:

$$\begin{aligned}(S^{+}S)_{mn} &= \sum_{k} S_{mk}^{+} S_{kn} \\ &= \sum_{k} S_{km}^{*} S_{kn} \\ &= \sum_{k} \langle B_k \mid A_m\rangle^{*} \langle B_k \mid A_n\rangle \\ &= \sum_{k} \langle A_m \mid B_k\rangle\langle B_k \mid A_n\rangle \\ &= \langle A_m \mid A_n\rangle \\ &= \delta_{mn}\end{aligned} \tag{1.33}$$

即

$$S^{+}S=I \tag{1.34}$$

2. 算符的表象变换

$$\begin{aligned}F_{mn}(B) &= \langle B_m|F|B_n\rangle \\ &= \sum_{k,l} \langle B_m \mid A_k\rangle\langle A_k \mid F \mid A_l\rangle\langle A_l \mid B_n\rangle \\ &= \sum_{k,l} S_{mk} F_{kl}(A) S_{nl}^{*}\end{aligned} \tag{1.35}$$

可简写为

$$F(B)=SF(A)S^{+} \tag{1.36}$$

表明算符在不同表象之间的变换是**相似变换**。

1.3.5 表象变换的性质

用U(unitary)代替S表示幺正矩阵,带不带′号分别表示不同的表象。幺正变换具有下列性质。

(1) 幺正变换不改变两个态矢的内积(不改变算符的期待值)

设$|\psi'\rangle=U|\psi\rangle$,$|\phi'\rangle=U|\phi\rangle$,则$\langle\psi'|\phi'\rangle=\langle\psi|U^{+}U|\phi\rangle=\langle\psi|\phi\rangle$。特别地,$\langle\psi'|\psi'\rangle=\langle\psi|\psi\rangle$,即幺正变换不改变态矢的模。

(2) 幺正变换不改变算符的本征值

设$F|\psi_n\rangle=F_n|\psi_n\rangle$,则$F'|\psi_n{}'\rangle=UFU^{+}U|\psi_n\rangle=UF|\psi_n\rangle=F_nU|\psi_n\rangle=F_n|\psi_n{}'\rangle$。

(3) 幺正变换不改变算符的迹(不改变算符的期待值)

$$\mathrm{Tr}(F')=\mathrm{Tr}(UFU^{+})=\mathrm{Tr}(F)$$

(4) 幺正变换不改变算符的矩阵元

$$\langle\phi'|F'|\psi'\rangle=\langle\phi|U^{+}UFU^{+}U|\psi\rangle=\langle\phi|F|\psi\rangle$$

(5) 幺正变换不改变算符的线性性质和厄米性质

设 $F(c_1|\psi_1\rangle+c_2|\psi_2\rangle)=c_1F|\psi_1\rangle+c_2F|\psi_2\rangle$，则 $F'(c_1|\psi'_1\rangle+c_2|\psi'_2\rangle)=c_1F'|\psi'_1\rangle+c_2F'|\psi'_2\rangle$。

设 $F^+=F$，则 $(F')^+=(UFU^+)^+=UF^+U^+=UFU^+=F'$。

(6) 幺正变换不改变算符之间的代数关系

设 $M=FG$，则 $M'=UMU^+=UFGU^+=UFU^+UGU^+=F'G'$。

(7) 幺正变换不改变算符对易关系的形式

设有算符 X,Y,Z，在表象 A 中服从下列对易关系，即

$$[X(A),Y(A)]=Z(A)$$

在表象 B 中，有

$$\begin{aligned}[X(B),Y(B)]&=[SX(A)S^+,SY(A)S^+]\\&=SX(A)S^+SY(A)S^+-SY(A)S^+SX(A)S^+\\&=SX(A)Y(A)S^+-SY(A)X(A)S^+\\&=S[X(A),Y(A)]S^+\\&=SZ(A)S^+\\&=Z(B)\end{aligned}$$

注意到算符的本征值、平均值、迹、对易关系等均与测量结果相联系，因此上述结果表明**数学上的表象变换不应该影响物理上的测量结果。**

1.4 纯态、混合态、密度算符

1.4.1 纯态和混合态的概念

在量子力学中有两大类量子态，其中一类可以用态矢量 $|\psi\rangle$ 表示，这类量子态称为**纯态**(pure state)。另外一种情况是，体系并不处于某个确定的纯态，而是以不同的概率 P_ψ 处于不同的纯态 $|\psi\rangle$，这类量子态称为**混合态**(mixed states)。混合态不能用态矢量表示，而要用所谓的**密度算符**(density operator)描述。

纯态 $|\psi\rangle$ 对应的密度算符定义为

$$\rho_\psi=|\psi\rangle\langle\psi| \tag{1.37}$$

混合态的密度算符定义为

$$\rho_{ms}=\sum_\psi P_\psi\rho_\psi=\sum_\psi P_\psi|\psi\rangle\langle\psi| \tag{1.38}$$

其中，ms 表示混合态；P_ψ 为实数，表示纯态 $|\psi\rangle$（或 ρ_ψ）在混合态 ρ_{ms} 中出现的**概率**，满足归一化条件

$$\sum_\psi P_\psi=1 \tag{1.39}$$

不难证明，纯态的密度算符 ρ 具有下列性质。

(1) 厄米性

$$\rho^{+}=\rho \tag{1.40}$$

(2) 半正定性(非负性):在任意态$|\phi\rangle$中,有

$$\langle\phi|\rho|\phi\rangle\geqslant 0 \tag{1.41}$$

(3) 幺迹性

$$\mathrm{Tr}\rho=1 \tag{1.42}$$

(4) 幂等性

$$\rho^{2}=\rho \tag{1.43}$$

混合态的密度算符 ρ_{ms} 满足厄米性、半正定性、幺迹性,但不满足幂等性,即

$$\rho_{ms}^{2}=\sum_{i}\sum_{j}P_{i}P_{j}\ |\psi_{i}\rangle\langle\psi_{i}\ ||\ \psi_{j}\rangle\langle\psi_{j}\ |=\sum_{i}P_{i}^{2}\ |\psi_{i}\rangle\langle\psi_{i}\ |\neq\rho_{ms} \tag{1.44}$$

此外,有

$$\mathrm{Tr}\rho_{ms}^{2}=\sum_{i}P_{i}^{2}\leqslant 1 \tag{1.45}$$

式中等号对应纯态。

在任意纯态$|\psi\rangle$中,任意力学量算符 A 的平均值为

$$\langle A\rangle=\langle\psi|A|\psi\rangle=\mathrm{Tr}(|\psi\rangle\langle\psi|A)=\mathrm{Tr}(\rho A) \tag{1.46}$$

在任意混合态 ρ_{ms} 中,任意力学量算符 A 的平均值为

$$\langle A\rangle=\mathrm{Tr}(\rho_{ms}A)=\mathrm{Tr}\Big(\sum_{\psi}P_{\psi}\ |\psi\rangle\langle\psi\ |\ A\Big)=\sum_{\psi}P_{\psi}\langle\psi\ |\ A\ |\ \psi\rangle=\sum_{\psi}P_{\psi}\langle A\rangle_{\psi} \tag{1.47}$$

其中,$\langle A\rangle_{\psi}=\langle\psi|A|\psi\rangle$表示在纯态$|\psi\rangle$中的平均值。

可见,在混合态中的平均值为两重平均,一为量子力学平均,另一为经典统计平均。

注意不要将**混合态**与**叠加态形式的纯态**混淆。设有某力学量的一组完备本征态$|\psi_{n}\rangle$,则任意纯态$|\psi\rangle$可表示为

$$|\psi\rangle=\sum_{n}c_{n}|\psi_{n}\rangle \tag{1.48}$$

其中,$c_{n}=\langle\psi_{n}|\psi\rangle$称为**概率幅**,一般是复数,即在纯态的表达式中,叠加系数为**概率幅**。

混合态 ρ_{ms} 表示为

$$\rho_{ms}=\sum_{n}P_{n}\ |\psi_{n}\rangle\langle\psi_{n}\ |=\sum_{n}P_{n}\rho_{n} \tag{1.49}$$

其中,P_{n} 为实数,表示本征态$|\psi_{n}\rangle$在混合态 ρ_{ms} 中出现的概率,即在混合态的表达式中,叠加系数为**概率**。

纯态式(1.48)若用密度算符表示,则为

$$\rho=\sum_{m,n}c_{m}c_{n}^{*}\ |\psi_{m}\rangle\langle\psi_{n}\ | \tag{1.50}$$

将混合态的密度算符(1.49)与纯态的密度算符(1.50)进行比较,可以发现在混合态的密度算符中只出现对角项,而在纯态的密度算符中除了出现对角项外,还出现非对角项。非对角项引起**干涉效应**,称为**相干项**。在实际问题中,量子体系由于与周围环境的相互作用,描述其量子态的密度算符在随时间的演化过程中要发生衰减,其对角元的衰减往往伴随着能量的损耗,而非对角元的衰减往往伴随着相干性的消退,因此非对角元的衰减常称为消相干或退相干(decoherence)。**消相干问题**是量子光学和量子信息中的一个非常重要的问题。

1.4.2 纯态和混合态举例

(1) 纯态

光子数态(photon-number state)$|n\rangle$,其密度算符为

$$\rho_n = |n\rangle\langle n| \tag{1.51}$$

其中,n 为光子数。

相干态(coherent state)$|\alpha\rangle$,其密度算符为

$$\rho_\alpha = |\alpha\rangle\langle\alpha| \tag{1.52}$$

相干态在光子数态表象中的形式为

$$|\alpha\rangle = \sum_n c_n\ |n\rangle = \sum_n\ \sqrt{P_n}\mathrm{e}^{\mathrm{i}\varphi_n}\ |n\rangle \tag{1.53}$$

相应的密度算符为

$$\begin{aligned}\rho_\alpha &= |\alpha\rangle\langle\alpha| \\ &= \sum_{m,n}\ \sqrt{P_m P_n}\mathrm{e}^{\mathrm{i}(\varphi_m-\varphi_n)}\ |m\rangle\langle n| \\ &= \sum_n P_n\ |n\rangle\langle n| + \sum_{m\neq n}\ \sqrt{P_m P_n}\mathrm{e}^{\mathrm{i}(\varphi_m-\varphi_n)}\ |m\rangle\langle n| \\ &= (\text{对角项}) + (\text{非对角项})\end{aligned} \tag{1.54}$$

其中,对角元 $\langle n|\rho_\alpha|n\rangle = P_n$ 表示相干态中的光子数概率分布;非对角元 $\langle m|\rho_\alpha|n\rangle = \sqrt{P_m P_n}\mathrm{e}^{\mathrm{i}(\varphi_m-\varphi_n)}$ 含有位相信息,导致干涉效应。

(2) 混合态

热光场态(thermal state)的密度算符为

$$\rho_{\text{therm}} = \sum_n P_n(T)\rho_n = \sum_n P_n(T)\ |n\rangle\langle n| \tag{1.55}$$

只含有对角元,不会产生干涉效应,T 为温度。

1.4.3 密度算符的运动方程

态矢量随时间的演化可以用薛定谔方程描述,即

$$\mathrm{i}\,\hbar\frac{\mathrm{d}}{\mathrm{d}t}|\psi(t)\rangle = H|\psi(t)\rangle \tag{1.56}$$

其中，H 为量子体系的哈密顿量算符。

由上式可以导出，纯态的密度算符随时间的演化可用下列方程描述

$$\mathrm{i}\hbar\frac{\mathrm{d}}{\mathrm{d}t}\rho=[H,\rho]=H\rho-\rho H \tag{1.57}$$

而对混合态，只需将 ρ 换成 ρ_{ms}。

1.5　一维谐振子

1.5.1　一维谐振子的本征态和本征能量

振动是自然界普遍存在的一种现象。最简单的振动是简谐振动。在微观世界中常遇到的振动有分子振动、晶格振动和电磁场振荡等。

设质量为 m 的粒子以(角)频率 ω 作一维简谐振动，其坐标和动量分别为 q 和 p，相应的哈密顿量为

$$H=\frac{p^2}{2m}+\frac{1}{2}m\omega^2q^2 \tag{1.58}$$

引入变换

$$a=\sqrt{\frac{1}{2m\hbar\omega}}(m\omega q+\mathrm{i}p)$$

$$a^+=\sqrt{\frac{1}{2m\hbar\omega}}(m\omega q-\mathrm{i}p) \tag{1.59}$$

其逆变换为

$$q=\sqrt{\frac{\hbar}{2m\omega}}(a+a^+)$$

$$p=-\mathrm{i}\sqrt{\frac{m\hbar\omega}{2}}(a-a^+) \tag{1.60}$$

利用量子化公式

$$[q,p]=\mathrm{i}\hbar \tag{1.61}$$

可得

$$[a,a^+]=1 \tag{1.62}$$

相应的哈密顿量可表示为

$$H=\hbar\omega\left(a^+a+\frac{1}{2}\right)=\hbar\omega\left(\hat{n}+\frac{1}{2}\right) \tag{1.63}$$

其中，粒子数算符 $\hat{n}=a^+a$。

由于 $[\hat{n},H]=0$，故两者具有共同的本征态，设此共同本征态为 $|n\rangle$，即

$$\hat{n}|n\rangle=n|n\rangle,\quad n=0,1,\cdots \tag{1.64}$$

$$H|n\rangle=\hbar\omega\left(\hat{n}+\frac{1}{2}\right)|n\rangle=\hbar\omega\left(n+\frac{1}{2}\right)|n\rangle=E_n|n\rangle \tag{1.65}$$

其中能级为

$$E_n=\hbar\omega\left(n+\frac{1}{2}\right) \tag{1.66}$$

能级间隔为

$$\Delta E_n=E_{n+1}-E_n=\hbar\omega \tag{1.67}$$

可见，一维谐振子的能级是等间隔的。

下面导出几个常用的公式，即

$$a|n\rangle=\sqrt{n}|n-1\rangle \tag{1.68}$$

$$a^+|n\rangle=\sqrt{n+1}|n+1\rangle \tag{1.69}$$

$$|n\rangle=\frac{(a^+)^n}{\sqrt{n!}}|0\rangle \tag{1.70}$$

根据式(1.68)和式(1.69)，将 a 称为**粒子湮灭算符**，a^+ 称为**粒子产生算符**。

式(1.68)—式(1.70)的证明如下：一方面，利用 $[\hat{n},a]=[a^+a,a]=-a$，即 $\hat{n}a-a\hat{n}=-a$，有 $\hat{n}a=a\hat{n}-a=a(\hat{n}-1)$，$\hat{n}a|n\rangle=a(\hat{n}-1)|n\rangle=(n-1)a|n\rangle$，即 $\hat{n}(a|n\rangle)=(n-1)(a|n\rangle)$；另一方面，$\hat{n}|n-1\rangle=(n-1)|n-1\rangle$；从而有 $a|n\rangle=c|n-1\rangle$，c 为待定常数。

由 $\langle n|a^+=c^*\langle n-1|$，$\langle n|a^+a|n\rangle=n=|c|^2$，故有 $c=\sqrt{n}$。从而 $a|n\rangle=\sqrt{n}|n-1\rangle$，作为特例有 $a|0\rangle=0$。同理，利用 $[\hat{n},a^+]=[a^+a,a^+]=a^+$，可得 $a^+|n\rangle=\sqrt{n+1}|n+1\rangle$，或写成 $|n+1\rangle=\dfrac{a^+}{\sqrt{n+1}}|n\rangle$。特别地，$|1\rangle=\dfrac{a^+}{\sqrt{1}}|0\rangle=a^+|0\rangle$，利用归纳法可得 $|n\rangle=\dfrac{(a^+)^n}{\sqrt{n!}}|0\rangle$。

1.5.2 量子态 $|n\rangle$ 在坐标表象中的表示式

由 $a|0\rangle=0$，得 $(m\omega q+\mathrm{i}p)|0\rangle=0$。在坐标表象中，$\langle x|(m\omega q+\mathrm{i}p)|0\rangle=0$，$q\to x$，$p\to-\mathrm{i}\hbar\dfrac{\mathrm{d}}{\mathrm{d}x}$，$|0\rangle\to\langle x|0\rangle\equiv\psi_0(x)$。

$$\left(m\omega x+\hbar\frac{\mathrm{d}}{\mathrm{d}x}\right)\langle x|0\rangle=\left(m\omega x+\hbar\frac{\mathrm{d}}{\mathrm{d}x}\right)\psi_0(x)=0$$

积分得 $\psi_0(x)\propto\mathrm{e}^{-\frac{1}{2}\left(\frac{m\omega}{\hbar}\right)x^2}$，归一化得

$$\psi_0(x)=\left(\frac{m\omega}{\pi\hbar}\right)^{1/4}\mathrm{e}^{-\frac{1}{2}\left(\frac{m\omega}{\hbar}\right)x^2} \tag{1.71}$$

$$\psi_n(x)=\langle x|n\rangle=\frac{1}{\sqrt{n!}}\langle x|(a^+)^n|0\rangle=\frac{1}{\sqrt{n!}}\langle x|\left[\sqrt{\frac{1}{2m\hbar\omega}}(m\omega q-\mathrm{i}p)\right]^n|0\rangle$$

$$=\frac{1}{\sqrt{n!}}\left[\sqrt{\frac{1}{2m\hbar\omega}}\right]^n\left(m\omega x-\hbar\frac{\mathrm{d}}{\mathrm{d}x}\right)^n\psi_0(x) \tag{1.72a}$$

递推关系为

$$\psi_{n+1}(x)=\frac{1}{\sqrt{n+1}}\left[\sqrt{\frac{1}{2m\hbar\omega}}\right]\left(m\omega x-\hbar\frac{\mathrm{d}}{\mathrm{d}x}\right)\psi_n(x) \tag{1.72b}$$

由于 $\psi_0(x)$的具体表达式已经求出，则由递推关系式(1.73)就可以求得各阶本征函数 $\psi_n(x)$，或者将式(1.71)代入式(1.72a)，并利用厄米多项式的表达式，即

$$H_n(x)=\mathrm{e}^{x^2/2}\left(x-\frac{\mathrm{d}}{\mathrm{d}x}\right)^n\mathrm{e}^{-x^2/2}$$

可以求得态矢量$|n\rangle$在坐标表象中的表达式，即

$$\psi_n(x)=\left(\frac{m\omega}{\pi\hbar}\right)^{1/4}\frac{1}{\sqrt{2^n n!}}\left[\sqrt{\frac{m\omega}{\hbar}}x-\sqrt{\frac{\hbar}{m\omega}}\frac{\mathrm{d}}{\mathrm{d}x}\right]^n\mathrm{e}^{-\frac{1}{2}\left(\frac{m\omega}{\hbar}\right)x^2}$$

$$=\left(\frac{m\omega}{\pi\hbar}\right)^{1/4}\frac{1}{\sqrt{2^n n!}}\mathrm{e}^{-\frac{m\omega}{2\hbar}x^2}H_n\left(\sqrt{\frac{m\omega}{\hbar}}x\right) \tag{1.73}$$

1.6 两态系统、泡利自旋算符

两态系统是一类重要的物理系统。例如，经典计算机基于经典的两态系统(bit)：{0，1}；量子计算机基于量子的两态系统（quantum bit 或 qubit）：$\{|0\rangle,|1\rangle\}$。qubit 与 bit 的重要差别在于，经典 bit 要么处于 0 态，要么处于 1 态。qubit 可处于相干叠加态：$|\psi\rangle=\alpha|0\rangle+\beta|1\rangle$ （$|\alpha|^2+|\beta|^2=1$），这构成量子信息并行处理的基础。因此，量子两态系统在量力光学与量子信息中有着极其重要的作用。在量子的两态系统中，有些是严格的两态系统，有些则是近似的两态系统。常见的量子两态系统如下。

(1) 电子自旋

其两个量子态分别是描述电子自旋相对于某个外场方向的自旋向上态$|\uparrow\rangle$和自旋向下态$|\downarrow\rangle$。

(2) 光子

其两个量子态可以是描述**光子偏振**方向的两个正交偏振态（水平偏振态$|H\rangle$(horizontal)和垂直偏振态$|V\rangle$(vertical)；45°偏振态$|\nearrow\rangle$和$-45°$偏振态$|\searrow\rangle$；左旋偏振态和右旋偏振态）。

(3) 原子

原子一般为多态系统，但在一定条件下可近似为两态系统：基态（或下能态）

$|g\rangle$和激发态(或上能态)$|e\rangle$。

各种量子两态系统的理论描述是相同的。下面以电子自旋为例进行讨论。

设电子的自旋用自旋算符 $\boldsymbol{S}$ 表示,它在直角坐标系中的三个分量满足**角动量的对易关系式**,即

$$[S_\alpha, S_\beta] = \varepsilon_{\alpha\beta\gamma} \mathrm{i}\hbar S_\gamma \tag{1.74}$$

其中,$\varepsilon_{\alpha\beta\gamma}$为三阶全反对称张量,具有下列性质:

$$\varepsilon_{\alpha\beta\gamma} \begin{cases} +1, & \alpha\beta\gamma = xyz, yzx, zxy \\ -1, & \alpha\beta\gamma = zyx, yxz, xzy \\ 0, & \text{任意两个下标相等} \end{cases}$$

利用下式引入**泡利算符** $\boldsymbol{\sigma}$,即

$$\boldsymbol{S} = \frac{1}{2}\hbar\boldsymbol{\sigma}, \quad S_\alpha = \frac{1}{2}\hbar\sigma_\alpha \tag{1.75}$$

则泡利算符在直角坐标系中的三个分量满足如下对易关系,即

$$[\sigma_\alpha, \sigma_\beta] = \mathrm{i}2\sigma_\gamma \tag{1.76}$$

由于 S_α 的本征值为$\pm\hbar/2$,因此 σ_α 的本征值为± 1,故有

$$\sigma_x^2 = \sigma_y^2 = \sigma_z^2 = I \tag{1.77}$$

其中,I 为单位算符。

由上两式可证明

$$\sigma_\alpha\sigma_\beta + \sigma_\beta\sigma_\alpha = 0 \text{ 或 } \sigma_\alpha\sigma_\beta = -\sigma_\beta\sigma_\alpha, \quad \alpha \neq \beta \tag{1.78}$$

由式(1.76)和式(1.78)可以证明

$$\sigma_\alpha\sigma_\beta = \mathrm{i}\sigma_\gamma \tag{1.79}$$

最后,由于自旋是可观测量,因此 $\boldsymbol{\sigma}$ 应为厄米算符,即

$$\boldsymbol{\sigma}^+ = \boldsymbol{\sigma} \tag{1.80}$$

经常也用到下列算符

$$\sigma_\pm = \frac{1}{2}(\sigma_x \pm \mathrm{i}\sigma_y) \tag{1.81a}$$

有时用符号 $\sigma \equiv \sigma_-$,$\sigma^+ \equiv \sigma_+$。

式(1.81a)的逆变换为

$$\sigma_x = \sigma_+ + \sigma_-, \mathrm{i}\sigma_y = \sigma_+ - \sigma_- \tag{1.81b}$$

在具体表象中(以离散表象为例),算符可以用矩阵表示,即

$$F = \sum_{mn} F_{mn} \mid m\rangle\langle n \mid$$

σ_z 的本征方程为

$$\sigma_z \mid \uparrow\rangle = \mid \uparrow\rangle = \begin{bmatrix} 1 \\ 0 \end{bmatrix}, \quad \sigma_z \mid \downarrow\rangle = -\mid \downarrow\rangle = -\begin{bmatrix} 0 \\ 1 \end{bmatrix} \tag{1.82}$$

在 σ_z 表象中,上述各算符分别表示为

$$\sigma_z=\begin{bmatrix}1 & 0\\0 & -1\end{bmatrix}=|\uparrow\rangle\langle\uparrow|-|\downarrow\rangle\langle\downarrow| \tag{1.83}$$

$$\sigma_x=\begin{bmatrix}0 & 1\\1 & 0\end{bmatrix}=|\uparrow\rangle\langle\downarrow|+|\downarrow\rangle\langle\uparrow| \tag{1.84}$$

$$\sigma_y=\begin{bmatrix}0 & -\mathrm{i}\\\mathrm{i} & 0\end{bmatrix}=\mathrm{i}(-|\uparrow\rangle\langle\downarrow|+|\downarrow\rangle\langle\uparrow|) \tag{1.85}$$

$$\sigma_+=\begin{bmatrix}0 & 1\\0 & 0\end{bmatrix}=|\uparrow\rangle\langle\downarrow| \tag{1.86}$$

$$\sigma_-=\begin{bmatrix}0 & 0\\1 & 0\end{bmatrix}=|\downarrow\rangle\langle\uparrow| \tag{1.87}$$

可以证明

$$\sigma_x|\uparrow\rangle=|\downarrow\rangle,\sigma_x|\downarrow\rangle=|\uparrow\rangle \tag{1.88}$$

$$\sigma_y|\uparrow\rangle=\mathrm{i}|\downarrow\rangle,\sigma_y|\downarrow\rangle=-\mathrm{i}|\uparrow\rangle \tag{1.89}$$

$$\sigma_+|\downarrow\rangle=|\uparrow\rangle,\sigma_+|\uparrow\rangle=0 \tag{1.90}$$

$$\sigma_-|\uparrow\rangle=|\downarrow\rangle,\sigma_-|\downarrow\rangle=0 \tag{1.91}$$

上面各式表明，$|\uparrow\rangle$和$|\downarrow\rangle$分别是 σ_z 的本征值分别为±1 的本征态；σ_x 使自旋反转，相当于**逻辑非门**；σ_y 在使自旋反转的同时产生$\pm\pi/2$ 的相移($e^{\pm i\frac{\pi}{2}}=\pm i$)；$\sigma_+$ 和 σ_- 分别称为**自旋升和降算符**。

实际上，各类量子两态系统都可以用泡利算符描述。

1.7　多体系统、约化密度算符、纠缠态、von Neumann 熵

在量子光学和量子信息中，经常会遇到由多个子系统构成的**多体系统**(或**多组分系统、复合系统**)。这里我们以由子系统 A 和子系统 B 构成的两体系统为例，引入纠缠态、约化密度算符等概念。

设子系统 A 和子系统 B 的状态分别为$|\psi_A\rangle$和$|\psi_B\rangle$，复合系统的态矢为$|\psi_{AB}\rangle$，简单来说，如果$|\psi_{AB}\rangle$可以写成$|\psi_A\rangle$和$|\psi_B\rangle$的直接乘积形式，即$|\psi_{AB}\rangle=|\psi_A\rangle\otimes|\psi_B\rangle\equiv|\psi_A\rangle|\psi_B\rangle$，则称复合系统处于**直积态**(product state)，也称**可分态**(separable state)；否则，若$|\psi_{AB}\rangle\neq|\psi_A\rangle|\psi_B\rangle$，例如

$$|\psi_{AB}\rangle=\alpha|\psi_{A1}\rangle|\psi_{B1}\rangle+\beta|\psi_{A2}\rangle|\psi_{B2}\rangle,\quad \alpha\neq0,\beta\neq0 \tag{1.92}$$

则称复合系统处于**纠缠态**(entangled state)，也称**不可分态**(nonseparable state)。纠缠态在量子信息科学中起着非常重要的作用。

设复合系统处于由密度算符 ρ 描述的状态，O_A 为子系 A 的一个力学量算符，则在状态 ρ 中 O_A 的平均值为

$$\langle O_A\rangle=\mathrm{Tr}(\rho O_A)=\mathrm{Tr}_A[\mathrm{Tr}_B(\rho)O_A]=\mathrm{Tr}_A(\rho_A O_A) \tag{1.93}$$

其中

$$\rho_A = \mathrm{Tr}_B(\rho)$$

称为子系统 A 的**约化密度算符**。同理，$\rho_B = \mathrm{Tr}_A(\rho)$ 称为子系统 B 的约化密度算符。

设复合系统处于下列纯态(**纠缠纯态**)，即

$$|\psi\rangle = \frac{1}{\sqrt{2}}(|0\rangle_A\ |1\rangle_B + |1\rangle_A\ |0\rangle_B) \tag{1.94}$$

$$\rho = |\psi\rangle\langle\psi| \tag{1.95}$$

则子系统 A 的约化密度算符为

$$\begin{aligned}\rho_A &= \mathrm{Tr}_B(\rho)\\ &= {}_B\langle 0|\rho\ |0\rangle_B + {}_B\langle 1|\rho\ |1\rangle_B\\ &= {}_B\langle 0|\psi\rangle\langle\psi|0\rangle_B + {}_B\langle 1|\psi\rangle\langle\psi|1\rangle_B\\ &= \frac{1}{2}(|1\rangle_A\langle 1| + |0\rangle_A\langle 0|)\\ &= \frac{1}{2}(|0\rangle_A\langle 0| + |1\rangle_A\langle 1|)\end{aligned} \tag{1.96}$$

同理，可以求得子系统 B 的约化密度算符为

$$\rho_B = \mathrm{Tr}_A(\rho) = \frac{1}{2}(|0\rangle_B\langle 0| + |1\rangle_B\langle 1|) \tag{1.97}$$

可见，尽管复合系统处于纯态，但其子系统却处于混合态。

熵是热力学中熟知的一个概念，通常作为系统无序程度的度量。从统计力学和信息论的观点来看，熵可以看作缺少信息(或从测量可获得的信息)的度量。从下面的讨论可以看出，熵也可以作为系统纠缠度的度量，对于由密度算符 ρ 描述的状态，von Neumann **熵**定义为

$$S(\rho) = -\mathrm{Tr}[\rho\ln\rho] \tag{1.98}$$

对于纯态，$S(\rho)=0$，表示对纯态，系统的信息完全知道，不缺少信息，对其进行重复测量不能得到任何新的信息。

对于混合态，密度算符 ρ 可表示成对角形式，其熵为

$$S(\rho) = -\sum_k \rho_{kk}\ln\rho_{kk} = -\sum_k p_k\ln p_k \tag{1.99}$$

由于 $0\leqslant p_k\leqslant 1$，因此 $S(\rho)\geqslant 0$。

作为一个例子，考虑两体系统的下列纠缠态，即

$$|\psi\rangle = \frac{1}{\sqrt{1+|\xi|^2}}(|0\rangle_1\ |0\rangle_2 + \xi\ |1\rangle_1\ |1\rangle_2) \tag{1.100}$$

由于复合系统处于纯态，故复合系统总的熵 $S=0$。两个子系的约化密度算符分别为

$$\rho_1=\frac{1}{(1+|\xi|^2)}(|0\rangle_1\langle 0|+|\xi|^2\ |1\rangle_1\langle 1|) \tag{1.101}$$

$$\rho_2=\frac{1}{(1+|\xi|^2)}(|0\rangle_2\langle 0|+|\xi|^2\ |1\rangle_2\langle 1|) \tag{1.102}$$

两个子系的熵为

$$S(\rho_1)=S(\rho_2)=-\left\{\frac{1}{(1+|\xi|^2)}\ln\frac{1}{(1+|\xi|^2)}+\frac{|\xi|^2}{(1+|\xi|^2)}\ln\frac{|\xi|^2}{(1+|\xi|^2)}\right\} \tag{1.103}$$

可见，当 $\xi=0$ 时，有 $S(\rho_1)=S(\rho_2)=0$，这对应于直积态 $|\psi\rangle=|0\rangle_1\ |0\rangle_2$。容易验证，对形如式(1.100)的纠缠态，当 $|\xi|=1$ 时，有 $S(\rho_1)=S(\rho_2)=\ln 2$，且这是 $S(\rho_1)$ 和 $S(\rho_2)$ 可能达到的最大值。当 $|\xi|=1$ 时，式(1.100)简化为

$$|\psi\rangle=\frac{1}{\sqrt{2}}(|0\rangle_1\ |0\rangle_2\pm|1\rangle_1\ |1\rangle_2) \tag{1.104}$$

由于在这种形式的纠缠态中，子系的熵取最大值，所以称这种形式的纠缠态为**最大纠缠态**(等概率叠加的态)。

1.8　量子力学中的绘景

前面介绍过**表象**(representation)的概念，下面介绍**绘景**(picture)[4-6]的概念。要注意两者的区别。在实际应用中，可以根据问题的需要和方便性采用不同的表象或绘景。

1.8.1　常用的三种绘景(薛定谔绘景、海森堡绘景、相互作用绘景)

在**薛定谔绘景**中，算符不随时间演化，态矢量随时间的演化用**薛定谔方程描述，即**

$$\mathrm{i}\hbar\frac{\mathrm{d}}{\mathrm{d}t}|\psi_S(t)\rangle=H_S|\psi_S(t)\rangle \tag{1.105}$$

其中，$|\psi_S(t)\rangle$ 和 H_S 分别是薛定谔绘景中系统的态矢量和哈密顿量。

在薛定谔绘景中，H_s 与时间无关，故有

$$|\psi_S(t)\rangle=U(t)|\psi_S(0)\rangle\equiv U(t)|\psi_H\rangle \tag{1.106}$$

其中

$$U(t)=\exp\left(-\frac{\mathrm{i}}{\hbar}H_S t\right) \tag{1.107}$$

为时间演化算符，并令 $|\psi_H\rangle\equiv|\psi_S(0)\rangle$，这是在**海森堡绘景**中的态矢量，显然它不随时间变化。

算符 A 的期待值为

$$\langle A\rangle=\langle\psi_S(t)|A_S|\psi_S(t)\rangle=\langle\psi_H|U^+(t)A_SU(t)|\psi_H\rangle=\langle\psi_H|A_H(t)|\psi_H\rangle \tag{1.108}$$

其中,A_S 为算符 A 在薛定谔绘景中的形式,而

$$A_H(t)=U^+(t)A_SU(t) \tag{1.109}$$

为算符 A 在海森堡绘景中的形式。

可见,

$$H_H=H_S\equiv H \tag{1.110}$$

即哈密顿量在海森堡绘景和在薛定谔绘景中的形式是相同的。

$A_H(t)$随时间的演化为

$$\frac{\mathrm{d}}{\mathrm{d}t}A_H(t)=\frac{\mathrm{d}U^+(t)}{\mathrm{d}t}A_SU(t)+U^+(t)A_S\frac{\mathrm{d}U(t)}{\mathrm{d}t}=\frac{\mathrm{i}}{\hbar}[H,A_H]$$

即

$$\frac{\mathrm{d}}{\mathrm{d}t}A_H(t)=\frac{\mathrm{i}}{\hbar}[H,A_H(t)] \tag{1.111}$$

称为海森堡方程。如果$[H,A_H]=0$,则 A_H 称为**守恒量**。

在很多情况下,在薛定谔绘景中系统的哈密顿量可写为

$$H_S=H_S^{(0)}+V_S \tag{1.112}$$

其中,$H_S^{(0)}$ 为自由哈密顿量;V_S 为相互作用哈密顿量。

在这种情况下,利用**相互作用绘景**(interaction picture)较为方便。令

$$|\psi_S(t)\rangle=U_0(t)|\psi_I(t)\rangle \tag{1.113}$$

其中,$U_0(t)=\exp\left(-\frac{\mathrm{i}}{\hbar}H_S^{(0)}t\right)$为时间演化算符。

$$|\psi_I(t)\rangle=U_0^+(t)|\psi_S(t)\rangle \tag{1.114}$$

为相互作用绘景中的态矢量。下面导出$|\psi_I(t)\rangle$的时间演化方程。

$$\mathrm{i}\hbar\frac{\mathrm{d}}{\mathrm{d}t}U_0(t)=H_S^{(0)}U_0(t)$$

$$-\mathrm{i}\hbar\frac{\mathrm{d}}{\mathrm{d}t}U_0^+(t)=U_0^+(t)H_S^{(0)}$$

$$\mathrm{i}\hbar\frac{\mathrm{d}}{\mathrm{d}t}|\psi_S(t)\rangle=H_S|\psi_S(t)\rangle$$

$$\begin{aligned}\mathrm{i}\hbar\frac{\mathrm{d}}{\mathrm{d}t}|\psi_I(t)\rangle&=\mathrm{i}\hbar\left\{\frac{\mathrm{d}U_0^+(t)}{\mathrm{d}t}|\psi_S(t)\rangle+U_0^+(t)\frac{\mathrm{d}}{\mathrm{d}t}|\psi_S(t)\rangle\right\}\\&=-H_S^{(0)}U_0^+(t)|\psi_S(t)\rangle+U_0^+(t)(H_S^{(0)}+V_S)|\psi_S(t)\rangle\\&=U_0^+(t)V_SU_0(t)|\psi_I(t)\rangle\\&\equiv V_I(t)|\psi_I(t)\rangle\end{aligned}$$

即$|\psi_I(t)\rangle$的时间演化方程为(相互作用绘景中的薛定谔方程)

$$\mathrm{i}\hbar\frac{\mathrm{d}}{\mathrm{d}t}|\psi_I(t)\rangle = V_I(t)|\psi_I(t)\rangle \tag{1.115}$$

其中

$$V_I(t) = U_0^+(t)V_S U_0(t) \tag{1.116}$$

为在相互作用绘景中的相互作用哈密顿量。

算符A的期待值为

$$\langle A\rangle = \langle\psi_S(t)|A_S|\psi_S(t)\rangle = \langle\psi_I|U_0^+(t)A_S U_0(t)|\psi_I\rangle = \langle\psi_I(t)|A_I(t)|\psi_I(t)\rangle \tag{1.117}$$

其中

$$A_I(t) = U_0^+(t)A_S U_0(t) \tag{1.118}$$

为算符A在相互作用绘景中的形式。由此可见

$$H_I^{(0)} = H_S^{(0)} \equiv H^{(0)} \tag{1.119}$$

即自由哈密顿量在相互作用绘景和薛定谔绘景中的形式是相同的。

$A_I(t)$随时间的演化为

$$\frac{\mathrm{d}}{\mathrm{d}t}A_I(t) = \frac{\mathrm{d}U_0^+(t)}{\mathrm{d}t}A_S U_0(t) + U_0^+(t)A_S\frac{\mathrm{d}U_0(t)}{\mathrm{d}t}$$

即

$$\frac{\mathrm{d}}{\mathrm{d}t}A_I(t) = \frac{\mathrm{i}}{\hbar}[H^{(0)}, A_I(t)] \tag{1.120}$$

三种绘景的小结。

① 在薛定谔绘景中，算符不随时间变化，而态矢量随时间变化，其演化服从**薛定谔方程**，即

$$\mathrm{i}\hbar\frac{\mathrm{d}}{\mathrm{d}t}|\psi_S(t)\rangle = H_S|\psi_S(t)\rangle$$

② 在海森堡绘景中，态矢量不随时间变化，而算符随时间变化，其演化服从**海森堡方程**，即

$$\frac{\mathrm{d}}{\mathrm{d}t}A_H(t) = \frac{\mathrm{i}}{\hbar}[H, A_H(t)]$$

③ 在相互作用绘景中，态矢量和算符均随时间演化，其中态矢量的时间演化服从**薛定谔方程**，即

$$\mathrm{i}\hbar\frac{\mathrm{d}}{\mathrm{d}t}|\psi_I(t)\rangle = V_I(t)|\psi_I(t)\rangle$$

算符的时间演化服从海森堡方程，即

$$\frac{\mathrm{d}}{\mathrm{d}t}A_I(t) = \frac{\mathrm{i}}{\hbar}[H^{(0)}, A_I(t)]$$

算符的期待值不随绘景变化，即

$$\langle A\rangle=\langle\psi_S(t)|A_S|\psi_S(t)\rangle=\langle\psi_H|A_H(t)|\psi_H\rangle=\langle\psi_I(t)|A_I(t)|\psi_I(t)\rangle$$

上式及式(1.105)、式(1.111)和式(1.115)是几个非常重要的公式。

1.8.2 一般绘景之间哈密顿量的变换

设有两个绘景，薛定谔方程分别为

$$\mathrm{i}\hbar\frac{\mathrm{d}}{\mathrm{d}t}|\psi\rangle=H|\psi\rangle,\quad \mathrm{i}\hbar\frac{\mathrm{d}}{\mathrm{d}t}|\psi'\rangle=H'|\psi'\rangle$$

设 $|\psi\rangle=U|\psi'\rangle$，$|\psi'\rangle=U^+|\psi\rangle$，$U$ 为待选，则

$$\begin{aligned}\mathrm{i}\hbar\frac{\mathrm{d}}{\mathrm{d}t}|\psi'\rangle&=\mathrm{i}\hbar\frac{\mathrm{d}}{\mathrm{d}t}(U^+|\psi\rangle)\\&=\mathrm{i}\hbar\left(\frac{\mathrm{d}U^+}{\mathrm{d}t}|\psi\rangle+U^+\frac{\mathrm{d}|\psi\rangle}{\mathrm{d}t}\right)\\&=\mathrm{i}\hbar\frac{\mathrm{d}U^+}{\mathrm{d}t}|\psi\rangle+\mathrm{i}\hbar U^+\frac{\mathrm{d}|\psi\rangle}{\mathrm{d}t}\\&=\mathrm{i}\hbar\frac{\mathrm{d}U^+}{\mathrm{d}t}U|\psi'\rangle+U^+HU|\psi'\rangle\\&=\left(\mathrm{i}\hbar\frac{\mathrm{d}U^+}{\mathrm{d}t}U+U^+HU\right)|\psi'\rangle\\&=H'|\psi'\rangle\end{aligned}$$

即若 $|\psi'\rangle=U^+|\psi\rangle$，则

$$H'=\mathrm{i}\hbar\frac{\mathrm{d}U^+}{\mathrm{d}t}U+U^+HU \tag{1.121}$$

通过选取合适的幺正变换 U，可得到形式较为简单的哈密顿量，这在求解具体物理问题时是非常重要的。

1.8.3 绘景变换举例

例1 考虑单个二能级原子与经典单模电磁场的相互作用，系统的哈密顿量为

$$H=H_0+V \tag{1.122a}$$

$$H_0=\frac{1}{2}\hbar\omega_a\sigma_z \tag{1.122b}$$

$$V=\hbar\Omega(\mathrm{e}^{\mathrm{i}\omega t}\sigma+\mathrm{H.c.}) \tag{1.122c}$$

其中，ω_a 为原子跃迁频率；ω 为光场频率；Ω 为原子与经典光场之间的耦合强度；σ_z、$\sigma\equiv\sigma_-$、$\sigma^+\equiv\sigma_+$ 为前面讨论过的泡利算符；H. c. 表示厄米共轭。

变换一，设 $U=\mathrm{e}^{-\frac{\mathrm{i}}{\hbar}H_0t}=\mathrm{e}^{-\mathrm{i}\frac{1}{2}\omega_a\sigma_zt}$，则

$$
\begin{aligned}
H' &= \mathrm{i}\hbar \frac{\mathrm{d}U^+}{\mathrm{d}t}U + U^+ HU \\
&= \mathrm{i}\hbar \mathrm{i}\,\frac{1}{2}\omega_a\sigma_z + U^+\left[\frac{1}{2}\hbar\omega_a\sigma_z + \hbar\Omega(\mathrm{e}^{\mathrm{i}\omega t}\sigma + \mathrm{H.c.})\right]U \\
&= -\frac{1}{2}\hbar\omega_a\sigma_z + \frac{1}{2}\hbar\omega_a\sigma_z + \hbar\Omega(\mathrm{e}^{\mathrm{i}\omega t}\sigma\mathrm{e}^{-\mathrm{i}\omega_a t} + \mathrm{H.c.}) \\
&= \hbar\Omega(\sigma\mathrm{e}^{-\mathrm{i}\Delta t} + \mathrm{H.c.})
\end{aligned}
$$

即

$$
H' = \hbar\Omega(\sigma\mathrm{e}^{-\mathrm{i}\Delta t} + \mathrm{H.c.}) \tag{1.123}
$$

其中，$\Delta = \omega_a - \omega$。

式(1.123)是通常在相互作用绘景中的哈密顿量，含随时间变化的指数因子 $\mathrm{e}^{-\mathrm{i}\Delta t}$。

在上面运算中用到下列定理。如果 A 和 B 是两个彼此非对易的算符，ξ 是参数，则有

$$
\mathrm{e}^{\xi A}B\mathrm{e}^{-\xi A} = B + \xi[A,B] + \frac{\xi^2}{2!}[A,[A,B]] + \cdots
$$

具体到现在的情况，$U = \mathrm{e}^{-\frac{\mathrm{i}}{\hbar}H_0 t} = \mathrm{e}^{-\mathrm{i}\frac{1}{2}\omega_a\sigma_z t}$，则有

$$
U^+\sigma U = \mathrm{e}^{\mathrm{i}\frac{1}{2}\omega_a\sigma_z t}\sigma\mathrm{e}^{-\mathrm{i}\frac{1}{2}\omega_a\sigma_z t} = \sigma\mathrm{e}^{-\mathrm{i}\omega_a t}
$$

$$
U^+\sigma^+ U = \mathrm{e}^{\mathrm{i}\frac{1}{2}\omega_a\sigma_z t}\sigma^+\mathrm{e}^{-\mathrm{i}\frac{1}{2}\omega_a\sigma_z t} = \sigma^+\mathrm{e}^{\mathrm{i}\omega_a t}
$$

变换二，设 $U = \mathrm{e}^{-\mathrm{i}\frac{1}{2}\omega\sigma_z t}$[注意到幺正变换 U 中出现的是光场频率，因此称为变换到以光场频率旋转的坐标系(绘景)(rotating frame with light-field frequency)]，则

$$
\begin{aligned}
H' &= \mathrm{i}\hbar \frac{\mathrm{d}U^+}{\mathrm{d}t}U + U^+ HU \\
&= \mathrm{i}\hbar \mathrm{i}\,\frac{1}{2}\omega\sigma_z + U^+\left[\frac{1}{2}\hbar\omega_a\sigma_z + \hbar\Omega(\mathrm{e}^{\mathrm{i}\omega t}\sigma + \mathrm{H.c.})\right]U \\
&= -\frac{1}{2}\hbar\omega\sigma_z + \frac{1}{2}\hbar\omega_a\sigma_z + \hbar\Omega(\sigma + \sigma^+) \\
&= \frac{1}{2}\hbar\Delta\sigma_z + \hbar\Omega(\sigma + \sigma^+)
\end{aligned}
$$

即

$$
H' = \frac{1}{2}\hbar\Delta\sigma_z + \hbar\Omega(\sigma + \sigma^+) \tag{1.124}
$$

称在以光场频率旋转的坐标系中的哈密顿量，其不显含时间。

例2　考虑单个二能级原子与量子单模电磁场的相互作用(称为 JC 模型)，系统的哈密顿量为

$$H=H_0+V \tag{1.125a}$$

$$H_0=\hbar\omega a^+ a+\frac{1}{2}\hbar\omega_a\sigma_z \tag{1.125b}$$

$$V=\hbar g(a^+\sigma+\text{H. c.}) \tag{1.125c}$$

其中，a 和 a^+ 分别为光子湮灭算符和光子产生算符(与在一维谐振子问题中的性质相同)；g 为原子与量子光场之间的耦合强度，其他符号的意义与例 1 相同。

变换一，设 $U=\mathrm{e}^{-\frac{\mathrm{i}}{\hbar}H_0 t}=\mathrm{e}^{-\mathrm{i}\left(\omega a^+ a+\frac{1}{2}\omega_a\sigma_z\right)t}$，则

$$\begin{aligned}H'&=\mathrm{i}\hbar\frac{\mathrm{d}U^+}{\mathrm{d}t}U+U^+HU\\&=\mathrm{i}\hbar\frac{\mathrm{i}}{\hbar}H_0+U^+[H_0+\hbar g(a^+\sigma+\text{H. c.})]U\\&=-H_0+H_0+\hbar g(a^+\mathrm{e}^{\mathrm{i}\omega t}\sigma\mathrm{e}^{-\mathrm{i}\omega_a t}+\text{H. c.})\\&=\hbar g(a^+\sigma\mathrm{e}^{-\mathrm{i}\Delta t}+\text{H. c.})\end{aligned}$$

即

$$H'=\hbar g(a^+\sigma\mathrm{e}^{-\mathrm{i}\Delta t}+\text{H. c.}) \tag{1.126}$$

其中，$\Delta=\omega_a-\omega$。式(1.126)为通常的在相互作用绘景中的哈密顿量，含有随时间变化的指数因子 $\mathrm{e}^{-\mathrm{i}\Delta t}$。

在上面的运算中用到下列公式

$$U^+\sigma U=\mathrm{e}^{\mathrm{i}\frac{1}{2}\omega_a\sigma_z t}\sigma\mathrm{e}^{-\mathrm{i}\frac{1}{2}\omega_a\sigma_z t}=\sigma\mathrm{e}^{-\mathrm{i}\omega_a t}$$

$$U^+\sigma^+U=\mathrm{e}^{\mathrm{i}\frac{1}{2}\omega_a\sigma_z t}\sigma^+\mathrm{e}^{-\mathrm{i}\frac{1}{2}\omega_a\sigma_z t}=\sigma^+\mathrm{e}^{\mathrm{i}\omega_a t}$$

$$U^+a^+U=\mathrm{e}^{\mathrm{i}\omega a^+ a t}a^+e^{-\mathrm{i}\omega a^+ a t}=a^+\mathrm{e}^{\mathrm{i}\omega t}$$

$$U^+aU=\mathrm{e}^{\mathrm{i}\omega a^+ a t}a\mathrm{e}^{-\mathrm{i}\omega a^+ a t}=a\mathrm{e}^{-\mathrm{i}\omega t}$$

可以利用附录 A 中的定理来证明。

变换二，设 $U=\mathrm{e}^{-\mathrm{i}\omega\left(a^+ a+\frac{1}{2}\sigma_z\right)t}$(以光场频率旋转的坐标系)，则

$$\begin{aligned}H'&=\mathrm{i}\hbar\frac{\mathrm{d}U^+}{\mathrm{d}t}U+U^+HU\\&=\mathrm{i}\hbar\mathrm{i}\omega\left(a^+a+\frac{1}{2}\sigma_z\right)+U^+[H_0+\hbar g(a^+\sigma+\text{H. c.})]U\\&=-\hbar\omega\left(a^+a+\frac{1}{2}\sigma_z\right)+H_0+\hbar g(a^+\sigma+\text{H. c.})\\&=\frac{1}{2}\hbar\Delta\sigma_z+\hbar g(a^+\sigma+\text{H. c.})\end{aligned}$$

即

$$H'=\frac{1}{2}\hbar\Delta\sigma_z+\hbar g(a^+\sigma+\text{H. c.}) \tag{1.127}$$

称为在以光场频率旋转的坐标系中的哈密顿量，其不显含时间。

参考文献

[1] 曾谨言. 量子力学(3 版). 北京：科学出版社，2003.

[2] 钱伯初. 量子力学. 北京：高等教育出版社，2006.

[3] 周世勋. 量子力学教程(2 版). 北京：高等教育出版社，2009.

[4] Barnett S M, Radmore P M. Methods in Theoretical Quantum Optics. Oxford: Oxford University Press, 1997.

[5] Louisell W H. Quantum Statistical Properties of Radiation. New York: Wiley, 1989.

[6] Loudon R. The Quantum Theory of Light(3rd ed). Oxford: Oxford University Press, 2000.

第 2 章　经典电磁场与原子的相互作用

量子光学的基础内容主要包括三部分，即经典光场与原子的相互作用（光与原子相互作用的**半经典理论**）；光场本身的量子统计性质和量子相干性质；量子光场与原子的相互作用（光与原子相互作用的**全量子理论**）。

在量子光学中，原子总是作量子力学处理的，而电磁场在有些情况下作经典处理，在另一些情况下作量子处理。若电磁场作经典处理，则描述原子与电磁场相互作用的理论称为**半经典理论**。若电磁场作量子处理，则描述原子与电磁场相互作用的理论称为**全量子理论**。因为二者经常都要用到，而且许多时候需要将二者的结果进行比较，因此本书将分别进行介绍。本章介绍**半经典理论**[1-15]。

我们知道，要了解量子系统的动力学过程（量子力学的核心），需要求解量子系统的含时薛定谔方程，即

$$\mathrm{i}\hbar\frac{\mathrm{d}}{\mathrm{d}t}|\psi(t)\rangle=H|\psi(t)\rangle$$

或密度算符方程，即

$$\mathrm{i}\hbar\frac{\mathrm{d}}{\mathrm{d}t}\rho(t)=[H,\rho(t)]$$

当已知系统的哈密顿量 H 后，通过这两式求得态矢量 $|\psi(t)\rangle$ 或密度算符 $\rho(t)$ 后，就可获知系统的所有性质（如概率分布、平均值等）。因此，**研究的出发点就是确定系统的哈密顿量。**

本章我们采取的介绍方式是先从一般模型到具体且较简单的模型，再到具体且较复杂的模型。具体来说按下列次序介绍，多模光场与多能级原子相互作用的一般形式；单模光场与多能级原子的相互作用；单模光场与二能级原子的相互作用；双模光场与三能级原子的相互作用。

2.1　多模电磁场与多能级原子相互作用的一般形式

2.1.1　哈密顿量的形式

在半经典理论中，考虑的量子系统是原子，它受到电磁场（作经典处理）的作用，其哈密顿量具有下列形式，即

$$H=H_A+V \tag{2.1}$$

其中，H_A 为原子的自由哈密顿量；V 为相互作用哈密顿量，描述电磁场对原子的影响。

设原子的自由哈密顿量为 H_A，其本征方程为

$$H_A|k\rangle=E_k|k\rangle=\hbar\omega_k|k\rangle \tag{2.2}$$

将 H_A 用其本征态 $|k\rangle$ 展开，可得

$$H_A=H_A\sum_k|k\rangle\langle k|=\sum_k E_k|k\rangle\langle k|=\sum_k\hbar\omega_k|k\rangle\langle k| \tag{2.3}$$

我们知道，原子的线度 r 在 10^{-10}m 数量级，在量子光学中，主要研究的是在可见光波段和微波波段的电磁波，可见光的波长 λ 为 400～700nm，微波的波长更长，即有 $r\ll\lambda$，因此在原子范围内光场可以看做是均匀的。在这种情况下，原子与光场的相互作用可以取**电偶极近似**①（将原子看做电偶极子，它受到均匀电磁场的作用），相互作用哈密顿量为②

$$V=-\boldsymbol{d}\cdot\boldsymbol{E}=e\boldsymbol{r}\cdot\boldsymbol{E} \tag{2.4}$$

我们取电子电荷为 $-e$（e 为正值），原子核的位置为坐标原点，核外电子的位置矢量为 $\boldsymbol{r}$，原子的**电偶极矩**为 $\boldsymbol{d}=-e\boldsymbol{r}$，光场的电场强度为 $\boldsymbol{E}$（在原子范围内不随位置变化）。原子的电偶极矩可用 H_A 的本征态展开为

$$\boldsymbol{d}=\sum_j|j\rangle\langle j|\boldsymbol{d}\sum_k|k\rangle\langle k|=\sum_{j,k}\boldsymbol{d}_{jk}|j\rangle\langle k| \tag{2.5}$$

其中，$\boldsymbol{d}_{jk}=\langle j|\boldsymbol{d}|k\rangle$ 为**电偶极矩的矩阵元**。

于是在**电偶极近似下**，原子与经典电磁场的相互作用哈密顿量为

$$V=-\boldsymbol{E}\cdot\sum_{j,k}\boldsymbol{d}_{jk}|j\rangle\langle k| \tag{2.6}$$

总哈密顿量为

$$\begin{aligned}H&=H_A+V\\&=\sum_k\hbar\omega_k|k\rangle\langle k|-\boldsymbol{E}\cdot\sum_{j,k}\boldsymbol{d}_{jk}|j\rangle\langle k|\end{aligned} \tag{2.7}$$

2.1.2　薛定谔方程的求解

下面在已知系统哈密顿量的情况下求解薛定谔方程。设原子的态矢量为 $|\psi(t)\rangle$，则薛定谔方程为

$$\mathrm{i}\hbar\frac{\mathrm{d}}{\mathrm{d}t}|\psi(t)\rangle=H|\psi(t)\rangle \tag{2.8}$$

设

---

① 当与原子相互作用的电磁场的波长很短时（与原子尺度可比拟，如 X 射线），能否取电偶极近似需要仔细分析。

② 在研究电磁场与原子相互作用时，只考虑电场的作用而不考虑磁场的作用，原因见附录 C。

$$H=H_A+V \tag{2.9}$$

其中，H_A 为原子的自由哈密顿量；V 为原子与光场的相互作用哈密顿量。

设 H_A 的本征矢量为 $|\psi_n\rangle \equiv |n\rangle$，即 $H_A|n\rangle=\hbar\omega_n|n\rangle$，将 $|\psi(t)\rangle$ 用 $|n\rangle$ 展开，则有

$$|\psi(t)\rangle=\sum_n c_n(t)\mathrm{e}^{-\mathrm{i}\omega_n t}|n\rangle \tag{2.10}$$

将式(2.9)和式(2.10)式代入式(2.8)，可得

$$\mathrm{i}\hbar\sum_n[\dot{c}_n(t)-\mathrm{i}\omega_n c_n(t)]\mathrm{e}^{-\mathrm{i}\omega_n t}|n\rangle=\sum_n c_n(t)\mathrm{e}^{-\mathrm{i}\omega_n t}(H_A+V)|n\rangle$$

左乘 $\langle m|$，利用 $\langle m|n\rangle=\delta_{mn}$，得

$$\begin{aligned}
&\mathrm{i}\hbar[\dot{c}_m(t)-\mathrm{i}\omega_m c_m(t)]\mathrm{e}^{-\mathrm{i}\omega_m t}\\
&=\sum_n c_n(t)\mathrm{e}^{-\mathrm{i}\omega_n t}\langle m|(H_A+V)|n\rangle\\
&=\sum_n c_n(t)\mathrm{e}^{-\mathrm{i}\omega_n t}(\langle m|H_A|n\rangle+\langle m|V|n\rangle)\\
&=\sum_n c_n(t)\mathrm{e}^{-\mathrm{i}\omega_n t}(\hbar\omega_n\delta_{mn}+\langle m|V|n\rangle)\\
&=\hbar\omega_m c_m(t)\mathrm{e}^{-\mathrm{i}\omega_m t}+\sum_n c_n(t)\mathrm{e}^{-\mathrm{i}\omega_n t}\langle m|V|n\rangle
\end{aligned}$$

即

$$\mathrm{i}\hbar\dot{c}_m(t)\mathrm{e}^{-\mathrm{i}\omega_m t}=\sum_n c_n(t)\mathrm{e}^{-\mathrm{i}\omega_n t}\langle m|V|n\rangle$$

$$\mathrm{i}\hbar\dot{c}_m(t)=\sum_n c_n(t)\mathrm{e}^{\mathrm{i}\omega_{mn}t}\langle m|V|n\rangle,\quad \omega_{mn}=\omega_m-\omega_n \tag{2.11}$$

从式(2.8)到上式对相互作用哈密顿量 V 未加任何限制，因此具有普遍性。对**电偶极相互作用**，利用式(2.6)有

$$\langle m|V|n\rangle=\langle m|\left(-\boldsymbol{E}\cdot\sum_{j,k}\boldsymbol{d}_{jk}|j\rangle\langle k|\right)|n\rangle=-\boldsymbol{E}\cdot\sum_{j,k}\boldsymbol{d}_{jk}\delta_{mj}\delta_{kn}=-\boldsymbol{E}\cdot\boldsymbol{d}_{mn}$$

$$\mathrm{i}\hbar\dot{c}_m(t)=-\boldsymbol{E}\cdot\sum_n\boldsymbol{d}_{mn}c_n(t)\mathrm{e}^{\mathrm{i}\omega_{mn}t},\quad \omega_{mn}=\omega_m-\omega_n \tag{2.12}$$

至此，对原子的能级数和电磁场的模式数未加任何限制。因此，式(2.12)是多能级原子与经典多模电磁场在电偶极相互作用下的一般形式。

2.2 单模电磁场与多能级原子的相互作用

本节讨论经典单模电磁场与多能级原子的相互作用，引入二能级原子近似并讨论该近似的适用条件。考虑单模电磁场，即

$$\boldsymbol{E}(t)=\boldsymbol{E}_0\cos(\omega t)=\frac{1}{2}\boldsymbol{E}_0(\mathrm{e}^{\mathrm{i}\omega t}+\mathrm{e}^{-\mathrm{i}\omega t}) \tag{2.13}$$

其中，$\boldsymbol{E}_0$ 和 ω 分别为电磁场的振幅和(角)频率。

由式(2.12)得

$$\begin{aligned}
\mathrm{i}\hbar\dot{c}_m(t) &= -\boldsymbol{E}\cdot\sum_n \boldsymbol{d}_{mn}c_n(t)\mathrm{e}^{\mathrm{i}\omega_{mn}t} \\
&= -\sum_n \frac{1}{2}\boldsymbol{E}_0(\mathrm{e}^{\mathrm{i}\omega t}+\mathrm{e}^{-\mathrm{i}\omega t})\cdot\boldsymbol{d}_{mn}c_n(t)\mathrm{e}^{\mathrm{i}\omega_{mn}t}
\end{aligned}$$

即

$$\begin{aligned}
\dot{c}_m(t) &= \mathrm{i}\sum_n \frac{1}{2}\frac{\boldsymbol{E}_0\cdot\boldsymbol{d}_{mn}}{\hbar}(\mathrm{e}^{\mathrm{i}\omega t}+\mathrm{e}^{-\mathrm{i}\omega t})c_n(t)\mathrm{e}^{\mathrm{i}\omega_{mn}t} \\
&= \mathrm{i}\sum_n \frac{1}{2}\frac{\boldsymbol{E}_0\cdot\boldsymbol{d}_{mn}}{\hbar}(\mathrm{e}^{\mathrm{i}(\omega_{mn}+\omega)t}+\mathrm{e}^{\mathrm{i}(\omega_{mn}-\omega)t})c_n(t)
\end{aligned} \tag{2.14}$$

设 $t=0$ 时,原子处于态 $|i\rangle$(i 代表 initial),$c_i(0)=1$,$c_n(0)=0(n\neq i)$,$c_n(0)=\delta_{ni}$。将右端的 $c_n(t)$ 用 $c_n(0)=\delta_{ni}$ 代替(**一级微扰近似**,其成立的条件为相互作用时间较短、相互作用强度较弱,以至于系统在以后时刻 t 的状态偏离初态不远),则有

$$\dot{c}_m(t)=\mathrm{i}\frac{1}{2}\frac{\boldsymbol{E}_0\cdot\boldsymbol{d}_{mi}}{\hbar}(\mathrm{e}^{\mathrm{i}(\omega_{mi}+\omega)t}+\mathrm{e}^{\mathrm{i}(\omega_{mi}-\omega)t}) \tag{2.15}$$

对上式积分,得

$$c_m(t)=c_m(0)+\frac{1}{2}\frac{\boldsymbol{E}_0\cdot\boldsymbol{d}_{mi}}{\hbar}\left(\frac{\mathrm{e}^{\mathrm{i}(\omega_{mi}+\omega)t}-1}{(\omega_{mi}+\omega)}+\frac{\mathrm{e}^{\mathrm{i}(\omega_{mi}-\omega)t}-1}{(\omega_{mi}-\omega)}\right) \tag{2.16}$$

考虑 $m\neq i$ 的状态,按照初始条件 $c_m(0)=0$,再考虑 $\omega_{mi}=\omega_m-\omega_i>0$,即 $\omega_m>\omega_i$ 的情况(吸收),取**旋转波近似**(略去含 $(\omega_{mi}+\omega)$ 的**反旋转波项**),则得

$$\begin{aligned}
c_m(t) &= \frac{1}{2}\frac{\boldsymbol{E}_0\cdot\boldsymbol{d}_{mi}}{\hbar}\frac{\mathrm{e}^{\mathrm{i}(\omega_{mi}-\omega)t}-1}{(\omega_{mi}-\omega)} \\
&= \frac{1}{2}\frac{\boldsymbol{E}_0\cdot\boldsymbol{d}_{mi}}{\hbar}\mathrm{e}^{\mathrm{i}\frac{1}{2}(\omega_{mi}-\omega)t}\frac{2\mathrm{i}\sin\left[\frac{1}{2}(\omega_{mi}-\omega)t\right]}{(\omega_{mi}-\omega)} \\
&= \mathrm{i}\frac{\boldsymbol{E}_0\cdot\boldsymbol{d}_{mi}}{\hbar}\mathrm{e}^{\mathrm{i}\frac{1}{2}(\omega_{mi}-\omega)t}\frac{\sin\left[\frac{1}{2}(\omega_{mi}-\omega)t\right]}{(\omega_{mi}-\omega)}
\end{aligned} \tag{2.17}$$

跃迁概率为

$$\begin{aligned}
P_{i\to m}(t) &= |c_m(t)|^2 \\
&= \left|\frac{\boldsymbol{E}_0\cdot\boldsymbol{d}_{mi}}{\hbar}\right|^2\frac{\sin^2\left[\frac{1}{2}(\omega_{mi}-\omega)t\right]}{(\omega_{mi}-\omega)^2} \\
&= \left|\frac{\boldsymbol{E}_0\cdot\boldsymbol{d}_{mi}}{2\hbar}\right|^2\frac{\sin^2\left(\frac{\Delta}{2}t\right)}{\left(\frac{\Delta}{2}\right)^2}
\end{aligned}$$

$$
\begin{aligned}
&=\left|\frac{\boldsymbol{E}_0\cdot\boldsymbol{d}_{mi}}{2\hbar}\right|^2 t^2\frac{\sin^2\left(\frac{\Delta}{2}t\right)}{\left(\frac{\Delta}{2}t\right)^2}\\
&=\left|\frac{\boldsymbol{E}_0\cdot\boldsymbol{d}_{mi}}{2\hbar}\right|^2 t^2\left[\operatorname{sinc}\left(\frac{\Delta}{2}t\right)\right]^2\\
&\equiv P_{i\to m}(t,\Delta)
\end{aligned}
\tag{2.18}
$$

其中，$\Delta\equiv\omega_{mi}-\omega$为原子跃迁频率与电磁场频率之间的**失谐量**；$\operatorname{sinc}(x)\equiv\dfrac{\sin(x)}{x}$。

注意到函数$\left[\operatorname{sinc}\left(\frac{1}{2}\Delta t\right)\right]^2=\left[\dfrac{\sin\left(\frac{1}{2}\Delta t\right)}{\frac{1}{2}\Delta t}\right]^2=\left[\dfrac{\sin\left(\frac{1}{2}(\omega_{mi}-\omega)t\right)}{\frac{1}{2}(\omega_{mi}-\omega)t}\right]^2$只在$\Delta\equiv\omega_{mi}-\omega=0$，即$\omega_m-\omega_i=\omega$处有最大值，偏离时迅速减小(图2.1)，这表明只有当原子初末态之间的跃迁频率与电磁场的频率接近共振时，才有较大的跃迁概率。这就是在研究单模电磁场与原子相互作用时原子通常采用**二能级近似**的原因。推而广之，当考虑多模电磁场与多能级原子相互作用时，光场的每个模式只与原子中满足近共振条件的一对能级有较强的相互作用。因此，搞清楚单模电磁场与两能级原子的相互作用是非常基本和重要的。

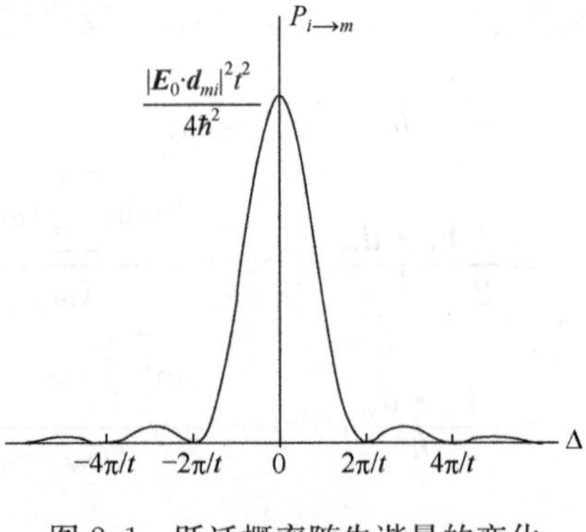

图2.1　跃迁概率随失谐量的变化

在导出原子的二能级近似过程中用到了下列条件：条件1，相互作用时间较短；条件2，相互作用强度较弱(条件1和条件2使得所用的一级微扰近似能够成立)；条件3，旋转波近似成立。那么我们要问，当这三个条件不满足时，原子的二能级近似是否仍然成立？或者反过来问，在已对原子取二能级近似的前提下，再考虑强耦合、长时间、反旋转波项是否还有意义[9]？

2.3　单模电磁场与二能级原子的相互作用

2.3.1　哈密顿量的形式

如前所述,单模电磁场与两能级原子(两态系统之一)的相互作用是电磁场与原子相互作用最简单、最基本的相互作用形式。经典单模电磁场可以表示为

$$\boldsymbol{E}(t)=\boldsymbol{E}_0\cos(\omega t+\varphi) \tag{2.19}$$

其中,$\boldsymbol{E}_0$、ω 和 φ 分别为电磁场的振幅、(角)频率和初位相。

原子的两个能级可分别记为上能级 $|e\rangle$,其能量为 $\hbar\omega_e=\hbar\omega_0/2$;下能级 $|g\rangle$,其能量为 $\hbar\omega_g=-\hbar\omega_0/2$。两个能级的能量差为 $\hbar\omega_e-\hbar\omega_g=\hbar\omega_0$,即原子的跃迁频率为 ω_0。原子的自由哈密顿量为

$$H_0=\hbar\omega_e|e\rangle\langle e|+\hbar\omega_g|g\rangle\langle g|=\frac{1}{2}\hbar\omega_0\sigma_z \tag{2.20}$$

其中,泡利算符 $\sigma_z=|e\rangle\langle e|-|g\rangle\langle g|$ 称为**原子布居差算符。**

两能级原子的电偶极矩为

$$\boldsymbol{d}=\boldsymbol{d}_{eg}|e\rangle\langle g|+\boldsymbol{d}_{ge}|g\rangle\langle e|=\boldsymbol{\mu}(\sigma^++\sigma) \tag{2.21}$$

为了简单起见,我们取 $\boldsymbol{d}_{eg}=\boldsymbol{d}_{ge}=\boldsymbol{\mu}$(考虑为什么上式不含矩阵元 $\boldsymbol{d}_{ee}$ 和 $\boldsymbol{d}_{gg}$)。$\sigma^+=|e\rangle\langle g|$ 和 $\sigma=|g\rangle\langle e|$ 分别为原子的上跃算符和下跃算符。$(\sigma_z,\sigma^+,\sigma)$ 具有泡利算符 $(\sigma_z,\sigma_+,\sigma_-)$ 的性质,即

$$\sigma_z|e\rangle=|e\rangle,\quad \sigma_z|g\rangle=-|g\rangle$$
$$\sigma^+|g\rangle=|e\rangle,\quad \sigma^+|e\rangle=0,\quad \sigma|g\rangle=0,\quad \sigma|e\rangle=|g\rangle$$
$$[\sigma_z,\sigma^+]=+2\sigma^+,\quad [\sigma_z,\sigma]=-2\sigma$$

相互作用哈密顿量为

$$\begin{aligned} V&=-\boldsymbol{d}\cdot\boldsymbol{E}\\ &=-\boldsymbol{\mu}(\sigma^++\sigma)\cdot\boldsymbol{E}_0\cos(\omega t+\varphi)\\ &=-\hbar\frac{\boldsymbol{\mu}\cdot\boldsymbol{E}_0}{\hbar}(\sigma^++\sigma)\cos(\omega t+\varphi)\\ &=\hbar\Omega_R(\sigma^++\sigma)\cos(\omega t+\varphi) \end{aligned} \tag{2.22}$$

其中,$\Omega_R\equiv-\boldsymbol{\mu}\cdot\boldsymbol{E}_0/\hbar$,称为 **Rabi 频率**,描述原子与光场之间的耦合强度(有些文献说该频率表示光场的强度,不够确切)。

系统的总哈密顿量为

$$H=H_0+V=\frac{1}{2}\hbar\omega_0\sigma_z+\hbar\Omega_R(\sigma^++\sigma)\cos(\omega t+\varphi) \tag{2.23}$$

对相互作用系统,在相互作用绘景讨论问题有时是方便的。下面将上式的哈密顿量变换到相互作用绘景。

利用定理 A.1,如果 A 和 B 是两个彼此非对易的算符,ξ 是参数,则有

$$e^{\xi A}Be^{-\xi A}=B+\xi[A,B]+\frac{\xi^2}{2!}[A,[A,B]]+\cdots$$

将 V 变换到互作用绘景，即

$$V_I(t)=U_0^+(t)VU_0(t),\quad U_0(t)=\exp\left(-\frac{i}{\hbar}H_0t\right)=\exp\left(-i\frac{1}{2}\omega_0\sigma_zt\right)$$

$$(\sigma^+)_I=U_0^+(t)\sigma^+U_0(t)=\exp\left(i\frac{1}{2}\omega_0\sigma_zt\right)\sigma^+\exp\left(-i\frac{1}{2}\omega_0\sigma_zt\right)=\sigma^+e^{i\omega_0t}$$

同理，可得

$$(\sigma)_I=\sigma e^{-i\omega_0t}$$

于是可得相互作用绘景中的相互作用哈密顿量，即

$$\begin{aligned}H_I&\equiv V_I(t)\\&=\hbar\Omega_R(\sigma^+e^{i\omega_0t}+\sigma e^{-i\omega_0t})\cos(\omega t+\varphi)\\&=\frac{1}{2}\hbar\Omega_R(\sigma^+e^{i\omega_0t}+\sigma e^{-i\omega_0t})(e^{i(\omega t+\varphi)}+e^{-i(\omega t+\varphi)})\\&=\frac{1}{2}\hbar\Omega_R\{\sigma^+[e^{i[(\omega_0+\omega)t+\varphi]}+e^{i[(\omega_0-\omega)t-\varphi]}]\\&\quad+\sigma[e^{-i[(\omega_0-\omega)t-\varphi]}+e^{-i[(\omega_0+\omega)t+\varphi]}]\}\end{aligned}\tag{2.24}$$

一般来说(特别是对可见光)，$(\omega_0+\omega)\gg|\omega_0-\omega|$，上式可以略去以较高频率$(\omega_0+\omega)$振荡的项(称为取**旋转波近似**)，记 $\Delta=\omega_0-\omega$，称为**失谐量**。上式可以简化为

$$H_I=\frac{1}{2}\hbar\Omega_R(\sigma^+e^{i(\Delta t-\varphi)}+\sigma e^{-i(\Delta t-\varphi)})\tag{2.25}$$

或者利用公式

$$H'=i\hbar\frac{dU^+}{dt}U+U^+HU\tag{2.26}$$

并令 $U(t)=\exp\left(-i\frac{1}{2}\omega\sigma_zt\right)$，即变换到以光场频率旋转的坐标系，则在旋转波近似下，式(2.23)的哈密顿量变为

$$H'=\frac{1}{2}\hbar\Delta\sigma_z+\frac{1}{2}\hbar\Omega_R(\sigma^+e^{-i\varphi}+\sigma e^{i\varphi})\tag{2.27}$$

2.3.2 薛定谔方程和密度矩阵方程的求解

量子系统状态的时间演化由薛定谔方程或密度矩阵方程描述。针对单模光场与二能级原子的相互作用模型，在哈密顿量式(2.25)的基础上，分别就**共振相互作用**($\Delta=0$)和**非共振相互作用**($\Delta\neq0$)讨论薛定谔方程和密度矩阵方程的求解。

1. 共振相互作用($\Delta=0$)

当 $\Delta=0$ 时，由式(2.25)，哈密顿量为

$$H_I=\frac{1}{2}\hbar\Omega_R(\sigma^+ \mathrm{e}^{-\mathrm{i}\varphi}+\sigma\mathrm{e}^{\mathrm{i}\varphi}) \tag{2.28}$$

下面分别用几种方法来求解。

(1) **概率幅方法**(最基本的方法)

用相互作用绘景求解薛定谔方程，为简单，略去 H_I 和 $|\psi_I(t)\rangle$ 的下标，薛定谔方程为

$$\mathrm{i}\hbar\frac{\mathrm{d}|\psi(t)\rangle}{\mathrm{d}t}=H|\psi(t)\rangle \tag{2.29}$$

设

$$|\psi(t)\rangle=c_e(t)|e\rangle+c_g(t)|g\rangle \tag{2.30}$$

其中，$c_e(t)$和 $c_g(t)$称为**概率幅**。

所谓概率幅方法，就是通过求解 $c_e(t)$和 $c_g(t)$的方程而得到态矢量$|\psi(t)\rangle$。将式(2.30)和式(2.28)代入式(2.29)可得

$$\dot{c}_e=-\mathrm{i}\frac{\Omega_R}{2}\mathrm{e}^{-\mathrm{i}\varphi}c_g \tag{2.31a}$$

$$\dot{c}_g=-\mathrm{i}\frac{\Omega_R}{2}\mathrm{e}^{\mathrm{i}\varphi}c_e \tag{2.31b}$$

其解为

$$c_e(t)=A\cos\left(\frac{\Omega_R}{2}t\right)+B\sin\left(\frac{\Omega_R}{2}t\right) \tag{2.32a}$$

$$c_g(t)=\mathrm{i}\frac{1}{\frac{\Omega_R}{2}}\mathrm{e}^{\mathrm{i}\varphi}\dot{c}_e(t)=\mathrm{i}\mathrm{e}^{\mathrm{i}\varphi}\left[-A\sin\left(\frac{\Omega_R}{2}t\right)+B\cos\left(\frac{\Omega_R}{2}t\right)\right] \tag{2.32b}$$

设原子初始处于上能态$|e\rangle$，即初始条件为 $c_e(0)=1$，$c_g(0)=0$，则可求得 $A=1$，$B=0$，从而有

$$c_e(t)=\cos\left(\frac{\Omega_R}{2}t\right) \tag{2.33a}$$

$$c_g(t)=-\mathrm{i}\mathrm{e}^{\mathrm{i}\varphi}\sin\left(\frac{\Omega_R}{2}t\right) \tag{2.33b}$$

将式(2.33)代入式(2.30)可得态矢量为

$$\begin{aligned}|\psi(t)\rangle&=c_e(t)|\mathrm{e}\rangle+c_g(t)|g\rangle\\&=\cos\left(\frac{\Omega_R}{2}t\right)|e\rangle-\mathrm{i}\mathrm{e}^{\mathrm{i}\varphi}\sin\left(\frac{\Omega_R}{2}t\right)|g\rangle\end{aligned} \tag{2.34}$$

(2) **时间演化算符方法**(有时是方便的,但需满足一定的条件)

设原子初始处于量子态$|\psi(0)\rangle$,则t时刻的量子态可表示为

$$|\psi(t)\rangle=U(t)|\psi(0)\rangle \tag{2.35}$$

其中,$U(t)$称为**时间演化算符**。

所谓时间演化算符方法,就是通过先求得时间演化算符$U(t)$,然后得到态矢量$|\psi(t)\rangle$。将式(2.35)代入薛定谔方程有

$$\mathrm{i}\hbar\frac{\mathrm{d}U(t)}{\mathrm{d}t}|\psi(0)\rangle=HU(t)|\psi(0)\rangle \tag{2.36}$$

即

$$\mathrm{i}\hbar\frac{\mathrm{d}U(t)}{\mathrm{d}t}=HU(t) \tag{2.37}$$

若H不含时间,则$U(t)=\mathrm{e}^{-\frac{\mathrm{i}}{\hbar}Ht}$;若$H$含时间,则$U(t)=\mathrm{e}^{-\frac{\mathrm{i}}{\hbar}\int_0^t H(t')\mathrm{d}t'}$。对现在的情况,$|\psi(t)\rangle=U_I(t)|\psi(0)\rangle$,其中$U_I(t)$为时间演化算符。由于$H_I=\frac{1}{2}\hbar\Omega_R(\sigma^+\mathrm{e}^{-\mathrm{i}\varphi}+\sigma\mathrm{e}^{\mathrm{i}\varphi})$不含时间,因此有

$$U_I(t)=\exp\left(-\frac{\mathrm{i}}{\hbar}H_It\right)=\exp\left[-\frac{\mathrm{i}}{2}\Omega_Rt(\sigma^+\mathrm{e}^{-\mathrm{i}\varphi}+\sigma\mathrm{e}^{\mathrm{i}\varphi})\right] \tag{2.38}$$

可以证明,若算符$A^2=I$(其中I为单位算符),则

$$\mathrm{e}^{-\mathrm{i}xA}=\cos(x)I-\mathrm{i}\sin(x)A \tag{2.39}$$

其中,x是实参数。

式(2.38)指数上的算符满足$(\sigma^+\mathrm{e}^{-\mathrm{i}\varphi}+\sigma\mathrm{e}^{\mathrm{i}\varphi})^2=I$,于是

$$U_I(t)=\cos\left(\frac{1}{2}\Omega_Rt\right)I-\mathrm{i}\sin\left(\frac{1}{2}\Omega_Rt\right)(\sigma^+\mathrm{e}^{-\mathrm{i}\varphi}+\sigma\mathrm{e}^{\mathrm{i}\varphi}) \tag{2.40}$$

设原子初始处于上能态,即$|\psi(0)\rangle=|e\rangle$,则$t$时刻原子的量子态为

$$|\psi(t)\rangle=\cos\left(\frac{1}{2}\Omega_Rt\right)|e\rangle-\mathrm{i}\mathrm{e}^{\mathrm{i}\varphi}\sin\left(\frac{1}{2}\Omega_Rt\right)|g\rangle \tag{2.41}$$

与用概率幅方法得到的结果式(2.34)相同。

求得态矢量后,就可以计算原子的各种可观测量。例如,原子处于上下能态的概率分别为

$$P_e(t)=\cos^2\left(\frac{1}{2}\Omega_Rt\right)=\frac{1}{2}[1+\cos(\Omega_Rt)] \tag{2.42a}$$

$$P_g(t)=\sin^2\left(\frac{1}{2}\Omega_Rt\right)=\frac{1}{2}[1-\cos(\Omega_Rt)] \tag{2.42b}$$

原子的布居数反转为

$$W(t)\equiv P_e(t)-P_g(t)=\cos(\Omega_Rt) \tag{2.43}$$

可见，原子以频率 Ω_R 在上下能态间作简谐振荡，称为 **Rabi 振荡**，Ω_R 称为 **Rabi 频率**。从定义 $\Omega_R \equiv -\boldsymbol{\mu}\cdot\boldsymbol{E}_0/\hbar$ 可知，Ω_R 正比于电场振幅和原子两个能级间的电偶极矩阵元的标量积，从而描述了原子与光场之间的耦合强度。

为了讨论方便，在式(2.41)中取 $\varphi=0$，则有

$$|\psi(t)\rangle=\cos\left(\frac{1}{2}\Omega_R t\right)|e\rangle-\mathrm{i}\sin\left(\frac{1}{2}\Omega_R t\right)|g\rangle$$

由此可知，当 $\Omega_R t=\pi/2$ 时(称为 $\pi/2$ 脉冲)，有

$$\left|\psi\left(\frac{\pi}{2\Omega_R}\right)\right\rangle=\frac{1}{\sqrt{2}}(|e\rangle-\mathrm{i}|g\rangle) \tag{2.44}$$

当 $\Omega_R t=\pi$ 时(称为 π 脉冲)，有

$$\left|\psi\left(\frac{\pi}{\Omega_R}\right)\right\rangle=-\mathrm{i}|g\rangle \tag{2.45}$$

当 $\Omega_R t=2\pi$ 时(称为 2π 脉冲)，有

$$\left|\psi\left(\frac{2\pi}{\Omega_R}\right)\right\rangle=-|e\rangle \tag{2.46}$$

上述结果表明，当原子初始处于上能态时，在一般的时刻 t，原子将处于上下能态的叠加态式(2.41)。特别地，在时刻 $t=\pi/(2\Omega_R)$，原子将处于上下能态的叠加态式(2.44)；在时刻 $t=\pi/\Omega_R$，原子将处于下能态[式(2.45)](即初始处于上能态的原子，经过时间 $t=\pi/\Omega_R$ 后，跃迁到了下能态，这个时间与 Ω_R 成反比)；在时刻 $t=2\pi/\Omega_R$，原子将返回到上能态[式(2.46)]。由这些讨论可理解**量子跃迁**的确切含义(在当初玻尔提出这个概念时，薛定谔曾质疑：当电子已离开上能级、但尚未到达下能级时，它在什么地方)。类似地，可以讨论原子初始处于下能态的情况。这些结果在量子纠缠态的制备、量子逻辑门的实现等均有着重要的应用。

2. 非共振相互作用(失谐相互作用)($\Delta\neq0$)

(1) 概率幅方法

前面已导出，在相互作用绘景中，取旋波近似后的哈密顿量为

$$H_I=\frac{1}{2}\hbar\Omega_R(\sigma^+\mathrm{e}^{\mathrm{i}(\Delta t-\varphi)}+\sigma\mathrm{e}^{-\mathrm{i}(\Delta t-\varphi)}) \tag{2.47}$$

设

$$|\psi(t)\rangle=c_{\mathrm{e}}(t)|\mathrm{e}\rangle+c_g(t)|g\rangle \tag{2.48}$$

将两式代入薛定谔方程，即

$$\frac{\mathrm{d}}{\mathrm{d}t}|\psi(t)\rangle=\frac{1}{\mathrm{i}\hbar}H_I|\psi(t)\rangle \tag{2.49}$$

可得

$$\frac{\mathrm{d}}{\mathrm{d}t}c_e(t)=-\mathrm{i}\,\frac{\Omega_R}{2}\mathrm{e}^{-\mathrm{i}\varphi}\mathrm{e}^{\mathrm{i}\Delta t}c_g(t) \tag{2.50a}$$

$$\frac{\mathrm{d}}{\mathrm{d}t}c_g(t)=-\mathrm{i}\,\frac{\Omega_R}{2}\mathrm{e}^{\mathrm{i}\varphi}\mathrm{e}^{-\mathrm{i}\Delta t}c_e(t) \tag{2.50b}$$

由式(2.50a)可得

$$c_g(t)=\mathrm{i}\,\frac{2}{\Omega_R}\mathrm{e}^{\mathrm{i}\varphi}\mathrm{e}^{-\mathrm{i}\Delta t}\frac{\mathrm{d}}{\mathrm{d}t}c_e(t) \tag{2.50c}$$

将式(2.50a)对时间求一次导数，并将式(2.50b)和式(2.50c)代入可得

$$\frac{\mathrm{d}^2}{\mathrm{d}t^2}c_e(t)-\mathrm{i}\Delta\,\frac{\mathrm{d}}{\mathrm{d}t}c_e(t)+\frac{\Omega_R^2}{4}c_e(t)=0 \tag{2.51}$$

设其特解为 $c_e(t)=\mathrm{e}^{\mathrm{i}\lambda t}$，代入上式可求得 $\lambda_\pm=\frac{1}{2}(\Delta\pm\Omega)$，其中

$$\Omega=\sqrt{\Delta^2+\Omega_R^2} \tag{2.52}$$

而通解为

$$c_e(t)=a\mathrm{e}^{\mathrm{i}\lambda_+ t}+b\mathrm{e}^{\mathrm{i}\lambda_- t}$$

利用初始条件

$$c_e(0)=a+b,\quad c_g(0)=-\frac{2}{\Omega_R}\mathrm{e}^{\mathrm{i}\varphi}(\lambda_+a+\lambda_-b)$$

可解出 a 和 b，代入通解并整理，最后求得

$$c_e(t)=\mathrm{e}^{\mathrm{i}\frac{\Delta}{2}t}\left\{\left[\cos\left(\frac{\Omega}{2}t\right)-\mathrm{i}\,\frac{\Delta}{\Omega}\sin\left(\frac{\Omega}{2}t\right)\right]c_e(0)-\mathrm{i}\,\frac{\Omega_R}{\Omega}\mathrm{e}^{-\mathrm{i}\varphi}\sin\left(\frac{\Omega}{2}t\right)c_g(0)\right\} \tag{2.53a}$$

$$c_g(t)=\mathrm{e}^{-\mathrm{i}\frac{\Delta}{2}t}\left\{\left[\cos\left(\frac{\Omega}{2}t\right)+\mathrm{i}\,\frac{\Delta}{\Omega}\sin\left(\frac{\Omega}{2}t\right)\right]c_g(0)-\mathrm{i}\,\frac{\Omega_R}{\Omega}\mathrm{e}^{\mathrm{i}\varphi}\sin\left(\frac{\Omega}{2}t\right)c_e(0)\right\} \tag{2.53b}$$

由式(2.53)可以求得原子布居概率 $P_e(t)=|c_e(t)|^2$、$P_g(t)=|c_g(t)|^2$，布居差 $W(t)=P_e(t)-P_g(t)$，以及原子的电偶极矩等。为了计算简单，假设原子初始处于上能态，即 $c_e(0)=1$，$c_g(0)=0$，则有

$$c_e(t)=\mathrm{e}^{\mathrm{i}\frac{\Delta}{2}t}\left[\cos\left(\frac{\Omega}{2}t\right)-\mathrm{i}\,\frac{\Delta}{\Omega}\sin\left(\frac{\Omega}{2}t\right)\right] \tag{2.54a}$$

$$c_g(t)=-\mathrm{i}\mathrm{e}^{-\mathrm{i}\frac{\Delta}{2}t}\frac{\Omega_R}{\Omega}\mathrm{e}^{\mathrm{i}\varphi}\sin\left(\frac{\Omega}{2}t\right) \tag{2.54b}$$

从而原子的布居概率和布居差分别为

$$P_e(t)=|c_e(t)|^2=\cos^2\left(\frac{\Omega}{2}t\right)+\left(\frac{\Delta}{\Omega}\right)^2\sin^2\left(\frac{\Omega}{2}t\right) \tag{2.55a}$$

$$P_g(t)=|c_g(t)|^2=\left(\frac{\Omega_R}{\Omega}\right)^2\sin^2\left(\frac{\Omega}{2}t\right) \tag{2.55b}$$

$$W(t)=\cos^2\left(\frac{\Omega}{2}t\right)+\left(\frac{\Delta^2-\Omega_R^2}{\Omega^2}\right)\sin^2\left(\frac{\Omega}{2}t\right) \tag{2.55c}$$

下面计算原子电偶极矩的平均值。我们知道，对任意力学量算符 A，其平均值为

$$\langle A\rangle=\langle\psi_S(t)|A_S|\psi_S(t)\rangle=\langle\psi_H|A_H(t)|\psi_H\rangle=\langle\psi_I(t)|A_I(t)|\psi_I(t)\rangle$$

也就是说，**在计算平均值时，应取同一个绘景中的算符和态矢量**。上面我们求出的是在相互作用绘景中的态矢量，因此也应该用在相互作用绘景中的算符。在薛定谔绘景中，原子的电偶极矩算符为

$$d=d_{eg}|e\rangle\langle g|+d_{ge}|g\rangle\langle e|=d_{eg}\sigma^++d_{ge}\sigma=d_{eg}\sigma^++\text{H. c.} \tag{2.56}$$

其中，H. c. 表示厄米共轭；在相互作用绘景中，$\sigma^+(t)=\sigma^+e^{i\omega_0t}$，从而在相互作用绘景中，原子的电偶极矩算符为

$$d(t)=d_{eg}\sigma^+e^{i\omega_0t}+\text{H. c.} \tag{2.57}$$

原子电偶极矩在状态 $|\psi(t)\rangle=c_e(t)|e\rangle+c_g(t)|g\rangle$ 中的期待值为

$$\begin{aligned}\langle d(t)\rangle&=\langle\psi|d(t)|\psi\rangle\\&=\langle\psi|(d_{eg}\sigma^+e^{i\omega_0t}+\text{H. c.})|\psi\rangle\\&=d_{eg}e^{i\omega_0t}\langle\psi|\sigma^+|\psi\rangle+\text{C. C.}\\&=2\text{Re}\{d_{eg}e^{i\omega_0t}\langle\psi|\sigma^+|\psi\rangle\}\end{aligned} \tag{2.58}$$

其中，C. C. 表示复数共轭。

注意到

$$\langle\psi|\sigma^+|\psi\rangle=\langle\psi\|e\rangle\langle g\|\psi\rangle=c_e^*c_g$$

则有

$$\begin{aligned}\langle d(t)\rangle&=2\text{Re}\{d_{eg}e^{i\omega_0t}c_e^*c_g\}\\&=2\text{Re}\left\{d_{eg}e^{i\omega_0t}\left[-ie^{-i\Delta t}\frac{\Omega_R}{\Omega}e^{i\varphi}\sin\left(\frac{\Omega}{2}t\right)\right]\left[\cos\left(\frac{\Omega}{2}t\right)+i\frac{\Delta}{\Omega}\sin\left(\frac{\Omega}{2}t\right)\right]\right\}\\&=2\text{Re}\left\{-id_{eg}e^{i\omega t}\left[\frac{\Omega_R}{\Omega}e^{i\varphi}\sin\left(\frac{\Omega}{2}t\right)\right]\left[\cos\left(\frac{\Omega}{2}t\right)+i\frac{\Delta}{\Omega}\sin\left(\frac{\Omega}{2}t\right)\right]\right\}\end{aligned} \tag{2.59}$$

可见，原子电偶极矩以入射场的频率 ω 快速振荡，同时受到 Rabi 频率 Ω 的调制。

过渡到共振情况，$\Delta=0$，$\Omega=\Omega_R$，则原子的布居概率、布居差、原子电偶极矩的平均值分别为

$$P_e(t)=\cos^2\left(\frac{1}{2}\Omega_Rt\right)=\frac{1}{2}[1+\cos(\Omega_Rt)] \tag{2.60a}$$

$$P_g(t)=\sin^2\left(\frac{\Omega_R}{2}t\right)=\frac{1}{2}[1-\cos(\Omega_Rt)] \tag{2.60b}$$

$$W(t)=\cos^2\left(\frac{\Omega_R}{2}t\right)-\sin^2\left(\frac{\Omega_R}{2}t\right)=\cos(\Omega_R t) \tag{2.60c}$$

$$\langle d(t)\rangle=2\mathrm{Re}\left\{-\mathrm{i}d_{eg}\mathrm{e}^{\mathrm{i}\omega t}\mathrm{e}^{\mathrm{i}\varphi}\sin\left(\frac{\Omega_R}{2}t\right)\cos\left(\frac{\Omega_R}{2}t\right)\right\}=\mathrm{Re}\{-\mathrm{i}d_{eg}\mathrm{e}^{\mathrm{i}\omega t}\mathrm{e}^{\mathrm{i}\varphi}\sin(\Omega_R t)\} \tag{2.60d}$$

(2) 密度矩阵方法

① 密度矩阵元与概率幅之间的关系。

由态矢量

$$|\psi(t)\rangle=c_e(t)|e\rangle+c_g(t)|g\rangle \tag{2.61}$$

可构造密度算符,即

$$\rho(t)=|\psi(t)\rangle\langle\psi(t)| \tag{2.62}$$

其矩阵元为

$$\rho_{ee}(t)=\langle e|\rho|e\rangle=\langle e\|\psi(t)\rangle\langle\psi(t)\|e\rangle=c_e(t)c_e^*(t)=|c_e(t)|^2=P_e(t) \tag{2.63a}$$

$$\rho_{eg}(t)=\langle e|\rho|g\rangle=\langle e||\psi(t)\rangle\langle\psi(t)||g\rangle=c_e(t)c_g^*(t) \tag{2.63b}$$

$$\rho_{ge}(t)=\langle g|\rho|e\rangle=\langle g||\psi(t)\rangle\langle\psi(t)||e\rangle=c_g(t)c_e^*(t)=\rho_{eg}^* \tag{2.63c}$$

$$\rho_{gg}(t)=\langle g|\rho|g\rangle=\langle g||\psi(t)\rangle\langle\psi(t)||g\rangle=c_g(t)c_g^*(t)=|c_g(t)|^2=P_g(t) \tag{2.63d}$$

这组公式把密度矩阵元与概率幅联系了起来。可见,密度矩阵的对角元表示原子的布居概率,非对角元与原子电偶极矩的平均值相联系。

② 密度矩阵元的时间演化方程。

密度矩阵元的时间演化方程可由下列两种方法导出。

第一种方法是由概率幅的方程导出密度矩阵元的方程。

$$\begin{aligned}\frac{\mathrm{d}}{\mathrm{d}t}\rho_{ee}(t)&=\frac{\mathrm{d}}{\mathrm{d}t}(c_e(t)c_e^*(t))\\&=\frac{\mathrm{d}c_e(t)}{\mathrm{d}t}c_e^*(t)+c_e(t)\frac{\mathrm{d}c_e^*(t)}{\mathrm{d}t}\\&=\mathrm{i}\frac{\Omega_R}{2}\left[\mathrm{e}^{-\mathrm{i}(\Delta t-\varphi)}\rho_{eg}(t)-\mathrm{e}^{\mathrm{i}(\Delta t-\varphi)}\rho_{ge}(t)\right]\end{aligned} \tag{2.64a}$$

$$\frac{\mathrm{d}}{\mathrm{d}t}\rho_{gg}(t)=-\frac{\mathrm{d}}{\mathrm{d}t}\rho_{ee}(t) \tag{2.64b}$$

$$\begin{aligned}\frac{\mathrm{d}}{\mathrm{d}t}\rho_{eg}(t)&=\frac{\mathrm{d}}{\mathrm{d}t}(c_e(t)c_g^*(t))\\&=\frac{\mathrm{d}c_e(t)}{\mathrm{d}t}c_g^*(t)+c_e(t)\frac{\mathrm{d}c_g^*(t)}{\mathrm{d}t}\end{aligned}$$

$$=\mathrm{i}\,\frac{\Omega_R}{2}\mathrm{e}^{\mathrm{i}(\Delta t-\varphi)}[\rho_{ee}(t)-\rho_{gg}(t)] \tag{2.64c}$$

$$\frac{\mathrm{d}}{\mathrm{d}t}\rho_{ge}(t)=\frac{\mathrm{d}}{\mathrm{d}t}\rho_{eg}^{*}(t) \tag{2.64d}$$

第二种方法是直接由密度算符方程导出密度矩阵元的方程。

密度算符方程为

$$\frac{\mathrm{d}}{\mathrm{d}t}\rho(t)=\frac{1}{\mathrm{i}\hbar}[H,\rho(t)] \tag{2.65}$$

密度矩阵元的方程为

$$\frac{\mathrm{d}}{\mathrm{d}t}\rho_{mn}=\frac{1}{\mathrm{i}\hbar}[H,\rho]_{mn}=\frac{1}{\mathrm{i}\hbar}\sum_k(H_{mk}\rho_{kn}-\rho_{mk}H_{kn}) \tag{2.66}$$

哈密顿量

$$H=\frac{1}{2}\hbar\Omega_R(\sigma^{+}\mathrm{e}^{\mathrm{i}(\Delta t-\varphi)}+\sigma\mathrm{e}^{-\mathrm{i}(\Delta t-\varphi)}) \tag{2.67}$$

的矩阵形式为

$$H=\begin{bmatrix}H_{ee} & H_{eg}\\ H_{ge} & H_{gg}\end{bmatrix}=\frac{1}{2}\hbar\Omega_R\begin{bmatrix}0 & \mathrm{e}^{\mathrm{i}(\Delta t-\varphi)}\\ \mathrm{e}^{-\mathrm{i}(\Delta t-\varphi)} & 0\end{bmatrix} \tag{2.68}$$

从而有

$$\begin{aligned}\frac{\mathrm{d}}{\mathrm{d}t}\rho_{ee}&=\frac{1}{\mathrm{i}\hbar}\sum_k(H_{ek}\rho_{ke}-\rho_{ek}H_{ke})\\&=\frac{1}{\mathrm{i}\hbar}(H_{eg}\rho_{ge}-H_{ge}\rho_{eg})\\&=-\mathrm{i}\,\frac{\Omega_R}{2}(\mathrm{e}^{\mathrm{i}(\Delta t-\varphi)}\rho_{ge}-\mathrm{C.C.})\end{aligned} \tag{2.69a}$$

$$\frac{\mathrm{d}}{\mathrm{d}t}\rho_{gg}=-\frac{\mathrm{d}}{\mathrm{d}t}\rho_{ee} \tag{2.69b}$$

$$\begin{aligned}\frac{\mathrm{d}}{\mathrm{d}t}\rho_{eg}&=\frac{1}{\mathrm{i}\hbar}\sum_k(H_{ek}\rho_{kg}-\rho_{ek}H_{kg})\\&=\frac{1}{\mathrm{i}\hbar}(H_{eg}\rho_{gg}-H_{eg}\rho_{ee})\\&=\frac{-1}{\mathrm{i}\hbar}H_{eg}(\rho_{ee}-\rho_{gg})\\&=\mathrm{i}\,\frac{\Omega_R}{2}\mathrm{e}^{\mathrm{i}(\Delta t-\varphi)}(\rho_{ee}-\rho_{gg})\end{aligned} \tag{2.69c}$$

$$\frac{\mathrm{d}}{\mathrm{d}t}\rho_{ge}=\frac{\mathrm{d}}{\mathrm{d}t}\rho_{eg}^{*} \tag{2.69d}$$

显然，由上述两种方法导出的密度矩阵元方程是相同的。

(3) Bloch 矢量(W,U,V)及其演化方程

引入 Bloch 矢量

$$W=\rho_{ee}-\rho_{gg} \tag{2.70a}$$

$$U=\frac{1}{2}(\rho_{eg}+\rho_{ge}) \tag{2.70b}$$

$$V=\frac{1}{2\mathrm{i}}(\rho_{eg}-\rho_{ge}) \tag{2.70c}$$

其中，W 为布居差；U 和 V 分别为 ρ_{eg} 的实部和虚部，即

$$\rho_{eg}=U+\mathrm{i}V,\quad \rho_{ge}=U-\mathrm{i}V \tag{2.71}$$

(W,U,V)均为实数。可以导出(W,U,V)的演化方程分别为

$$\begin{aligned}\frac{\mathrm{d}W}{\mathrm{d}t}&=\frac{\mathrm{d}}{\mathrm{d}t}(\rho_{ee}-\rho_{gg})\\&=2\frac{\mathrm{d}}{\mathrm{d}t}\rho_{ee}\\&=2\Omega_R[U\sin(\Delta t-\varphi)-V\cos(\Delta t-\varphi)]\end{aligned} \tag{2.72a}$$

$$\frac{\mathrm{d}U}{\mathrm{d}t}=\mathrm{Re}\frac{\mathrm{d}\rho_{eg}}{\mathrm{d}t}=-\frac{\Omega_R}{2}W\sin(\Delta t-\varphi) \tag{2.72b}$$

$$\frac{\mathrm{d}V}{\mathrm{d}t}=\mathrm{Im}\frac{\mathrm{d}\rho_{eg}}{\mathrm{d}t}=\frac{\Omega_R}{2}W\cos(\Delta t-\varphi) \tag{2.72c}$$

它们均为实数方程。

对于 $\Delta=0$(共振情况)和 $\varphi=0$ 的特殊情况，上式可以简化为

$$\frac{\mathrm{d}W}{\mathrm{d}t}=-2\Omega_R V \tag{2.73a}$$

$$\frac{\mathrm{d}U}{\mathrm{d}t}=0 \tag{2.73b}$$

$$\frac{\mathrm{d}V}{\mathrm{d}t}=\frac{\Omega_R}{2}W \tag{2.73c}$$

设原子初始处于上能态，则初始条件为 $W(0)=1,U(0)=0,V(0)=0$，可以求得

$$U(t)=0,\quad W(t)=\cos(\Omega_R t),\quad V(t)=\frac{1}{2}\sin(\Omega_R t) \tag{2.74}$$

利用

$$\rho_{ee}=\frac{1}{2}(1+W),\quad \rho_{gg}=\frac{1}{2}(1-W),\quad \rho_{eg}=U+\mathrm{i}V \tag{2.75}$$

可得

$$\rho_{ee}(t)=\frac{1}{2}[1+\cos(\Omega_R t)]=\cos^2\left(\frac{\Omega_R}{2}t\right)=|c_e(t)|^2 \tag{2.76a}$$

$$\rho_{gg}(t)=\frac{1}{2}[1-\cos(\Omega_R t)]=\sin^2\left(\frac{\Omega_R}{2}t\right)=|c_g(t)|^2 \tag{2.76b}$$

$$\rho_{eg}(t)=\mathrm{i}\,\frac{1}{2}\sin(\Omega_R t)=\mathrm{i}\sin\left(\frac{\Omega_R}{2}t\right)\cos\left(\frac{\Omega_R}{2}t\right)=c_e(t)c_g^*(t) \tag{2.76c}$$

总之,可以根据具体模型采用相对简单的方法(概率幅法、时间演化算符法、密度矩阵法、Bloch 矢量法等)。

2.3.3 耗散的唯象描述

在实际的物理过程中,由于各种原因使得系统存在损耗(耗散)。在前面的讨论中我们没有考虑耗散。关于耗散的详细讨论留待以后有关章节,这里介绍在理论中唯象引入耗散的方法。

(1) 在概率幅方程中唯象引入耗散

$$\frac{\mathrm{d}}{\mathrm{d}t}c_k(t)=-\frac{\gamma_k}{2}c_k(t)+\text{非耗散项},\quad k=e,g \tag{2.77}$$

其中,**非耗散项**(也称为**相干作用项**)指的是前面对应方程中出现过的项。

这样引入耗散项的原因可讨论如下:当只考虑耗散项时,式(2.77)变为

$$\frac{\mathrm{d}}{\mathrm{d}t}c_k(t)=-\frac{\gamma_k}{2}c_k(t) \tag{2.78}$$

其解为

$$c_k(t)=c_k(0)\mathrm{e}^{-\frac{\gamma_k}{2}t} \tag{2.79}$$

于是有

$$P_k(t)=|c_k(t)|^2=|c_k(0)|^2\mathrm{e}^{-\gamma_k t}=P_k(0)\mathrm{e}^{-\gamma_k t} \tag{2.80}$$

可见,γ_k 为能级 k 上布居概率的**衰减速率**。

(2)在密度矩阵方程中唯象引入耗散

$$\frac{\mathrm{d}}{\mathrm{d}t}\rho_{ee}(t)=-\gamma_e\rho_{ee}(t)+\text{非耗散项} \tag{2.81a}$$

$$\frac{\mathrm{d}}{\mathrm{d}t}\rho_{gg}(t)=-\gamma_g\rho_{gg}(t)+\text{非耗散项} \tag{2.81b}$$

$$\frac{\mathrm{d}}{\mathrm{d}t}\rho_{eg}(t)=-\frac{\gamma_e+\gamma_g}{2}\rho_{eg}(t)+\text{非耗散项} \tag{2.81c}$$

$$\frac{\mathrm{d}}{\mathrm{d}t}\rho_{ge}(t)=\frac{\mathrm{d}}{\mathrm{d}t}\rho_{eg}^*(t) \tag{2.81d}$$

通过求解带耗散项的概率幅方程或密度矩阵方程,可以讨论耗散对原子布居

概率、布居概率之差,以及原子电偶极矩平均值等的影响。

2.4 双模电磁场与三能级原子的相互作用

双模电磁场与三能级原子的相互作用具有多种形式,可产生许多物理效应[11],这些物理效应有许多重要应用。常见的相互作用形式有级联型、V-型、Λ-型,如图 2.2 所示。

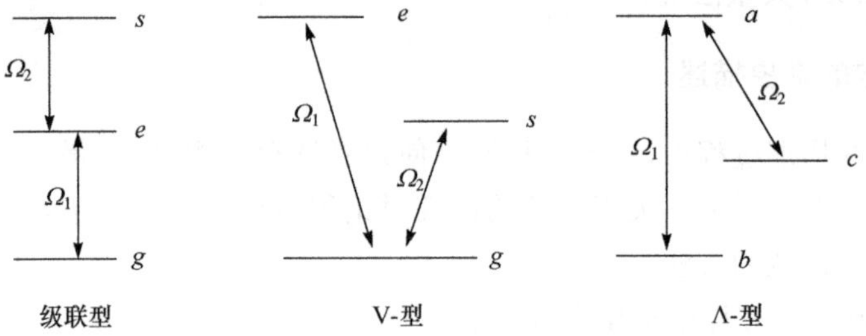

图 2.2　双模电磁场与三能级原子的相互作用

在本节的讨论中我们将引入多个物理概念,讨论多种物理效应,包括**原子系统中的量子干涉和相干效应、相干布居数囚禁、囚禁态、暗态、相干布居数转移、绝热布居数转移、电磁诱导透明、小吸收(或无吸收)大折射效应、无反转激光**等。

2.4.1 哈密顿量的形式

(1) 单模经典电磁场与二能级原子的相互作用回顾

单模经典电磁场与二能级原子相互作用系统的哈密顿量为

$$H=H_0+V \tag{2.82}$$

其中,原子的自由哈密顿量为

$$H_0=\hbar\omega_e|e\rangle\langle e|+\hbar\omega_g|g\rangle\langle g|=\hbar\omega_e\sigma_{ee}+\hbar\omega_g\sigma_{gg} \tag{2.83}$$

在电偶极近似下,相互作用哈密顿量为

$$\begin{aligned} V&=-\boldsymbol{d}\cdot\boldsymbol{E}\\ &=-\boldsymbol{\mu}(\sigma^++\sigma)\cdot\boldsymbol{E}_0\cos(\omega t+\varphi)\\ &=-\frac{\boldsymbol{\mu}\cdot\boldsymbol{E}_0}{2}(\sigma^++\sigma)(\mathrm{e}^{\mathrm{i}(\omega t+\varphi)}+\mathrm{e}^{-\mathrm{i}(\omega t+\varphi)}) \end{aligned} \tag{2.84}$$

其中,$|e\rangle$和$|g\rangle$为二能级原子的上下能态;$\hbar\omega_e$ 和$\hbar\omega_g$ 为对应的能量;$\sigma_{ee}=|e\rangle\langle e|$;$\sigma_{gg}=|g\rangle\langle g|$;$\sigma^+=\sigma_{eg}=|e\rangle\langle g|$;$\sigma=\sigma_{ge}=|g|\rangle\langle e|$;$\boldsymbol{d}$ 和 $\boldsymbol{\mu}$ 分别为原子的电偶极矩及其在状态$|e\rangle$和$|g\rangle$之间的矩阵元;$\boldsymbol{E}_0$,ω 和 φ 分别为单模电场的振幅、频率和位相。

在相互作用绘景中,有

$$\sigma^{+} \to \sigma^{+} e^{i\omega_{eg} t}, \quad \sigma \to \sigma e^{-i\omega_{eg} t} \tag{2.85}$$

其中，$\omega_{eg} = \omega_e - \omega_g$。

相应地，有

$$V_I = -\frac{\boldsymbol{\mu} \cdot \boldsymbol{E}_0}{2}(\sigma^{+} e^{i\omega_{eg} t} + \sigma e^{-i\omega_{eg} t})(e^{i(\omega t+\varphi)} + e^{-i(\omega t+\varphi)}) \tag{2.86}$$

在**旋转波近似**下，有

$$\begin{aligned} V_I &= -\frac{\hbar}{2}\Omega_R(e^{-i\varphi}\sigma^{+} e^{i\Delta t} + e^{i\varphi}\sigma e^{-i\Delta t}) \\ &= -\frac{\hbar}{2}\Omega_R(e^{-i\varphi}e^{i\Delta t}|e\rangle\langle g| + \mathrm{H.c.}) \end{aligned} \tag{2.87}$$

其中，$\Omega_R \equiv \boldsymbol{\mu} \cdot \boldsymbol{E}_0/\hbar$（前面定义 $\Omega_R \equiv -\boldsymbol{\mu} \cdot \boldsymbol{E}_0/\hbar$，二者相差一个负号）；$\Delta = \omega_{eg} - \omega = (\omega_e - \omega_g) - \omega$ 为失谐量。

(2) 双模电磁场与三能级原子的 Λ 型相互作用(图 2.2)

系统的哈密顿量为

$$H = H_0 + V \tag{2.88}$$

将式(2.83)推广到三能级原子，可以得到原子的自由哈密顿量，即

$$\begin{aligned} H_0 &= \sum_k \hbar\omega_k \mid k\rangle\langle k \mid \\ &= \hbar\omega_a \mid a\rangle\langle a \mid + \hbar\omega_b \mid b\rangle\langle b \mid + \hbar\omega_c \mid c\rangle\langle c \mid \\ &= \hbar\omega_a\sigma_{aa} + \hbar\omega_b\sigma_{bb} + \hbar\omega_c\sigma_{cc} \end{aligned} \tag{2.89}$$

将式(2.87)推广到三能级原子与双模电磁场的相互作用，得到在**相互作用绘景**中**电偶极近似**和**旋转波近似**下的相互作用哈密顿量，即

$$V_I = -\frac{\hbar}{2}\{\Omega_1 e^{-i\varphi_1} e^{i\Delta_1 t}|a\rangle\langle b| + \Omega_2 e^{-i\varphi_2} e^{i\Delta_2 t}|a\rangle\langle c| + \mathrm{H.c.}\} \tag{2.90}$$

其中，$\Omega_1 = \boldsymbol{\mu}_{ab} \cdot \boldsymbol{E}_1^{(0)}/\hbar$；$\Omega_2 = \boldsymbol{\mu}_{ac} \cdot \boldsymbol{E}_2^{(0)}/\hbar$；$\Delta_1 = \omega_{ab} - \omega_1 = (\omega_a - \omega_b) - \omega_1$；$\Delta_2 = \omega_{ac} - \omega_2 = (\omega_a - \omega_c) - \omega_2$。

在共振条件($\Delta_1 = \Delta_2 = 0$)下，可得

$$V_I = -\frac{\hbar}{2}\{\Omega_1 e^{-i\varphi_1}|a\rangle\langle b| + \Omega_2 e^{-i\varphi_2}|a\rangle\langle c| + \mathrm{H.c.}\} \tag{2.91}$$

2.4.2 薛定谔方程的求解

在相互作用绘景中，薛定谔方程为

$$i\hbar\frac{d}{dt}|\psi_I(t)\rangle = V_I|\psi_I(t)\rangle \tag{2.92}$$

为了简单，在下面的计算中略去下标 I 并取$\hbar=1$。设 t 时刻原子的状态为

$$|\psi(t)\rangle = \sum_k b_k(t) \mid k\rangle, \quad k = a, b, c \tag{2.93}$$

其中，$b_k(t)=\langle k|\psi(t)\rangle$。

将式(2.93)代入式(2.92)可得

$$\frac{\mathrm{d}}{\mathrm{d}t}b_k(t)=-\mathrm{i}\sum_j\langle k\mid V\mid j\rangle b_j(t) \tag{2.94}$$

将式(2.91)的哈密顿量代入式(2.94)可得

$$\frac{\mathrm{d}}{\mathrm{d}t}b_a=\frac{\mathrm{i}}{2}(\Omega_1\mathrm{e}^{-\mathrm{i}\varphi_1}b_b+\Omega_2\mathrm{e}^{-\mathrm{i}\varphi_2}b_c) \tag{2.95a}$$

$$\frac{\mathrm{d}}{\mathrm{d}t}b_b=\frac{\mathrm{i}}{2}\Omega_1\mathrm{e}^{\mathrm{i}\varphi_1}b_a \tag{2.95b}$$

$$\frac{\mathrm{d}}{\mathrm{d}t}b_c=\frac{\mathrm{i}}{2}\Omega_2\mathrm{e}^{\mathrm{i}\varphi_2}b_a \tag{2.95c}$$

通过求解上述方程组可得(一般情况下薛定谔方程的求解参见附录B)

$$b_a(t)=b_a(0)\cos\left(\frac{\Omega}{2}t\right)+[b_b(0)\Omega_1\mathrm{e}^{-\mathrm{i}\varphi_1}+b_c(0)\Omega_2\mathrm{e}^{-\mathrm{i}\varphi_2}]\frac{\mathrm{i}}{\Omega}\sin\left(\frac{\Omega}{2}t\right) \tag{2.96a}$$

$$b_b(t)=b_a(0)\frac{\mathrm{i}\Omega_1\mathrm{e}^{\mathrm{i}\varphi_1}}{\Omega}\sin\left(\frac{\Omega}{2}t\right)+b_b(0)\frac{1}{\Omega^2}\left[\Omega_2^2+\Omega_1^2\cos\left(\frac{\Omega}{2}t\right)\right]$$
$$-b_c(0)\frac{2\Omega_1\Omega_2}{\Omega^2}\mathrm{e}^{\mathrm{i}(\varphi_1-\varphi_2)}\sin^2\left(\frac{\Omega}{4}t\right) \tag{2.96b}$$

$$b_c(t)=b_a(0)\frac{\mathrm{i}\Omega_2\mathrm{e}^{\mathrm{i}\varphi_2}}{\Omega}\sin\left(\frac{\Omega}{2}t\right)-b_b(0)\frac{2\Omega_1\Omega_2}{\Omega^2}\mathrm{e}^{-\mathrm{i}(\varphi_1-\varphi_2)}\sin^2\left(\frac{\Omega}{4}t\right)$$
$$+b_c(0)\frac{1}{\Omega^2}\left[\Omega_1^2+\Omega_2^2\cos\left(\frac{\Omega}{2}t\right)\right] \tag{2.96c}$$

其中，$\Omega=\sqrt{\Omega_1^2+\Omega_2^2}$。

下面利用上列结果讨论几种物理效应。

2.4.3 相干布居数囚禁、囚禁态、暗态、相干布居数转移

设原子的初态为

$$|\psi(0)\rangle=\cos\left(\frac{\vartheta}{2}\right)|b\rangle+\sin\left(\frac{\vartheta}{2}\right)\mathrm{e}^{-\mathrm{i}\psi}|c\rangle \tag{2.97}$$

即 $b_a(0)=0$，$b_b(0)=\cos\left(\frac{\vartheta}{2}\right)$，$b_c(0)=\sin\left(\frac{\vartheta}{2}\right)\mathrm{e}^{-\mathrm{i}\psi}$，由式(2.96)可得

$$b_a(t)=\left[\cos\left(\frac{\vartheta}{2}\right)\Omega_1+\sin\left(\frac{\vartheta}{2}\right)\Omega_2\mathrm{e}^{\mathrm{i}(\varphi_1-\varphi_2-\psi)}\right]\mathrm{e}^{-\mathrm{i}\varphi_1}\frac{\mathrm{i}}{\Omega}\sin\left(\frac{\Omega}{2}t\right) \tag{2.97a}$$

$$b_b(t)=\cos\left(\frac{\vartheta}{2}\right)\frac{1}{\Omega^2}\left[\Omega_2^2+\Omega_1^2\cos\left(\frac{\Omega}{2}t\right)\right]-\sin\left(\frac{\vartheta}{2}\right)\frac{2\Omega_1\Omega_2}{\Omega^2}\mathrm{e}^{\mathrm{i}(\varphi_1-\varphi_2-\psi)}\sin^2\left(\frac{\Omega}{4}t\right) \tag{2.97b}$$

$$b_c(t)=\left\{-\cos\left(\frac{\vartheta}{2}\right)\frac{2\Omega_1\Omega_2}{\Omega^2}\mathrm{e}^{-\mathrm{i}(\varphi_1-\varphi_2-\psi)}\sin^2\left(\frac{\Omega}{4}t\right)+\sin\left(\frac{\vartheta}{2}\right)\frac{1}{\Omega^2}\left[\Omega_1^2+\Omega_2^2\cos\left(\frac{\Omega}{2}t\right)\right]\right\}\mathrm{e}^{-\mathrm{i}\psi} \tag{2.97c}$$

如果满足下列条件，即

$$\Omega_1=\Omega_2,\quad \vartheta=\pi/2,\quad (\varphi_1-\varphi_2-\psi)=\pm\pi \tag{2.98}$$

则可得

$$b_a(t)=0,\quad b_b(t)=\frac{1}{\sqrt{2}},\quad b_c(t)=\frac{1}{\sqrt{2}}\mathrm{e}^{-\mathrm{i}\psi} \tag{2.99}$$

即 t 时刻原子的状态为

$$|\psi(t)\rangle=\frac{1}{\sqrt{2}}|b\rangle+\frac{1}{\sqrt{2}}\mathrm{e}^{-\mathrm{i}\psi}|c\rangle \tag{2.100}$$

注意到上式表示的状态与时间无关。另外，当 $\vartheta=\pi/2$ 时，原子的初态为

$$\begin{aligned}|\psi(0)\rangle&=\cos\left(\frac{\vartheta}{2}\right)|b\rangle+\sin\left(\frac{\vartheta}{2}\right)\mathrm{e}^{-\mathrm{i}\psi}|c\rangle\\&=\frac{1}{\sqrt{2}}|b\rangle+\frac{1}{\sqrt{2}}\mathrm{e}^{-\mathrm{i}\psi}|c\rangle\end{aligned} \tag{2.101}$$

上述结果表明，当满足条件 $\Omega_1=\Omega_2$，$\vartheta=\pi/2$，$(\varphi_1-\varphi_2-\psi)=\pm\pi$ 时，尽管有电磁场的作用，但由于两个跃迁通道之间的相消干涉，初始处在两个下能级的相干叠加态 $|\psi(0)\rangle=\frac{1}{\sqrt{2}}|b\rangle+\frac{1}{\sqrt{2}}\mathrm{e}^{-\mathrm{i}\psi}|c\rangle$ 的原子将始终处在该态，这种现象称为**相干布居数囚禁**(coherent population trapping)，这个状态称为**囚禁态**(trapping state)。

当 Rabi 频率 Ω_1 和 Ω_2 随时间变化时，薛定谔方程不能求解，但我们可以求解哈密顿量(为简单起见，在式(2.91)中取 $\varphi_1=\varphi_2=0$)

$$V_I(t)=-\frac{1}{2}\{\Omega_1(t)|a\rangle\langle b|+\Omega_2(t)|a\rangle\langle c|+\mathrm{H.C.}\} \tag{2.102}$$

的瞬时本征方程，即

$$V_I(t)|D_k(t)\rangle=\lambda_k|D_k(t)\rangle \tag{2.103}$$

求得本征值为

$$\lambda_0=0,\quad \lambda_\pm=\pm\Omega(t)/2 \tag{2.104}$$

相应的本征态为

$$|D_0(t)\rangle=\frac{1}{\Omega(t)}[\Omega_2(t)|b\rangle-\Omega_1(t)|c\rangle] \tag{2.105a}$$

$$|D_\pm(t)\rangle=\frac{1}{\sqrt{2}}\left\{|a\rangle\mp\frac{1}{\Omega(t)}[\Omega_1(t)|b\rangle+\Omega_2(t)|c\rangle]\right\} \tag{2.105b}$$

本征态 $|D_0(t)\rangle$ 对应的本征值 $\lambda_0=0$，即 $V_I|D_0(t)\rangle=0$。如果原子初始处在该态，

则它将始终处在该态，故将$|D_0(t)\rangle$态称为**暗态**(dark state)。另一方面，由于处在该态的原子被囚禁在两个下能态上，$|D_0(t)\rangle$态又称为**囚禁态**(trapping state)。相应地，$|D_\pm(t)\rangle$态称为**亮态**(bright states)。

暗态$|D_0(t)\rangle$又可以写为

$$|D_0(t)\rangle=\cos\theta|b\rangle-\sin\theta|c\rangle \tag{2.106}$$

其中，$\cos\theta=\dfrac{\Omega_2(t)}{\Omega(t)}$；$\sin\theta=\dfrac{\Omega_1(t)}{\Omega(t)}$；$\tan\theta=\dfrac{\Omega_1(t)}{\Omega_2(t)}$；$\theta$称为混合角(mixing angle)。

假设在初始时刻t_i，我们将原子制备在状态$|\psi_i(t_i)\rangle=|D_0(t_i)\rangle=|b\rangle$，这相当于混合角$\theta(t_i)=0$，对应于$\Omega_1(t_i)=0$，$\Omega_2(t_i)\neq0$。然后，我们**慢慢地**调节$\Omega_2$和$\Omega_1$(减小$\Omega_2$，增大$\Omega_1$)，使得在以后的某个时刻$t_f$，$\theta(t_f)=\pi/2$，那么原子的状态将变为$|\psi_f(t_f)\rangle=|D(t_f)\rangle=-|c\rangle$。如果我们调节$\Omega_2$和$\Omega_1$的过程足够慢，使得在时间间隔$t_i\leqslant t\leqslant t_f$内，原子的状态$|\psi(t)\rangle$一直处在暗态$|D_0(t)\rangle$，我们就能将原子的布居数从初态$|b\rangle$转移到末态$|c\rangle$，而不会将原子布居到激发态$|a\rangle$上，从而可避免因上能态的自发辐射而引起的损耗，这个过程称为**相干布居数转移**(coherent population transfer)，如图2.3所示。一般来说，对随时间变化的相互作用，即使系统初始处在某个瞬时本征态，也难以保证系统以后始终处在该瞬时本征态，由于相互作用的影响，系统将从该瞬时本征态跃迁到其他瞬时本征态。只有当相互作用随时间变化得**足够慢**(所谓**绝热变化**)，才能保证系统保持在初始的瞬时本征态，而不耦合到其他瞬时本征态。因此，**相干布居数转移**也称为**绝热布居数转移**(adiabatic population transfer)。更精确地讲，绝热条件是微扰(相互作用)随时间的变化率要小于瞬时本征能级之差。对现在讨论的情况，该条件是

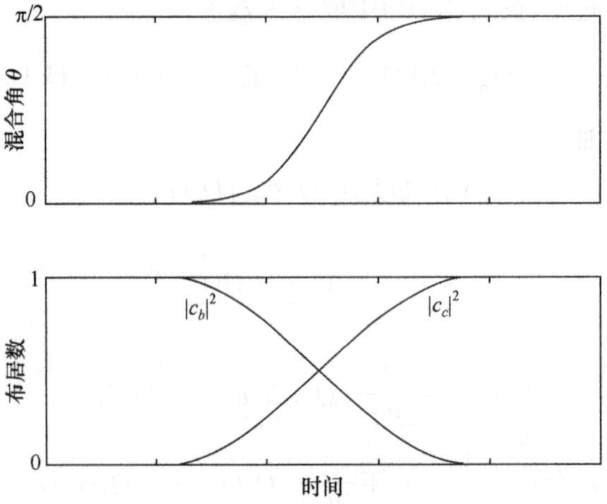

图2.3 相干布居数转移

$$\frac{\mathrm{d}\theta}{\mathrm{d}t} \ll |\lambda_{\pm} - \lambda_0| \tag{2.107}$$

利用 θ 的定义 $\left(\tan\theta = \frac{\Omega_1(t)}{\Omega_2(t)}\right)$ 和 $\lambda_j\,(j=0,\pm)$ 的表达式(2.104)，上式可以转化为

$$\left| \frac{\frac{\mathrm{d}\Omega_1}{\mathrm{d}t}\Omega_2 - \Omega_1 \frac{\mathrm{d}\Omega_2}{\mathrm{d}t}}{\Omega^2} \right| \ll |\lambda_{\pm}| = \frac{\Omega}{2} \tag{2.108}$$

2.4.4 电磁诱导透明

所谓**电磁诱导透明**[11,16](electromagnetically induced transparency, EIT)效应，指的是由三能级(或多能级)原子组成的介质，在强驱动电磁场的作用下，对弱探测电磁场呈现透明(不吸收)的现象。

1. 模型和哈密顿量

在前面的讨论中，对双模电磁场与三能级原子的 Λ 型相互作用(图 2.2)，其哈密顿量为

$$H = H_0 + V \tag{2.109}$$

其中，H_0 为原子的自由哈密顿量，即

$$\begin{aligned} H_0 &= \hbar\omega_a |a\rangle\langle a| + \hbar\omega_b |b\rangle\langle b| + \hbar\omega_c |c\rangle\langle c| \\ &= \hbar\omega_a\sigma_{aa} + \hbar\omega_b\sigma_{bb} + \hbar\omega_c\sigma_{cc} \end{aligned} \tag{2.110}$$

V 为相互作用哈密顿量，即

$$V = -\frac{\hbar}{2}\{\Omega_1 \mathrm{e}^{-\mathrm{i}\varphi_1}\mathrm{e}^{-\mathrm{i}\omega_1 t}|a\rangle\langle b| + \Omega_2 \mathrm{e}^{-\mathrm{i}\varphi_2}\mathrm{e}^{-\mathrm{i}\omega_2 t}|a\rangle\langle c| + \mathrm{H.c.}\} \tag{2.111}$$

其中，$\Omega_1 = \boldsymbol{\mu}_{ab}\cdot\boldsymbol{E}_1^{(0)}/\hbar$；$\Omega_2 = \boldsymbol{\mu}_{ac}\cdot\boldsymbol{E}_2^{(0)}/\hbar$。

在电磁诱导透明情况下，Ω_1 表示弱的**探测场**，Ω_2 表示强的**驱动场**。我们关心的是，强驱动场的存在对弱探测场的**色散**和**吸收**的影响。为了明确起见，我们将图 2.2 重画作图 2.4，并在哈密顿量式(2.111)中作下列代换，即

$$\Omega_1 \mathrm{e}^{-\mathrm{i}\varphi_1}\mathrm{e}^{-\mathrm{i}\omega_1 t} \rightarrow \frac{\wp_{ab}\mathscr{E}}{\hbar}\mathrm{e}^{-\mathrm{i}\nu t},\quad \Omega_2 \mathrm{e}^{-\mathrm{i}\varphi_2}\mathrm{e}^{-\mathrm{i}\omega_2 t} \rightarrow \Omega_d \mathrm{e}^{-\mathrm{i}\varphi_d}\mathrm{e}^{-\mathrm{i}\nu_d t} \tag{2.112}$$

则有

$$V = -\frac{\hbar}{2}\left\{\frac{\wp_{ab}\mathscr{E}}{\hbar}\mathrm{e}^{-\mathrm{i}\nu t}|a\rangle\langle b| + \Omega_d \mathrm{e}^{-\mathrm{i}\varphi_d}\mathrm{e}^{-\mathrm{i}\nu_d t}|a\rangle\langle c| + \mathrm{H.c.}\right\} \tag{2.113}$$

其中，$\wp_{ab}$ 为原子能级 a 和 b 之间电偶极矩阵元；$\mathscr{E}$ 和 ν 分别为探测场的振幅和频率；Ω_d 为描述驱动场与原子能级 $a \leftrightarrow c$ 跃迁耦合的 Rabi 频率；ν_d 和 φ_d 分别为驱动场的频率和位相。

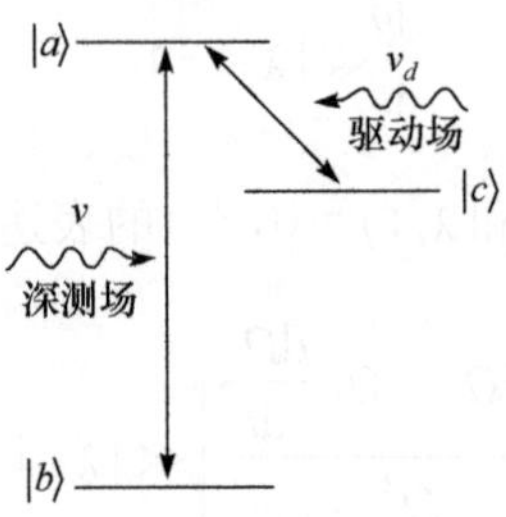

图 2.4　电磁诱导透明示意图

2. 密度矩阵方程及其解

下面我们推导并求解密度矩阵方程。密度矩阵方程为

$$\frac{\mathrm{d}}{\mathrm{d}t}\rho=-\frac{\mathrm{i}}{\hbar}[H,\rho] \tag{2.114}$$

密度矩阵元的方程为

$$\frac{\mathrm{d}}{\mathrm{d}t}\rho_{jk}=-\frac{\mathrm{i}}{\hbar}[H,\rho]_{jk}=-\frac{\mathrm{i}}{\hbar}\sum_{l}(H_{jl}\rho_{lk}-\rho_{jl}H_{lk}) \tag{2.115}$$

利用上面的哈密顿量可导出

$$\frac{\mathrm{d}}{\mathrm{d}t}\rho_{ab}=-(\gamma_1+\mathrm{i}\omega_{ab})\rho_{ab}-\mathrm{i}\frac{\wp_{ab}\mathscr{E}}{2\hbar}\mathrm{e}^{-\mathrm{i}\nu t}(\rho_{aa}-\rho_{bb})+\mathrm{i}\frac{\Omega_d}{2}\mathrm{e}^{-\mathrm{i}\varphi_d}\mathrm{e}^{-\mathrm{i}\nu_d t}\rho_{cb} \tag{2.116a}$$

$$\frac{\mathrm{d}}{\mathrm{d}t}\rho_{ac}=-(\gamma_2+\mathrm{i}\omega_{ac})\rho_{ac}-\mathrm{i}\frac{\Omega_d}{2}\mathrm{e}^{-\mathrm{i}\varphi_d}\mathrm{e}^{-\mathrm{i}\nu_d t}(\rho_{aa}-\rho_{cc})+\mathrm{i}\frac{\wp_{ab}\mathscr{E}}{2\hbar}\mathrm{e}^{-\mathrm{i}\nu t}\rho_{bc} \tag{2.116b}$$

$$\frac{\mathrm{d}}{\mathrm{d}t}\rho_{cb}=-(\gamma_3+\mathrm{i}\omega_{cb})\rho_{cb}-\mathrm{i}\frac{\wp_{ab}\mathscr{E}}{2\hbar}\mathrm{e}^{-\mathrm{i}\nu t}\rho_{ca}+\mathrm{i}\frac{\Omega_d}{2}\mathrm{e}^{\mathrm{i}\varphi_d}\mathrm{e}^{\mathrm{i}\nu_d t}\rho_{ab} \tag{2.116c}$$

其中，$\omega_{jk}=\omega_j-\omega_k(j,k=a,b,c)$，并且我们唯象地引进了衰减速率 $\gamma_j(j=1,2,3)$。

设原子初始处于基态 $|b\rangle$，即初始条件为

$$\rho_{bb}^{(0)}=1,\quad 其他\ \rho_{jk}^{(0)}=0 \tag{2.116d}$$

由于**探测场很弱**，我们将探测场的 $\mathscr{E}$ 只保留到最低阶。将初始条件式(2.116d)代入式(2.116a)～式(2.116c)中已含 $\mathscr{E}$ 的一次方的项可得

$$\frac{\mathrm{d}}{\mathrm{d}t}\rho_{ab}=-(\gamma_1+\mathrm{i}\omega_{ab})\rho_{ab}+\mathrm{i}\frac{\wp_{ab}\mathscr{E}}{2\hbar}\mathrm{e}^{-\mathrm{i}\nu t}+\mathrm{i}\frac{\Omega_d}{2}\mathrm{e}^{-\mathrm{i}\varphi_d}\mathrm{e}^{-\mathrm{i}\nu_d t}\rho_{cb} \tag{2.117a}$$

$$\frac{\mathrm{d}}{\mathrm{d}t}\rho_{ac}=-(\gamma_2+\mathrm{i}\omega_{ac})\rho_{ac}-\mathrm{i}\frac{\Omega_d}{2}\mathrm{e}^{-\mathrm{i}\varphi_d}\mathrm{e}^{-\mathrm{i}\nu_d t}(\rho_{aa}-\rho_{cc}) \tag{2.117b}$$

$$\frac{\mathrm{d}}{\mathrm{d}t}\rho_{cb}=-(\gamma_3+\mathrm{i}\omega_{cb})\rho_{cb}+\mathrm{i}\frac{\Omega_d}{2}\mathrm{e}^{\mathrm{i}\varphi_d}e^{\mathrm{i}\nu_d t}\rho_{ab} \tag{2.117c}$$

可见，在这种近似下，$\frac{\mathrm{d}}{\mathrm{d}t}\rho_{ab}$和$\frac{\mathrm{d}}{\mathrm{d}t}\rho_{cb}$的方程构成闭合方程组，而与 ρ_{ac} 无关。我们关心的是探测场的色散和吸收，由 ρ_{ab} 所决定。作下列变量代换，即

$$\tilde{\rho}_{ab}=\rho_{ab}\mathrm{e}^{\mathrm{i}\nu t},\quad \tilde{\rho}_{cb}=\rho_{cb}\mathrm{e}^{\mathrm{i}(\nu-\nu_d)t} \tag{2.118}$$

并设 $\nu_d=\omega_{ac}$，即驱动场的频率与原子状态 $a\leftrightarrow c$ 之间的跃迁频率共振；探测场的频率与原子状态 $a\leftrightarrow b$ 之间的跃迁频率有一失谐量 $\Delta=\omega_{ab}-\nu$，则式(2.117a)和式(2.117c)变为下列方程组，即

$$\frac{\mathrm{d}}{\mathrm{d}t}\tilde{\rho}_{ab}=-(\gamma_1+\mathrm{i}\Delta)\tilde{\rho}_{ab}+\mathrm{i}\frac{\wp_{ab}\mathscr{E}}{2\hbar}+\mathrm{i}\frac{\Omega_d}{2}\mathrm{e}^{-\mathrm{i}\varphi_d}\tilde{\rho}_{cb} \tag{2.119a}$$

$$\frac{\mathrm{d}}{\mathrm{d}t}\tilde{\rho}_{cb}=-(\gamma_3+\mathrm{i}\Delta)\tilde{\rho}_{cb}+\mathrm{i}\frac{\Omega_d}{2}\mathrm{e}^{\mathrm{i}\varphi_d}\tilde{\rho}_{ab} \tag{2.119b}$$

这个方程组可写成下列矩阵形式，即

$$\frac{\mathrm{d}}{\mathrm{d}t}R=-MR+A \tag{2.120}$$

其中

$$R=\begin{bmatrix}\tilde{\rho}_{ab}\\ \tilde{\rho}_{cb}\end{bmatrix},\quad M=\begin{bmatrix}\gamma_1+\mathrm{i}\Delta & -\mathrm{i}\frac{\Omega_d}{2}\mathrm{e}^{-\mathrm{i}\varphi_d}\\ -\mathrm{i}\frac{\Omega_d}{2}\mathrm{e}^{\mathrm{i}\varphi_d} & \gamma_3+\mathrm{i}\Delta\end{bmatrix},\quad A=\begin{bmatrix}\mathrm{i}\frac{\wp_{ab}\mathscr{E}}{2\hbar}\\ 0\end{bmatrix} \tag{2.121}$$

积分可得

$$R(t)=\int_{-\infty}^{t}\mathrm{d}t'\ \mathrm{e}^{-M(t-t')}A=M^{-1}A \tag{2.122}$$

于是得到

$$\tilde{\rho}_{ab}=\frac{\mathrm{i}\ \wp_{ab}\mathscr{E}(\gamma_3+\mathrm{i}\Delta)}{2\hbar[(\gamma_1+\mathrm{i}\Delta)(\gamma_3+\mathrm{i}\Delta)+\Omega_d^2/4]} \tag{2.123}$$

实际上，求式(2.119)的稳态解即可得式(2.123)。利用复数极化强度的定义 $\mathscr{P}=2N_A\ \wp_{ba}\tilde{\rho}_{ab}$($N_A$ 是原子数密度)以及复数极化强度与电场之间的关系式 $\mathscr{P}=\varepsilon_0\chi\mathscr{E}$，可得到复数极化率，即

$$\chi=\frac{2N_A\ \wp_{ba}\tilde{\rho}_{ab}}{\varepsilon_0\ \mathscr{E}}=\frac{N_A\ |\wp_{ab}|^2}{\hbar\varepsilon_0}\frac{\mathrm{i}(\gamma_3+\mathrm{i}\Delta)}{[(\gamma_1+\mathrm{i}\Delta)(\gamma_3+\mathrm{i}\Delta)+\Omega_d^2/4]} \tag{2.124}$$

令 $\chi=\chi'+\mathrm{i}\chi''$，则有

$$\chi'=\frac{N_A\ |\wp_{ab}|^2}{\hbar\varepsilon_0}\frac{\Delta}{Z}[\gamma_3(\gamma_1+\gamma_3)+(\Delta^2-\gamma_1\gamma_3-\Omega_d^2/4)] \tag{2.125a}$$

$$\chi''=\frac{N_A\ |\wp_{ab}|^2}{\hbar\varepsilon_0}\frac{1}{Z}[\Delta^2(\gamma_1+\gamma_3)-\gamma_3(\Delta^2-\gamma_1\gamma_3-\Omega_d^2/4)] \tag{2.125b}$$

其中，$Z\equiv(\Delta^2-\gamma_1\gamma_3-\Omega_d^2/4)^2+\Delta^2(\gamma_1+\gamma_3)^2$；$\chi'$和 χ''分别与探测场的**色散**和**吸收**

相联系。

图 2.5 显示了 $\chi'/\left(\frac{N_A|\wp_{ab}|^2}{\hbar\varepsilon_0\gamma_1}\right)$ 和 $\chi''/\left(\frac{N_A|\wp_{ab}|^2}{\hbar\varepsilon_0\gamma_1}\right)$ 随失谐量 Δ(以 γ_1 为单位)变化的情况,其他参数取 $\gamma_3=10^{-4}\gamma_1$,$\Omega_d=2\gamma_1$。由图 2.5 和上列公式可以看到,当 $\Delta=0$ 时,$\chi''\approx0$,$\chi'=0$,这表示吸收几乎为零,而折射率近似等于 1(折射率 $n'\approx(1+\chi')^{1/2}$)。

当 $\Delta=0$ 时,$\chi'=0$,$\chi''\propto\gamma_3$。由于 γ_3 表示电偶极禁戒跃迁的衰减速率,一般很小,从而使得 χ''很小,即吸收很小。

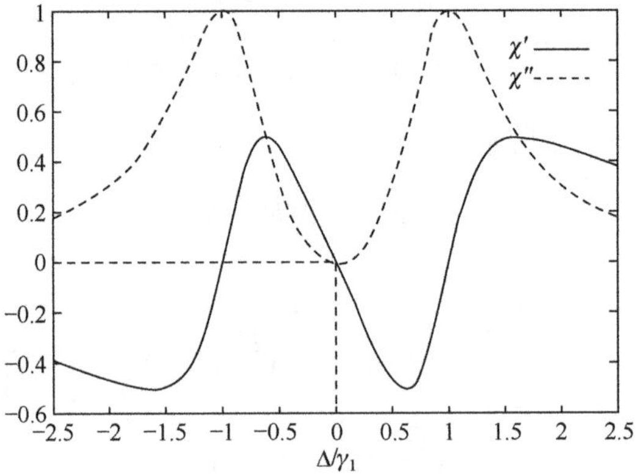

图 2.5 电磁诱导透明的吸收和色散曲线

2.4.5 无吸收而折射率增强[11,17]

光学介质的折射率在原子共振频率附近可高达 10～100 ,但在传统的方法中,大色散往往伴随着强吸收。本节的讨论将表明,利用多能级原子中的量子相干和干涉效应,能够获得大的折射率,而同时使吸收很小甚至为零。

原子系统对外电场的线性响应用复数**极化强度**描述,即

$$P(z,t)=\varepsilon_0\int_0^\infty d\tau\tilde{\chi}(\tau)E(z,t-\tau) \tag{2.126}$$

其中,$\tilde{\chi}(\tau)$为介质的极化率。

对频率为 ν 的平面电磁波,即

$$E(z,t)=\frac{1}{2}\mathscr{E}e^{-i(\nu t-kz)}+\text{C. C.} \tag{2.127}$$

可得

$$P(z,t)=\frac{1}{2}\varepsilon_0\mathscr{E}[\chi(\nu)e^{-i(\nu t-kz)}+\chi(-\nu)e^{i(\nu t-kz)}] \tag{2.128}$$

其中,$\chi(\nu)$是 $\tilde{\chi}(t)$的傅里叶变换,即

$$\chi(\nu)=\int_0^\infty \mathrm{d}\tau\tilde{\chi}(\tau)\mathrm{e}^{\mathrm{i}\nu\tau} \tag{2.129}$$

将 $E(z,t)$ 和 $P(z,t)$ 的表达式代入波动方程

$$\frac{\partial^2 E}{\partial z^2}-\frac{1}{c^2}\frac{\partial^2 E}{\partial t^2}=\mu_0\frac{\partial^2 P}{\partial t^2} \tag{2.130}$$

可得

$$k^2=[1+\chi(\nu)]\frac{\nu^2}{c^2} \tag{2.131}$$

按照惯例，设 $k=n(\nu)\nu/c$，则

$$n^2(\nu)=1+\chi(\nu) \tag{2.132}$$

令 $\chi=\chi'+\mathrm{i}\chi''$，$n=n'+\mathrm{i}n''$，$n'$ 是介质的折射率，而 n'' 描述吸收（当 $n''>0$ 时）或增益（当 $n''<0$ 时）。于是得到

$$n'+\mathrm{i}n''=(1+\chi'+\mathrm{i}\chi'')^{1/2}=[(1+\chi')^2+\chi''^2]^{1/4}\exp\left[\mathrm{sgn}(\chi'')\mathrm{i}\frac{\theta}{2}\right] \tag{2.133}$$

其中，$\theta=\arctan[|\chi''|/(1+\chi')]$。

由上式可得

$$n'=\frac{1}{\sqrt{2}}\{[(1+\chi')^2+\chi''^2]^{1/2}+(1+\chi')\}^{1/2} \tag{2.134a}$$

$$n''=\mathrm{sgn}(\chi'')\frac{1}{\sqrt{2}}\{[(1+\chi')^2+\chi''^2]^{1/2}-(1+\chi')\}^{1/2} \tag{2.134b}$$

可见，当 $\chi'>0$ 且 $\chi'\gg|\chi''|$（利用三能级系统中的量子相干和干涉效应实现）时，可得

$$n'\approx(1+\chi')^{1/2},\quad n''\approx 0 \tag{2.135}$$

即可同时获得大的折射率和近似为零的吸收。

可以证明①，在通常的二能级介质中不能得到这一结果。对二能级介质（上能级 a，下能级 b），可得

$$\chi'=-\frac{N_A|\wp|^2}{\hbar\varepsilon_0}\frac{\Delta}{\gamma^2+\Delta^2}[\rho_{aa}^{(0)}-\rho_{bb}^{(0)}] \tag{2.136a}$$

$$\chi''=-\frac{N_A|\wp|^2}{\hbar\varepsilon_0}\frac{\gamma}{\gamma^2+\Delta^2}[\rho_{aa}^{(0)}-\rho_{bb}^{(0)}] \tag{2.136b}$$

其中，$\gamma=(\gamma_a+\gamma_b)/2$；$\Delta=\omega-\nu$；$\omega$ 为原子跃迁频率；ν 为光场频率；$\rho_{kk}^{(0)}$ $(k=a,b)$ 为原子初始处于 k 态的概率。

注意到 $\chi'/\chi''=\Delta/\gamma$。式(2.136a)和式(2.136b)的曲线如图 2.6 所示，作图时取 $\rho_{aa}^{(0)}=0$，$\rho_{bb}^{(0)}=1$。

---

① Scully M O, Zubairy M S. Quantum Optics. Cambridge: Cambridge University Press, 1997: 238.

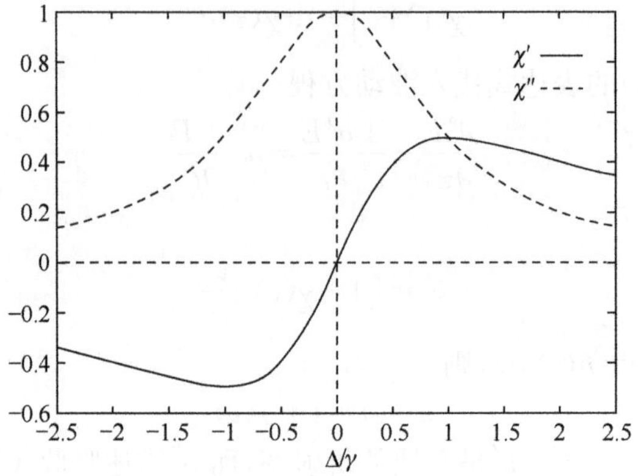

图 2.6　二能级系统中的 χ' 和 χ''

对三能级介质,可得①

$$\chi'=-\frac{r_a\,|\wp|^2}{\hbar\varepsilon_0}\times\left\{\frac{1}{\gamma_{ab}^2+\Delta_{ab}^2}\left[\Delta_{ab}\left(\frac{\rho_{aa}^{(0)}}{\gamma_a}-\frac{\rho_{bb}^{(0)}}{\gamma_b}\right)-\frac{|\rho_{cb}^{(0)}|}{\sqrt{\gamma_{cb}^2+\omega_{cb}^2}}(\Delta_{ab}\cos\phi-\gamma_{ab}\sin\phi)\right]+\frac{1}{\gamma_{ac}^2+\Delta_{ac}^2}\left[\Delta_{ac}\left(\frac{\rho_{aa}^{(0)}}{\gamma_a}-\frac{\rho_{cc}^{(0)}}{\gamma_c}\right)-\frac{|\rho_{cb}^{(0)}|}{\sqrt{\gamma_{cb}^2+\omega_{cb}^2}}(\Delta_{ac}\cos\phi+\gamma_{ac}\sin\phi)\right]\right\}\tag{2.137a}$$

$$\chi''=-\frac{r_a\,|\wp|^2}{\hbar\varepsilon_0}\times\left\{\frac{1}{\gamma_{ab}^2+\Delta_{ab}^2}\left[\gamma_{ab}\left(\frac{\rho_{aa}^{(0)}}{\gamma_a}-\frac{\rho_{bb}^{(0)}}{\gamma_b}\right)-\frac{|\rho_{cb}^{(0)}|}{\sqrt{\gamma_{cb}^2+\omega_{cb}^2}}(\gamma_{ab}\cos\phi+\Delta_{ab}\sin\phi)\right]+\frac{1}{\gamma_{ac}^2+\Delta_{ac}^2}\left[\gamma_{ac}\left(\frac{\rho_{aa}^{(0)}}{\gamma_a}-\frac{\rho_{cc}^{(0)}}{\gamma_c}\right)-\frac{|\rho_{cb}^{(0)}|}{\sqrt{\gamma_{cb}^2+\omega_{cb}^2}}(\gamma_{ac}\cos\phi-\Delta_{ac}\sin\phi)\right]\right\}\tag{2.137b}$$

其中,假设 $\wp_{ab}=\wp_{ba}=\wp_{ac}=\wp_{ca}\equiv\wp$,定义 $\Delta_{ak}=\omega_{ak}-\nu\,(k=b,c)$,$\gamma_{jk}=(\gamma_j+\gamma_k)/2\,(j,k=a,b,c)$,$\phi=\phi_{cb}+\arctan\left(\frac{\omega_{bc}}{\gamma_{bc}}\right)$,$\phi_{cb}=\arg(\rho_{cb}^{(0)})$,$r_a$ 表示将原子泵浦到下列相干叠加态

$$\rho=\rho_{aa}^{(0)}|a\rangle\langle a|+\rho_{bb}^{(0)}|b\rangle\langle b|+\rho_{cc}^{(0)}|c\rangle\langle c|+\rho_{bc}^{(0)}|b\rangle\langle c|+\rho_{cb}^{(0)}|c\rangle\langle b|$$

的速率。

由式(2.137a)和式(2.137b)可见,有可能使 χ'' 等于零而维持大的 χ'(从而大的折射率)。实验可通过调节直流磁场使得 $\omega_{cb}=\gamma_{cb}$,并考虑合理的情况 $\gamma_b=\gamma_c$。

① Scully M O, Zubairy M S. Quantum Optics. Cambridge: Cambridge University Press, 1997: 240.

布居能级 $|b\rangle$ 和 $|c\rangle$ 使得 $\rho_{bb}^{(0)}=\rho_{cc}^{(0)}=|\rho_{bc}^{(0)}|$ 及 $\phi=5\pi/4$。两式的曲线如图 2.7 所示，$\Delta=(\Delta_{ab}+\Delta_{ac})/2$，作图时取 $\rho_{aa}^{(0)}=0.01$，$\rho_{bb}^{(0)}=\rho_{cc}^{(0)}=0.495$，$\gamma_a=0.1\gamma$，$\gamma_b=\gamma_c=2\gamma$。

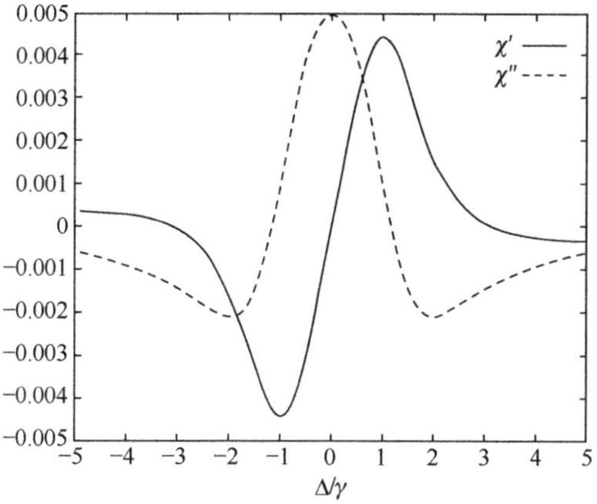

图 2.7　三能级系统中的 χ' 和 χ''

2.4.6　无反转激光

众所周知，对传统的激光器，产生激光的一个必要条件是布居数反转(上能级布居数大于下能级布居数)，这是因为在传统的激光器中发射和吸收同时存在，只有当布居数反转时，发射速率才可能大于吸收速率，从而实现光放大。由前面的讨论可知，利用三能级系统中的量子相干和干涉效应可消除吸收。于是我们要问，能否利用这一效应来产生激光而不需要布居数反转。研究表明这是可以的，这类产生激光的方式称为**无反转激光**[11,18](lasing without inversion，LWI)。下面讨论这一问题，由于一般性的讨论比较复杂，因此在这里我们只作一个简单讨论。

我们仍然考虑三能级原子与双模电磁场的 Λ 型相互作用。由前面的讨论已知，当原子初始处在两个下能级的相干叠加态，即

$$|\psi(0)\rangle=\cos\left(\frac{\vartheta}{2}\right)|b\rangle+\sin\left(\frac{\vartheta}{2}\right)\mathrm{e}^{-\mathrm{i}\psi}|c\rangle \tag{2.138}$$

且满足式(2.98)时，原子将始终被囚禁在这一状态(囚禁态)，而不会吸收电磁场的能量跃迁到上能态 $|a\rangle$。

另一方面，当原子初始处在上能态 $|a\rangle$ 时，可得

$$b_a(t)=\cos\left(\frac{\Omega}{2}t\right) \tag{2.139a}$$

$$b_b(t)=\frac{\mathrm{i}\Omega_1\mathrm{e}^{\mathrm{i}\varphi_1}}{\Omega}\sin\left(\frac{\Omega}{2}t\right) \tag{2.139b}$$

$$b_c(t)=\frac{\mathrm{i}\Omega_2 \mathrm{e}^{\mathrm{i}\varphi_2}}{\Omega}\sin\left(\frac{\Omega}{2}t\right) \tag{2.139c}$$

原子的发射概率为

$$P_{\text{emiss}}(t)=|b_b(t)|^2+|b_c(t)|^2=\sin^2\left(\frac{\Omega}{2}t\right)\geqslant 0 \tag{2.140}$$

当 $\Omega t \ll 1$ 时，有

$$P_{\text{emiss}}(t)\approx\left(\frac{\Omega}{2}t\right)^2=\frac{\Omega^2 t^2}{4}\propto\Omega^2 t^2 \tag{2.141}$$

假设初始有 N_{b+c} 个原子处在两个下能级的相干叠加态 $|\psi(0)\rangle_1=\cos\left(\frac{\vartheta}{2}\right)|b\rangle+\sin\left(\frac{\vartheta}{2}\right)\mathrm{e}^{-\mathrm{i}\varphi}|c\rangle$，有 N_a 个原子处在上能态 $|\psi(0)\rangle_2=|a\rangle$。当前面提到的条件满足时，这 N_{b+c} 个原子被囚禁在 $|\psi(0)\rangle_1$ 态而不吸收光场的能量，而这 N_a 个原子将向光场发射能量。从而导致下列结果，即使 $N_a<N_{b+c}$（无布居数反转），也能得到光放大。这就是所谓的**无反转光放大**（the amplification without inversion）。如果将原子放在谐振腔中，则可得到**无反转激光**（the lasing without inversion）。

上面分别讨论了电磁诱导透明、折射率增强、无反转激光等物理效应，其核心思想是利用多能级原子系统中的量子相干和干涉效应抑制或消除了吸收。

参考文献

[1] Barnett S M, Radmore P M. Methods in Theoretical Quantum Optics. Oxford: Oxford University Press, 1997.
[2] Cohen-Tannoudji C, Dupont-Roc J, Grynberg G. Photons and Atoms. New York: Wiley, 1989.
[3] Cohen-Tannoudji C, Dupont-Roc J, Grynberg G. Atom-Photon Interaction. New York: Wiley, 1992.
[4] Gerry G, Knight P. Introductory Quantum Optics. Cambridge: Cambridge University Press, 2005.
[5] Haken H. Light: Volume1: Waves, Photons, and Atoms. Amsterdam: North Holland, 1981.
[6] Louisell W H. Quantum Statistical Properties of Radiation. New York: Wiley, 1989.
[7] Loudon R. The Quantum Theory of Light(3rd ed). Oxford: Oxford University Press, 2000.
[8] Mandel L, Wolf E. Optical Coherence and Quantum Optics. Cambridge: Cambridge University Press, 1995.
[9] Meystre P, Sargent M. Elements of Quantum Optics(3rd ed). Berlin: Springer, 1999.
[10] Orszag M. Quantum Optics: Including Noise, Trapped Ions. Quantum Trajectories, and Decoherence. Berlin: Springer, 2000.
[11] Scully M O, Zubairy M S. Quantum Optics. Cambridge: Cambridge University Press, 1997.
[12] Vedral V. Modern Foundations of Quantum Optics. 上海：复旦大学出版社，2006.
[13] Walls D F, Milburn G J. Quantum Optics. Berlin: Springer, 1994.

[14] 彭金生,李高翔. 近代量子光学导论. 北京:科学出版社,1996.
[15] 谭维翰. 量子光学导论. 北京:科学出版社,2009.
[16] Fleischhauer M, Imamoglu A, Marangos J P. Electromagnetically induced transparency: optics in coherent media. Reviews of Modern Physics, 2005, 77(2): 633-673.
[17] Scully M O. Enhancement of the index of refraction via quantum coherence. Physical Review Letters, 1991, 67(14): 1855-1858.
[18] Kocharovskaya O. Amplification and lasing without inversion. Physics Reports, 1992, 219(3-6): 175-190.

第3章　电磁场物理量的算符表示

第2章我们介绍了经典电磁场与原子的相互作用。从本章到第6章我们将集中介绍量子化电磁场本身的一些性质，包括电磁场物理量的算符表示、电磁场的量子态、电磁场量子态在相干态表象中的表示（又称为电磁场量子态在相空间中的表示，或称为电磁场量子态的准概率分布函数）、电磁场的相干性等。本章介绍电磁场物理量的算符表示[1-20]。

我们知道，在量子力学中力学量（物理量）用算符表示，量子态用态矢量或密度算符表示。所谓电磁场的量子化，就是把描述电磁场的物理量（**电场强度 $\boldsymbol{E}$、磁感应强度 $\boldsymbol{B}$、能量** H 等）用算符表示，把电磁场的状态用态矢量或密度算符表示。

下面我们从经典的**麦克斯韦方程组**出发，将电磁场的电场强度 $\boldsymbol{E}$ 和磁感应强度 $\boldsymbol{B}$ 分别用驻波和行波展开，计算电磁场的总能量 H，通过与谐振子的能量表达式进行比较，发现在形式上电磁场的一个模式与一个一维谐振子相同。从而利用一维谐振子的量子化方法，可将**电磁场量子化**。具体来讲，通过引入**光子湮灭算符** a **和光子产生算符** a^+，把描述电磁场的物理量，如电场强度、磁感应强度，以及总能量等用算符表示。

从经典电动力学我们知道，真空中无源电磁场可以用下列麦克斯韦方程组描述，即

$$\nabla\times\boldsymbol{E}=-\frac{\partial\boldsymbol{B}}{\partial t}\tag{3.1}$$

$$\nabla\times\boldsymbol{B}=\frac{1}{c^2}\frac{\partial\boldsymbol{E}}{\partial t}\tag{3.2}$$

$$\nabla\cdot\boldsymbol{B}=0\tag{3.3}$$

$$\nabla\cdot\boldsymbol{E}=0\tag{3.4}$$

其中，$c=1/\sqrt{\mu_0\varepsilon_0}$为真空中的光速；$\mu_0$ 和 ε_0 分别为真空磁导率和真空介电常数。

为了比较，下面给出在**介质中**的**有源麦克斯韦**方程组，即

$$\nabla\times\boldsymbol{E}=-\frac{\partial\boldsymbol{B}}{\partial t}\tag{3.1$'$}$$

$$\nabla\times\boldsymbol{H}=\boldsymbol{J}+\frac{\partial\boldsymbol{D}}{\partial t}\tag{3.2$'$}$$

$$\nabla\cdot\boldsymbol{B}=0\tag{3.3$'$}$$

$$\nabla\cdot\boldsymbol{D}=\rho\tag{3.4$'$}$$

其中，ρ 和 $\boldsymbol{J}$ 分别为自由电荷密度和自由电流密度；$\boldsymbol{D}=\varepsilon\boldsymbol{E}$；$\boldsymbol{H}=\boldsymbol{B}/\mu$，$\mu$ 和 ε 分别为介质的磁导率和介电常数。

3.1　电磁场的驻波(正则模)形式

首先考虑一维**谐振腔**中的电磁场，如图 3.1 所示。设腔轴沿 z 方向，腔长为 L。

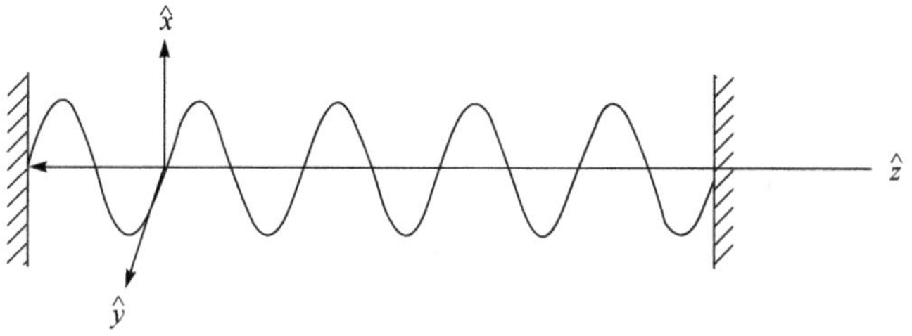

图 3.1　一维谐振腔中的电磁场

设电场沿 x 方向偏振，即 $\boldsymbol{E}(\boldsymbol{r},t)=\boldsymbol{e}_x E_x(z,t)$，这里 $\boldsymbol{e}_x$ 为 x 方向的单位矢量，将 $E_x(z,t)$用正则模(驻波)展开，有

$$E_x(z,t)=\sum_j A_j q_j(t)\sin(k_j z)\equiv\sum_j E_j \tag{3.5}$$

其中，$k_j=\mathrm{j}\pi/L(j=1,2,\cdots)$(由 $E_x(L,t)=0$，$\sin(k_jL)=0$ 定出)为第 j 个场模的波数，假设 $q_j(t)$具有长度的量纲，A_j 为待定常数①。由麦克斯韦方程组可知，对现在考虑的情况，磁场沿 y 方向，即 $\boldsymbol{B}(\boldsymbol{r},t)=\boldsymbol{e}_y B_y(z,t)$，由式(3.2)有

$$-\frac{\partial B_y}{\partial z}=\frac{1}{c^2}\frac{\partial E_x}{\partial t} \tag{3.6a}$$

$$B_y(z,t)=\frac{1}{c}\sum_j\frac{A_j}{\omega_j}\frac{p_j(t)}{m_j}\cos(k_j z)\equiv\sum_j B_j \tag{3.6b}$$

其中，$c=1/\sqrt{\mu_0\varepsilon_0}$为真空中的光速；$\omega_j=ck_j$ 为第 j 个场模的角频率；$p_j(t)/m_j=\mathrm{d}q_j(t)/\mathrm{d}t$；$m_j$ 具有质量的量纲；$p_j(t)$具有动量的量纲。

电磁场的总能量为

$$\begin{aligned}H&=\frac{1}{2}\int\mathrm{d}v\left(\varepsilon_0\,\boldsymbol{E}^2+\frac{1}{\mu_0}\boldsymbol{B}^2\right)\\&=\frac{1}{2}\int\mathrm{d}v\left(\varepsilon_0 E_x^2+\frac{1}{\mu_0}B_y^2\right)\end{aligned}$$

---

① 多数书籍在这里直接给出了 A_j 的具体形式，但读者往往不清楚为什么取这种形式，故这里我们将其作为待定常数引入，最后将其具体形式确定下来。

$$= \sum_j \frac{V\varepsilon_0 A_j^2}{2m_j\omega_j^2}\left(\frac{1}{2}m_j\omega_j^2 q_j^2 + \frac{p_j^2}{2m_j}\right) \tag{3.7}$$

其中,V 是腔的体积。

计算用到下列积分公式,即

$$\int_0^L dz\sin(k_m z)\sin(k_n z) = \int_0^L dz\cos(k_m z)\cos(k_n z) = \frac{L}{2}\delta_{mn}$$

可见,如果令$\frac{V\varepsilon_0 A_j^2}{2m_j\omega_j^2}=1$,即 $A_j=\sqrt{2m_j\omega_j^2/V\varepsilon_0}$, 则有

$$H = \sum_j \left(\frac{1}{2}m_j\omega_j^2 q_j^2 + \frac{p_j^2}{2m_j}\right) \equiv \sum_j H_j \tag{3.8}$$

其中,H_j 为第 j 个场模的能量。

可见,在形式上一个**场模**与一个一维**谐振子**相同,因此可仿照一维谐振子的量子化方法把电磁场量子化。将 q_j 和 p_j 看作算符,并令其满足对易关系,即

$$[q_j, p_k]=i\hbar\delta_{jk}, \quad [q_j, q_k]=0, \quad [p_j, p_k]=0 \tag{3.9}$$

再引入算符(由后面的讨论可以知道,它们分别是光子的湮灭算符和产生算符),即

$$a_j(t)=\sqrt{\frac{1}{2m_j\hbar\omega_j}}[m_j\omega_j q_j(t)+\mathrm{i}p_j(t)] \tag{3.10}$$

$$a_j^+(t)=\sqrt{\frac{1}{2m_j\hbar\omega_j}}[m_j\omega_j q_j(t)-\mathrm{i}p_j(t)] \tag{3.11}$$

其逆变换为

$$q_j=\sqrt{\frac{\hbar}{2m_j\omega_j}}(a_j+a_j^+) \tag{3.12}$$

$$p_j=-\mathrm{i}\sqrt{\frac{m_j\hbar\omega_j}{2}}(a_j-a_j^+) \tag{3.13}$$

a_j 和 a_j^+ 满足对易关系,即

$$[a_j, a_k^+]=\delta_{jk}, \quad [a_j, a_k]=0, \quad [a_j^+, a_k^+]=0 \tag{3.14}$$

将 a_j 和 a_j^+ 代入 H_j、E_j 和 B_j 的表达式,可得

$$H_j=\hbar\omega_j\left(a_j^+a_j+\frac{1}{2}\right) \tag{3.15}$$

$$E_j(z,t)=E_j^{(s)}\sin(k_j z)[a_j(t)+a_j^+(t)] \tag{3.16}$$

$$B_j(z,t)=-\mathrm{i}\frac{E_j^{(s)}}{c}\cos(k_j z)[a_j(t)-a_j^+(t)] \tag{3.17}$$

其中,$E_j^{(s)}=\sqrt{\hbar\omega_j/V\varepsilon_0}$,$(s)$表示驻波(standing wave)。

我们知道,任意算符 O 随时间的演化服从海森堡方程,即

$$\frac{\mathrm{d}O}{\mathrm{d}t}=\frac{\mathrm{i}}{\hbar}[H,O] \tag{3.18}$$

利用上面的哈密顿量 H，可得

$$a_j(t)=a_j(0)\mathrm{e}^{-\mathrm{i}\omega_j t}\equiv a_j\mathrm{e}^{-\mathrm{i}\omega_j t} \tag{3.19}$$

$$a_j^+(t)=a_j^+(0)\mathrm{e}^{\mathrm{i}\omega_j t}\equiv a_j^+\mathrm{e}^{\mathrm{i}\omega_j t} \tag{3.20}$$

于是有

$$E_j(z,t)=E_j^{(s)}\sin(k_j z)[a_j\mathrm{e}^{-\mathrm{i}\omega_j t}+a_j^+\mathrm{e}^{\mathrm{i}\omega_j t}] \tag{3.21a}$$

$$B_j(z,t)=-\mathrm{i}B_j^{(s)}\cos(k_j z)[a_j\mathrm{e}^{-\mathrm{i}\omega_j t}-a_j^+\mathrm{e}^{\mathrm{i}\omega_j t}] \tag{3.21b}$$

其中，$B_j^{(s)}=\dfrac{E_j^{(s)}}{c}$。

关于驻波（正则模）形式的另一种讨论，可以通过下列两式引入电磁场的矢量势 $\boldsymbol{A}$ 和标量势 Φ，即

$$\boldsymbol{B}=\nabla\times\boldsymbol{A} \tag{3.22a}$$

$$\boldsymbol{E}=-\frac{\partial\boldsymbol{A}}{\partial t}-\nabla\Phi \tag{3.22b}$$

选择 Coulomb 规范，即 $\nabla\cdot\boldsymbol{A}=0$，$\Phi=0$，则

$$\boldsymbol{B}=\nabla\times\boldsymbol{A} \tag{3.23a}$$

$$\boldsymbol{E}=-\frac{\partial\boldsymbol{A}}{\partial t} \tag{3.23b}$$

由麦克斯韦方程组可得

$$\nabla^2\boldsymbol{A}=\frac{1}{c^2}\frac{\partial^2\boldsymbol{A}}{\partial t^2} \tag{3.24}$$

利用分离变量法，可将 $\boldsymbol{A}$ 展开为

$$\boldsymbol{A}(\boldsymbol{r},t)=\sum_j A_j^{(0)}[a_j(t)\boldsymbol{u}_j(\boldsymbol{r})+\mathrm{C.C.}] \tag{3.25}$$

式中，$A_j^{(0)}$ 为待定常数；$a_j(t)$ 和 $\boldsymbol{u}_j(\boldsymbol{r})$ 分别满足如下方程，即

$$\nabla^2\boldsymbol{u}_j(\boldsymbol{r})+k_j^2\boldsymbol{u}_j(\boldsymbol{r})=0 \tag{3.26a}$$

$$\frac{\mathrm{d}^2 a_j(t)}{\mathrm{d}t^2}+\omega_j^2 a_j(t)=0 \tag{3.26b}$$

式中，$\omega_j=ck_j$；$a_j(t)$ 可取 $\sin(\omega_j t)$、$\cos(\omega_j t)$ 或 $\mathrm{e}^{\pm\mathrm{i}\omega_j t}$，这里取 $a_j(t)=a_j\mathrm{e}^{-\mathrm{i}\omega_j t}$；$\boldsymbol{u}_j(\boldsymbol{r})$ 可取 $\sin(\boldsymbol{k}_j\cdot\boldsymbol{r})$、$\cos(\boldsymbol{k}_j\cdot\boldsymbol{r})$ 或 $\mathrm{e}^{\pm\mathrm{i}\boldsymbol{k}_j\cdot\boldsymbol{r}}$，这里根据边界条件选取。

式(3.22)～式(3.26)既适用于驻波场，也适用于行波场。

对上面考虑的一维谐振腔中的电磁场，设 $\boldsymbol{A}(z,t)$ 沿 x 方向，即 $\boldsymbol{A}(z,t)=\boldsymbol{e}_x A_x(z,t)$，再考虑在 $z=0$ 和 $z=L$ 处电场应为零，取 $u_j(z)\sim\sin(k_j z)$。由 $\sin k_j L=0$，得 $k_j=j\pi/L(j=1,2,\cdots)$。于是，有

$$A_x(z,t)=\sum_j A_j^{(0)}\sin(k_jz)[a_j\mathrm{e}^{-\mathrm{i}\omega_jt}+a_j^*\mathrm{e}^{\mathrm{i}\omega_jt}]=\sum_j A_j \tag{3.27}$$

由 $\boldsymbol{E}=-\dfrac{\partial\boldsymbol{A}}{\partial t}$ 可知 $\boldsymbol{E}$ 沿 x 方向，即 $\boldsymbol{E}(z,t)=\boldsymbol{e}_xE_x(z,t)$，这里

$$\begin{aligned}E_x&=\mathrm{i}\sum_j\omega_jA_j^{(0)}\sin(k_jz)[a_j\mathrm{e}^{-\mathrm{i}\omega_jt}-a_j^*\mathrm{e}^{\mathrm{i}\omega_jt}]\\&=\mathrm{i}\sum_jE_j^{(0)}\sin(k_jz)[a_j\mathrm{e}^{-\mathrm{i}\omega_jt}-a_j^*\mathrm{e}^{\mathrm{i}\omega_jt}]\\&=\sum_jE_j\end{aligned}\tag{3.28}$$

其中，$E_j^{(0)}=\omega_jA_j^{(0)}$。

由 $\boldsymbol{B}=\nabla\times\boldsymbol{A}$ 可知 $\boldsymbol{B}$ 沿 y 方向，即 $\boldsymbol{B}(z,t)=\boldsymbol{e}_yB_y(z,t)$，这里

$$\begin{aligned}B_y&=\sum_jk_jA_j^{(0)}\cos(k_jz)\left[a_j\mathrm{e}^{-\mathrm{i}\omega_jt}+a_j^*\mathrm{e}^{\mathrm{i}\omega_jt}\right]\\&=\sum_jB_j^{(0)}\cos(k_jz)\left[a_j\mathrm{e}^{-\mathrm{i}\omega_jt}+a_j^*\mathrm{e}^{\mathrm{i}\omega_jt}\right]\\&=\sum_jB_j\end{aligned}\tag{3.29}$$

其中，$B_j^{(0)}=k_jA_j^{(0)}=\dfrac{1}{c}\omega_jA_j^{(0)}=\dfrac{1}{c}E_j^{(0)}$。

电磁场的总能量为

$$H=\frac{1}{2}\int\mathrm{d}v\left(\varepsilon_0\boldsymbol{E}^2+\frac{1}{\mu_0}\boldsymbol{B}^2\right)=\frac{1}{2}\int\mathrm{d}v\left(\varepsilon_0E_x^2+\frac{1}{\mu_0}B_y^2\right)\tag{3.30}$$

将 E_x 和 B_y 的表达式代入，并利用积分公式

$$\int_0^L\mathrm{d}z\sin(k_mz)\sin(k_nz)=\int_0^L\mathrm{d}z\cos(k_mz)\cos(k_nz)=\frac{L}{2}\delta_{mn}$$

可得

$$H=\sum_j\left(\frac{\varepsilon_0V\omega_jA_j^{(0)2}}{\hbar}\right)\frac{1}{2}\hbar\omega_j(a_ja_j^*+a_j^*a_j)\tag{3.31}$$

其中，V 是腔的体积。

可见，如果令 $\left(\dfrac{\varepsilon_0V\omega_jA_j^{(0)2}}{\hbar}\right)=1$，即 $A_j^{(0)}=\sqrt{\dfrac{\hbar}{\varepsilon_0V\omega_j}}$，则

$$H=\sum_j\frac{1}{2}\hbar\omega_j(a_ja_j^*+a_j^*a_j)\tag{3.32}$$

若将 a_j 和 $a_j^*\to a_j^+$ 看作算符，并令 $[a_j,a_j^+]=1$（量子化），则有

$$H=\sum_j\hbar\omega_j\left(a_j^+a_j+\frac{1}{2}\right)=\sum_jH_j\tag{3.33}$$

可见，量子化的电磁场可看作一维谐振子的集合。

将 $A_j^{(0)}=\sqrt{\dfrac{\hbar}{\varepsilon_0 V\omega_j}}$代入 E_j 和 B_j 的表达式可得

$$A_j(z,t)=A_j^{(0)}\sin(k_jz)[a_j\mathrm{e}^{-\mathrm{i}\omega_jt}+a_j^+\mathrm{e}^{\mathrm{i}\omega_jt}] \tag{3.34}$$

$$E_j(z,t)=\mathrm{i}E_j^{(0)}\sin(k_jz)[a_j\mathrm{e}^{-\mathrm{i}\omega_jt}-a_j^+\mathrm{e}^{\mathrm{i}\omega_jt}] \tag{3.35}$$

$$B_j(z,t)=B_j^{(0)}\cos(k_jz)[a_j\mathrm{e}^{-\mathrm{i}\omega_jt}+a_j^+\mathrm{e}^{\mathrm{i}\omega_jt}] \tag{3.36}$$

其中，$A_j^{(0)}=\sqrt{\dfrac{\hbar}{\varepsilon_0 V\omega_j}}$；$E_j^{(0)}=\sqrt{\dfrac{\hbar\omega_j}{\varepsilon_0 V}}$；$B_j^{(0)}=\dfrac{1}{c}E_j^{(0)}$。

读者可能注意到，式(3.35)和式(3.21a)、式(3.36)和式(3.21b)稍有差别，稍微分析一下就会发现，二者相差 $\pi/2$ 的位相角。

3.2　电磁场的行波形式

前面已导出

$$\boldsymbol{A}(\boldsymbol{r},t)=\sum_j A_j^{(0)}[a_j(t)\boldsymbol{u}_j(\boldsymbol{r})+\mathrm{C.C.}]$$

其中，$A_j^{(0)}$ 为待定常数；$a_j(t)$和 $\boldsymbol{u}_j(\boldsymbol{r})$分别满足如下方程，即

$$\nabla^2\boldsymbol{u}_j(\boldsymbol{r})+k_j^2\boldsymbol{u}_j(\boldsymbol{r})=0$$

$$\frac{\mathrm{d}^2a_j(t)}{\mathrm{d}t^2}+\omega_j^2a_j(t)=0$$

其中，$\omega_j=ck_j$；$a_j(t)$，可取 $\sin(\omega_jt)$、$\cos(\omega_jt)$或 $\mathrm{e}^{\pm\mathrm{i}\omega_jt}$，这里取 $a_j(t)=a_j\mathrm{e}^{-\mathrm{i}\omega_jt}$；$\boldsymbol{u}_j(\boldsymbol{r})$可取 $\sin(\boldsymbol{k}_j\cdot\boldsymbol{r})$、$\cos(\boldsymbol{k}_j\cdot\boldsymbol{r})$或 $\mathrm{e}^{\pm\mathrm{i}\boldsymbol{k}_j\cdot\boldsymbol{r}}$，这里根据边界条件选取。

为了讨论在自由空间传播的电磁场的量子化，可以考虑存在于一个大而有限的立方体(边长为 L)中的电磁场，将电磁场用行波(平面波)展开。为此，取 $\boldsymbol{u}_j(\boldsymbol{r})=u_j(\boldsymbol{r})\boldsymbol{e}_j=\mathrm{e}^{\mathrm{i}\boldsymbol{k}_j\cdot\boldsymbol{r}}\boldsymbol{e}_j$。

利用周期性边界条件，即

$$\boldsymbol{u}_j(\boldsymbol{r}+L\boldsymbol{e}_x)=\boldsymbol{u}_j(\boldsymbol{r}+L\boldsymbol{e}_y)=\boldsymbol{u}_j(\boldsymbol{r}+L\boldsymbol{e}_z)=\boldsymbol{u}_j(\boldsymbol{r}) \tag{3.37}$$

可得

$$\boldsymbol{k}_j=\frac{2\pi}{L}(l_j\boldsymbol{e}_x+m_j\boldsymbol{e}_y+n_j\boldsymbol{e}_z) \tag{3.38}$$

其中，(l_j,m_j,n_j)为正整数。

将 $a_j(t)=a_j\mathrm{e}^{-\mathrm{i}\omega_jt}$和 $\boldsymbol{u}_j(\boldsymbol{r})=\boldsymbol{e}_j\mathrm{e}^{\mathrm{i}\boldsymbol{k}_j\cdot\boldsymbol{r}}$代入 $\boldsymbol{A}(\boldsymbol{r},t)$的式(3.25)，并将待定常数改为 $A_j^{(r)}$，其上标(r)表示**行波**(running wave)，可得

$$\boldsymbol{A}(\boldsymbol{r},t)=\sum_j\boldsymbol{e}_jA_j^{(r)}[a_j\mathrm{e}^{-\mathrm{i}(\omega_jt-\boldsymbol{k}_j\cdot\boldsymbol{r})}+a_j^*\mathrm{e}^{\mathrm{i}(\omega_jt-\boldsymbol{k}_j\cdot\boldsymbol{r})}] \tag{3.39}$$

利用 $\boldsymbol{E}=-\dfrac{\partial\boldsymbol{A}}{\partial t}$和 $\boldsymbol{B}=\nabla\times\boldsymbol{A}$，可得

$$\begin{aligned}\boldsymbol{E}(\boldsymbol{r},t) &= \mathrm{i}\sum_j \boldsymbol{e}_j\omega_j A_j^{(r)}\left\{a_j \mathrm{e}^{-\mathrm{i}(\omega_j t-\boldsymbol{k}_j\cdot\boldsymbol{r})} - a_j^* \mathrm{e}^{\mathrm{i}(\omega_j t-\boldsymbol{k}_j\cdot\boldsymbol{r})}\right\}\\ &= \mathrm{i}\sum_j \boldsymbol{e}_j\omega_j A_j^{(r)}\left\{a_j(t)u_j(\boldsymbol{r}) - \mathrm{C.C.}\right\}\end{aligned} \tag{3.40}$$

$$\begin{aligned}\boldsymbol{B}(\boldsymbol{r},t) &= \mathrm{i}\sum_j (\boldsymbol{k}_j\times\boldsymbol{e}_j)A_j^{(r)}\left\{a_j \mathrm{e}^{-\mathrm{i}(\omega_j t-\boldsymbol{k}_j\cdot\boldsymbol{r})} - a_j^* \mathrm{e}^{\mathrm{i}(\omega_j t-\boldsymbol{k}_j\cdot\boldsymbol{r})}\right\}\\ &= \mathrm{i}\sum_j \left(\frac{\boldsymbol{k}_j}{k_j}\times\boldsymbol{e}_j\right)\frac{\omega_j A_j^{(r)}}{c}\left\{a_j(t)u_j(\boldsymbol{r}) - \mathrm{C.C.}\right\}\end{aligned} \tag{3.41}$$

将 $\boldsymbol{E}(\boldsymbol{r},t)$ 和 $\boldsymbol{B}(\boldsymbol{r},t)$ 的表达式代入电磁场总能量的表达式,即

$$H = \frac{1}{2}\int \mathrm{d}v\left(\varepsilon_0 \boldsymbol{E}^2 + \frac{1}{\mu_0}\boldsymbol{B}^2\right)$$

并利用

$$\int \mathrm{d}v u_m(\boldsymbol{r})u_n(\boldsymbol{r}) = 0$$

$$\int \mathrm{d}v u_m^*(\boldsymbol{r})u_n(\boldsymbol{r}) = V\delta_{mn}$$

可得

$$\begin{aligned}H &= \sum_j V\varepsilon_0\omega_j^2 (A_j^{(r)})^2(a_j a_j^* + a_j^* a_j)\\ &= \sum_j \left(\frac{2V\varepsilon_0\omega_j (A_j^{(r)})^2}{\hbar}\right)\frac{1}{2}\hbar\omega_j(a_j a_j^* + a_j^* a_j)\end{aligned} \tag{3.42}$$

令 $\left(\frac{2V\varepsilon_0\omega_j (A_j^{(r)})^2}{\hbar}\right)=1$,可得 $A_j^{(r)}=\sqrt{\frac{\hbar}{2V\varepsilon_0\omega_j}}$,则

$$H = \sum_j \frac{1}{2}\hbar\omega_j(a_j a_j^* + a_j^* a_j) = \sum_j H_j \tag{3.43}$$

若将 a_j 和 $a_j^* \to a_j^+$ 看作算符,并令 $[a_j, a_j^+]=1$(量子化),则有

$$H = \sum_j \hbar\omega_j\left(a_j^+ a_j + \frac{1}{2}\right) = \sum_j H_j \tag{3.43$'$}$$

将 $A_j^{(r)}=\sqrt{\frac{\hbar}{2V\varepsilon_0\omega_j}}$ 代入 $\boldsymbol{A}(\boldsymbol{r},t)$、$\boldsymbol{E}(\boldsymbol{r},t)$ 和 $\boldsymbol{B}(\boldsymbol{r},t)$ 的表达式,并将 a_j 和 $a_j^* \to a_j^+$ 看作算符,则得

$$\boldsymbol{A}(\boldsymbol{r},t) = \sum_j \boldsymbol{e}_j\sqrt{\frac{\hbar}{2V\varepsilon_0\omega_j}}\left[a_j \mathrm{e}^{-\mathrm{i}(\omega_j t-\boldsymbol{k}_j\cdot\boldsymbol{r})} + a_j^+ \mathrm{e}^{\mathrm{i}(\omega_j t-\boldsymbol{k}_j\cdot\boldsymbol{r})}\right] = \sum_j \boldsymbol{A}_j(\boldsymbol{r},t) \tag{3.44}$$

$$\boldsymbol{E}(\boldsymbol{r},t) = \mathrm{i}\sum_j \boldsymbol{e}_j E_j^{(r)}\{a_j \mathrm{e}^{-\mathrm{i}(\omega_j t-\boldsymbol{k}_j\cdot\boldsymbol{r})} - a_j^+ \mathrm{e}^{\mathrm{i}(\omega_j t-\boldsymbol{k}_j\cdot\boldsymbol{r})}\} = \sum_j \boldsymbol{E}_j(\boldsymbol{r},t) \tag{3.45}$$

$$\boldsymbol{B}(\boldsymbol{r},t) = \mathrm{i}\sum_j \left(\frac{\boldsymbol{k}_j}{k_j}\times\boldsymbol{e}_j\right)\frac{E_j^{(r)}}{c}\{a_j \mathrm{e}^{-\mathrm{i}(\omega_j t-\boldsymbol{k}_j\cdot\boldsymbol{r})} - a_j^+ \mathrm{e}^{\mathrm{i}(\omega_j t-\boldsymbol{k}_j\cdot\boldsymbol{r})}\} = \sum_j \boldsymbol{B}_j(\boldsymbol{r},t) \tag{3.46}$$

其中，$E_j^{(r)}=\sqrt{\dfrac{\hbar\omega_j}{2V\varepsilon_0}}$，$(r)$表示**行波**；$\boldsymbol{e}_j$ 表示第 j 个场模偏振方向的单位矢量；$\boldsymbol{k}_j$ 表示第 j 个场模的波矢量。

根据$\nabla\cdot\boldsymbol{E}=0$，可知$\boldsymbol{k}_j\cdot\boldsymbol{e}_j=0$，即**电磁波是横波**，因此对于每一个给定的波矢量$\boldsymbol{k}_j$，存在两个独立的偏振方向 $\boldsymbol{e}_j$。

由上面的讨论可知，在电磁场的电场强度算符 $\boldsymbol{E}$、磁感应强度算符 $\boldsymbol{B}$，以及能量算符（哈密顿量）H 的表达式中均出现算符 a_j 和 a_j^+。因此，算符 a_j 和 a_j^+ 在量子光学中起着非常重要的作用。由后面的讨论可以知道，a_j 和 a_j^+ 分别为电磁场的光子湮灭算符和产生算符。

另外，有时将式(3.45)分解成所谓的**正频部分**和**负频部分**，即

$$\boldsymbol{E}(\boldsymbol{r},t)=\boldsymbol{E}^{(+)}(\boldsymbol{r},t)+\boldsymbol{E}^{(-)}(\boldsymbol{r},t) \tag{3.47}$$

其中

$$\boldsymbol{E}^{(+)}(\boldsymbol{r},t)=\mathrm{i}\sum_j\boldsymbol{e}_jE_j^{(r)}a_j\mathrm{e}^{-\mathrm{i}(\omega_jt-\boldsymbol{k}_j\cdot\boldsymbol{r})} \tag{3.48}$$

$$\boldsymbol{E}^{(-)}(\boldsymbol{r},t)=[\boldsymbol{E}^{(+)}(\boldsymbol{r},t)]^+ \tag{3.49}$$

正频部分$\boldsymbol{E}^{(+)}(\boldsymbol{r},t)\propto a_k$，而负频部分$\boldsymbol{E}^{(-)}(\boldsymbol{r},t)\propto a_k^+$。这种分解不只是为了数学上的方便，而是具有重要物理意义的（见后面有关章节）。

最后，将主要公式罗列如下（后面要经常用到），即

$$\boldsymbol{E}=\sum_j\boldsymbol{E}_j,\quad \boldsymbol{B}=\sum_j\boldsymbol{B}_j,\quad H=\sum_jH_j$$

(1) 驻波形式（一维情况）

$$E_j(z,t)=E_j^{(s)}\sin(k_jz)[a_j\mathrm{e}^{-\mathrm{i}\omega_jt}+a_j^+\mathrm{e}^{\mathrm{i}\omega_jt}]$$
$$B_j(z,t)=-\mathrm{i}B_j^{(s)}\cos(k_jz)[a_j\mathrm{e}^{-\mathrm{i}\omega_jt}-a_j^+\mathrm{e}^{\mathrm{i}\omega_jt}]$$

或

$$E_j=\mathrm{i}E_j^{(0)}\sin(k_jz)[a_j\mathrm{e}^{-\mathrm{i}\omega_jt}-a_j^+\mathrm{e}^{\mathrm{i}\omega_jt}]$$
$$B_j=B_j^{(0)}\cos(k_jz)[a_j\mathrm{e}^{-\mathrm{i}\omega_jt}+a_j^+\mathrm{e}^{\mathrm{i}\omega_jt}]$$

其中，$E_j^{(s)}=E_j^{(0)}=\sqrt{\hbar\omega_j/V\varepsilon_0}$；$B_j^{(s)}=B_j^{(0)}=E_j^{(0)}/c$。

(2) 行波形式

$$\boldsymbol{E}_j(\boldsymbol{r},t)=\mathrm{i}\boldsymbol{e}_jE_j^{(r)}\{a_j\mathrm{e}^{-\mathrm{i}(\omega_kt-\boldsymbol{k}_j\cdot\boldsymbol{r})}-a_j^+\mathrm{e}^{\mathrm{i}(\omega_kt-\boldsymbol{k}_j\cdot\boldsymbol{r})}\}$$

$$\boldsymbol{B}_j(\boldsymbol{r},t)=\mathrm{i}\left(\frac{\boldsymbol{k}_j}{k_j}\times\boldsymbol{e}_j\right)B_j^{(r)}\{a_j\mathrm{e}^{-\mathrm{i}(\omega_kt-\boldsymbol{k}_j\cdot\boldsymbol{r})}-a_j^+\mathrm{e}^{\mathrm{i}(\omega_kt-\boldsymbol{k}_j\cdot\boldsymbol{r})}\}$$

其中，$E_j^{(r)}=\sqrt{\hbar\omega_j/2V\varepsilon_0}$；$B_j^{(r)}=E_j^{(r)}/c$。

(3) 驻波和行波

在这两种情况中均有

$$H_j=\hbar\omega_j\left(a_j^+a_j+\frac{1}{2}\right)$$

参考文献

[1] Barnett S M, Radmore P M. Methods in Theoretical Quantum Optics. Oxford: Oxford University Press, 1997.

[2] Cohen-Tannoudji C, Dupont-Roc J, Grynberg G. Photons and Atoms. New York: Wiley, 1989.

[3] Cohen-Tannoudji C, Dupont-Roc J, Grynberg G. Atom-Photon Interaction. New York: Wiley, 1992.

[4] Gardiner C W, Zoller P. Quantum Noise. Berlin: Springer, 2000.

[5] Gerry G, Knight P. Introductory Quantum Optics. Cambridge: Cambridge University Press, 2005.

[6] Haken H. Light: Volume1: Waves, Photons, and Atoms. Amsterdam: North Holland, 1981.

[7] Louisell W H. Quantum Statistical Properties of Radiation. New York: Wiley, 1989.

[8] Loudon R. The Quantum Theory of Light(3rd ed). Oxford: Oxford University Press, 2000.

[9] Mandel L, Wolf E. Optical Coherence and Quantum Optics. Cambridge: Cambridge University Press, 1995.

[10] Meystre P, Sargent M. Elements of Quantum Optics(3rd ed). Berlin: Springer, 1999.

[11] Orszag M. Quantum Optics: Including Noise, Trapped Ions, Quantum Trajectories, and Decoherence. Berlin: Springer, 2000.

[12] Puri R R. Mathematical Methods of Quantum Optics. Berlin: Springer, 2001.

[13] Scully M O, Zubairy M S. Quantum Optics. Cambridge: Cambridge University Press, 1997.

[14] Vogel W, Welsch D G, Wallentowitz S. Quantum Optics: an Introduction. Berlin: Wiley, 2001.

[15] Vedral V. Modern Foundations of Quantum Optics. 上海:复旦大学出版社, 2006.

[16] Walls D F, Milburn G J. Quantum Optics. Berlin: Springer, 1994.

[17] Yamamoto Y, Imamoglu A. Mesoscopic Quantum Optics. New York: Wiley, 1999.

[18] 郭光灿. 量子光学. 北京:高等教育出版社, 1990.

[19] 彭金生, 李高翔. 近代量子光学导论. 北京:科学出版社, 1996.

[20] 谭维翰. 量子光学导论. 北京:科学出版社, 2009.

第4章　电磁场的量子态

在第3章我们描述了电磁场的物理量用算符表示，本章将讨论电磁场的量子态，重点讨论单模场的若干种纯态（光子数态、相干态、压缩态、相干态的相干叠加态等）和混合态（热态、相干态的非相干叠加态），并简单介绍多模场的几种量子态。同时，还将介绍光学分束器的理论描述及其对量子态的变换，以及单模压缩态光场和双模压缩态光场的实验产生和探测。

4.1　单模场的量子态[1-18]

4.1.1　光子数态（Fock 态）

引入光子数算符 $\hat{n}=a^{+}a$（在不引起混淆的情况下，我们略去算符上的帽子"ˆ"，在可能引起混淆的情况下，则保留算符上的帽子），则单模电磁场的**哈密顿量算符**为 $H=\hbar\omega(\hat{n}+1/2)$。由于 $\hat{n}$ 和 H 彼此对易，因此两者具有共同本征态，在此共同本征态中，光子数和能量均具有确定的值。我们定义此共同本征态为光子数态，用光子数 n 标记状态。光子数算符 $\hat{n}$ 的本征方程为

$$\hat{n}|n\rangle=n|n\rangle,\quad n=0,1,2,\cdots \tag{4.1}$$

其中，$n=0$ 的状态 $|0\rangle$ 称为**真空态**。

容易证明（见 1.5 节：一维谐振子）

$$a|n\rangle=\sqrt{n}|n-1\rangle \tag{4.2a}$$

$$a^{+}|n\rangle=\sqrt{n+1}|n+1\rangle \tag{4.2b}$$

因此，称 a 为**光子湮灭算符**，a^{+} 为**光子产生算符**。

式（4.2b）可写成 $|n+1\rangle=\dfrac{a^{+}}{\sqrt{n+1}}|n\rangle$，利用此递推关系可得

$$|n\rangle=\frac{(a^{+})^{n}}{\sqrt{n!}}|0\rangle \tag{4.3}$$

这表明一般的**光子数态**可以由真空态产生。

1. 电磁场的**真空涨落**

对于单模电磁场，利用下式，即

$$E(z,t)\equiv E^{(s)}\sin(kz)(a\mathrm{e}^{-\mathrm{i}\omega t}+a^{+}\mathrm{e}^{\mathrm{i}\omega t}) \tag{4.4}$$

可得

$$\langle E\rangle \equiv \langle n|E(z,t)|n\rangle = 0 \tag{4.5}$$

$$\langle E^2\rangle \equiv \langle n|E^2(z,t)|n\rangle = 2\,(E^{(s)})^2\,\sin^2(kz)\left(n+\frac{1}{2}\right) \tag{4.6}$$

电磁场的涨落可用其**方差**描述，即

$$V(E) \equiv \langle E^2\rangle - \langle E\rangle^2 \tag{4.7}$$

可见，即使对于真空态($n=0$)，电场的方差也不等于零，对应的涨落称为**真空涨落**。

2. 电磁场的**正交分量算符**

引入算符

$$X_1 = \frac{1}{2}(a+a^+) \tag{4.8}$$

$$X_2 = \frac{1}{2\mathrm{i}}(a-a^+) \tag{4.9}$$

则式(4.4)可写成

$$E(z,t) = 2E^{(s)}\sin(kz)\left[X_1\cos(\omega t) + X_2\sin(\omega t)\right] \tag{4.10}$$

可见，X_1 和 X_2 分别为余弦项和正弦项的系数算符，因此通常称 X_1 和 X_2 为电磁场的两个正交分量算符，简称正交分量或正交算符(正交分量在讨论压缩态时尤为重要)。由 a 和 a^+ 的对易关系 $[a,a^+]=1$，可得 X_1 和 X_2 的对易关系，即

$$[X_1, X_2] = \frac{\mathrm{i}}{2} \tag{4.11}$$

由**不确定度原理**

$$V(A)V(B) \geqslant \frac{1}{4}|\langle [A,B]\rangle|^2 \tag{4.12}$$

则有

$$V(X_1)V(X_2) \geqslant \frac{1}{16} \tag{4.13}$$

其中，$V(X_i)(i=1,2)$ 为正交分量 X_i 的方差。

使式(4.13)取等号的态称为**最小不确定度态**。

引入**标准偏差** $\Delta A \equiv \sqrt{V(A)}$，则式(4.12)和式(4.13)又可分别表示为

$$(\Delta A)(\Delta B) \geqslant \frac{1}{2}|\langle [A,B]\rangle| \tag{4.14}$$

$$(\Delta X_1)(\Delta X_2) \geqslant \frac{1}{4} \tag{4.15}$$

利用 $X_1 = \frac{1}{2}(a+a^+)$，$X_2 = \frac{1}{2\mathrm{i}}(a-a^+)$，以及 $[a,a^+]=1$，有

$$X_1^2=\frac{1}{4}[(2a^+a+1)+(a^2+a^{+2})]$$

$$X_2^2=\frac{1}{4}[(2a^+a+1)-(a^2+a^{+2})]$$

计算可得，在**光子数态**$|n\rangle$中正交分量 X_1 和 X_2 的平均值和方差分别为

$$\langle X_1\rangle=\langle X_2\rangle=0 \tag{4.16a}$$

$$V_{\text{Fock}}(X_1)=V_{\text{Fock}}(X_2)=\frac{1}{4}(2n+1) \tag{4.16b}$$

显然满足式(4.13)，对真空态($n=0$)有

$$\Delta X_1=\frac{1}{2},\quad \Delta X_2=\frac{1}{2},\quad (\Delta X_1)(\Delta X_2)=\frac{1}{4} \tag{4.17}$$

可见**真空态为最小不确定度态**，其量子涨落称为**量子噪声极限**。

4.1.2　相干态

自 1963 年 Glauber 提出光场相干态的概念以来，相干态获得了广泛的研究和应用。Glauber 也因建立光的量子相干理论获得 2005 年诺贝尔物理学奖，并被誉为量子光学之父。

相干态具有下列性质：

① 相干态是光子湮灭算符的本征态。

$$a|\alpha\rangle=\alpha|\alpha\rangle \tag{4.18}$$

由于光子湮灭算符 a 不是厄米算符，因此 α 一般来说是复数，可表示成 $\alpha=\text{Re}\alpha+\text{iIm}\alpha$ 或 $\alpha=|\alpha|\text{e}^{\text{i}\theta}=r\text{e}^{\text{i}\theta}$。式(4.18)可看作相干态的定义。

② 相干态可以通过将真空态平移(或位移)来产生。

$$|\alpha\rangle=D(\alpha)|0\rangle \tag{4.19}$$

其中，$D(\alpha)$称为**平移算符**(或称**位移算符**)，定义为

$$D(\alpha)=\exp(\alpha a^+-\alpha^* a) \tag{4.20}$$

平移算符 $D(\alpha)$有下列重要性质，即

$$D^+(\alpha)=D^{-1}(\alpha)=D(-\alpha) \tag{4.21}$$

$$D^+(\alpha)aD(\alpha)=a+\alpha \tag{4.22}$$

$$D^+(\alpha)a^+D(\alpha)=a^++\alpha^* \tag{4.23}$$

$$\begin{aligned}D(\alpha)D(\beta)&=\exp\left[\frac{1}{2}(\alpha\beta^*-\alpha^*\beta)\right]D(\alpha+\beta)\\&=\exp[\text{iIm}(\alpha\beta^*)]D(\alpha+\beta)\end{aligned} \tag{4.24a}$$

或

$$D(\alpha+\beta)=\exp[-\text{iIm}(\alpha\beta^*)]D(\alpha)D(\beta) \tag{4.24b}$$

为了证明式(4.22),首先介绍两个定理(关于这两个定理的证明见附录A)。

定理1(Baker-Hausdorf定理) 设A和B是两个彼此非对易的算符,但满足$[A,[A,B]]=[B,[A,B]]=0$,则有

$$e^{A+B}=e^A e^B e^{-\frac{1}{2}[A,B]}=e^B e^A e^{\frac{1}{2}[A,B]}$$

定理2 设A和B是两个彼此非对易的算符,x是c数(经典数),则有

$$e^{xA}Be^{-xA}=B+x[A,B]+\frac{x^2}{2!}[A,[A,B]]+\cdots$$

利用定理1,位移算符可写成下列形式,即

$$D(\alpha)=e^{(\alpha a^+-\alpha^* a)}=e^{\alpha a^+}e^{-\alpha^* a}e^{-\frac{1}{2}\alpha^*\alpha}=e^{-\alpha^* a}e^{\alpha a^+}e^{\frac{1}{2}\alpha^*\alpha}$$

$$D^+(\alpha)=e^{-\frac{1}{2}\alpha^*\alpha}e^{-\alpha a^+}e^{\alpha^* a}=e^{\frac{1}{2}\alpha^*\alpha}e^{\alpha^* a}e^{-\alpha a^+}$$

取$D^+(\alpha)=e^{-\frac{1}{2}\alpha^*\alpha}e^{-\alpha a^+}e^{\alpha^* a}$,$D(\alpha)=e^{-\alpha^* a}e^{\alpha a^+}e^{\frac{1}{2}\alpha^*\alpha}$,则

$$D^+(\alpha)aD(\alpha)=e^{-\alpha a^+}e^{\alpha^* a}a\,e^{-\alpha^* a}e^{\alpha a^+}=e^{-\alpha a^+}a e^{\alpha a^+}$$

再利用定理2,则

$$D^+(\alpha)aD(\alpha)=e^{-\alpha a^+}a e^{\alpha a^+}=a+\alpha$$

证毕。

式(4.24)也可以利用定理1证明(作为练习)。另外,注意到

$$|\alpha\rangle=D(\alpha)|0\rangle=e^{(\alpha a^+-\alpha^* a)}|0\rangle=e^{-\frac{1}{2}\alpha^*\alpha}e^{\alpha a^+}e^{-\alpha^* a}|0\rangle=e^{-\frac{1}{2}\alpha^*\alpha}e^{\alpha a^+}|0\rangle$$

③ 相干态$|\alpha\rangle$中的平均光子数$\bar{n}$和光子数方差$V_{\mathrm{coh}}(n)$。

$$\bar{n}\equiv\langle n\rangle_{\mathrm{coh}}\equiv\langle\alpha|\hat{n}|\alpha\rangle=\langle\alpha|a^+a|\alpha\rangle=\alpha^*\alpha \tag{4.25}$$

$$\overline{n^2}\equiv\langle n^2\rangle_{\mathrm{coh}}\equiv\langle\alpha|\hat{n}^2|\alpha\rangle=\langle\alpha|a^+aa^+a|\alpha\rangle=\alpha^*\alpha(\alpha^*\alpha+1)=\bar{n}(\bar{n}+1)$$

$$V_{\mathrm{coh}}(n)=\langle n^2\rangle_{\mathrm{coh}}-\langle n\rangle_{\mathrm{coh}}^2=\bar{n} \tag{4.26}$$

④ 相干态可以用**光子数态**展开(相干态在**光子数态表象**中的表示)。

$$|\alpha\rangle=\sum_n c_n|n\rangle,\quad c_n=\langle n|\alpha\rangle,\quad c_n=e^{-\frac{1}{2}|\alpha|^2}\frac{\alpha^n}{\sqrt{n!}} \tag{4.27}$$

证明

$$a|\alpha\rangle=\alpha|\alpha\rangle$$

一方面,$\langle n|a|\alpha\rangle=\alpha\langle n|\alpha\rangle=\alpha c_n$,另一方面,$\langle n|a|\alpha\rangle=\sqrt{n+1}\langle n+1|\alpha\rangle=\sqrt{n+1}c_{n+1}$,所以$\sqrt{n+1}c_{n+1}=\alpha c_n$,$c_{n+1}=\frac{\alpha}{\sqrt{n+1}}c_n$,即$c_1=\frac{\alpha}{\sqrt{1}}c_0$,$c_2=\frac{\alpha}{\sqrt{2}}c_1=\frac{\alpha^2}{\sqrt{2!}}c_0$,$\cdots$,$c_n=\frac{\alpha^n}{\sqrt{n!}}c_0$。

利用归一化条件,有

$$1=\sum_n |c_n|^2=\sum_n \frac{(\alpha^*\alpha)^n}{n!}|c_0|^2=e^{\alpha^*\alpha}|c_0|^2$$

可得

$$c_0=e^{-\frac{1}{2}\alpha^*\alpha}=e^{-\frac{1}{2}|\alpha|^2}$$

于是得

$$c_n=e^{-\frac{1}{2}|\alpha|^2}\frac{\alpha^n}{\sqrt{n!}}$$

证毕。

⑤ 相干态中的光子数分布服从**泊松分布**。

$$p_n=|c_n|^2=e^{-\bar{n}}\frac{\bar{n}^n}{n!} \tag{4.28}$$

⑥ 亚泊松分布和超泊松分布的概念。

引入 **Mandel** Q 参数，即

$$Q\equiv\frac{V(n)}{\langle n\rangle}-1 \tag{4.29}$$

由上面的讨论知道，对相干态，$V(n)=\langle n\rangle$，故有 $Q=0$，且相干态的光子数分布为**泊松分布**。若对某种光场态有 $Q>0$，则称该态的光子数分布为**超泊松分布**；反之，若对某种光场态有 $Q<0$，则称该态的光子数分布为**亚泊松分布**。光子数亚泊松分布是光场的一种典型的**非经典效应**。另外两种典型的非经典效应分别是**光子反群聚效应**和光场**压缩态**。

⑦ 相干态是正交分量的最小不确定度态。

在相干态 $|\alpha\rangle$ 中计算正交分量 X_1 和 X_2 的平均值和标准偏差，可得

$$\langle X_1\rangle=\frac{1}{2}(\alpha+\alpha^*),\quad \langle X_2\rangle=\frac{1}{2i}(\alpha-\alpha^*) \tag{4.30a}$$

$$\Delta X_1=\frac{1}{2},\quad \Delta X_2=\frac{1}{2},\quad (\Delta X_1)(\Delta X_2)=\frac{1}{4} \tag{4.30b}$$

可见，在相干态 $|\alpha\rangle$ 中正交分量 X_1 和 X_2 的平均值与 α 的取值有关，而涨落与 α 的取值无关（与在真空态中相同）。相干态也是正交分量的**最小不确定度态**。考虑到相干态由真空态平移而来，这一结果表明平移算符只改变 X_1 和 X_2 的平均值，而不改变它们的涨落性质。利用式(4.8)和式(4.9)可得

$$a=X_1+iX_2 \tag{4.31}$$

可见，电磁场的正交分量算符 X_1 和 X_2 也可分别看作光子湮灭算符 a 的实部算符和虚部算符。式(4.31)在真空态中的平均值等于零。相干态中的平均值为

$$\alpha=\langle X_1\rangle+i\langle X_2\rangle \tag{4.32}$$

真空态和相干态的涨落在**相空间**中的表示分别如图 4.1 和图 4.2 所示。

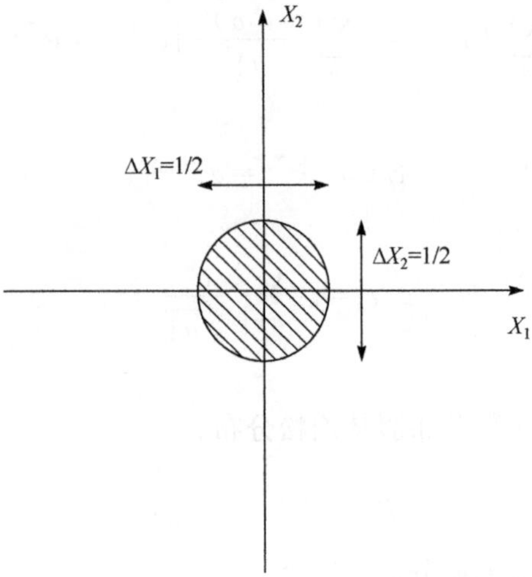

图 4.1 在真空态中正交分量的涨落

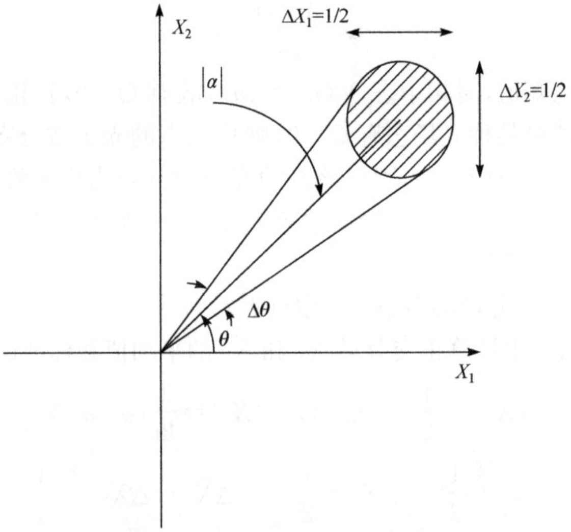

图 4.2 在相干态中正交分量的涨落

根据前面的讨论，涨落圆的大小与 α 无关，由图 4.2 可知，$|\alpha|$ 越大，$\Delta\theta$ 越小；当 $|\alpha|\to\infty$ 时，$\Delta\theta\to 0$，对应于**经典单模电磁场具有完全确定的位相**。

⑧ 两个本征值不同的相干态是不正交的。

设有两个本征值分别为 α 和 β 的相干态 $|\alpha\rangle$ 和 $|\beta\rangle$，容易证明

$$\langle\beta|\alpha\rangle=\exp\left[-\frac{1}{2}(|\alpha|^2+|\beta|^2)+\beta^*\alpha\right] \tag{4.33}$$

$$|\langle\beta|\alpha\rangle|^2=\exp(-|\alpha-\beta|^2) \tag{4.34}$$

可见，两个本征值不同的相干态是不正交的。只有当 $|\alpha-\beta|\gg 0$ 时，相干态 $|\alpha\rangle$ 和

$|\beta\rangle$才可近似看做是正交的。式(4.33)的证明如下。

$$|\alpha\rangle = e^{-\frac{1}{2}|\alpha|^2}\sum_n \frac{\alpha^n}{\sqrt{n!}}|n\rangle, \quad \langle\beta| = e^{-\frac{1}{2}|\beta|^2}\sum_m \frac{\beta^{*m}}{\sqrt{m!}}\langle m|$$

$$\begin{aligned}
\langle\beta|\alpha\rangle &= e^{-\frac{1}{2}|\beta|^2-\frac{1}{2}|\alpha|^2}\sum_{m,n}\frac{\beta^{*m}\alpha^n}{\sqrt{m!n!}}\langle m\|n\rangle \\
&= e^{-\frac{1}{2}|\beta|^2-\frac{1}{2}|\alpha|^2}\sum_{m,n}\frac{\beta^{*m}\alpha^n}{\sqrt{m!n!}}\delta_{mn} \\
&= e^{-\frac{1}{2}|\beta|^2-\frac{1}{2}|\alpha|^2}\sum_{n}\frac{\beta^{*n}\alpha^n}{n!} \\
&= e^{-\frac{1}{2}|\beta|^2-\frac{1}{2}|\alpha|^2}e^{\beta^*\alpha} \\
&= \exp\left[-\frac{1}{2}(|\alpha|^2+|\beta|^2)+\beta^*\alpha\right]
\end{aligned}$$

⑨ 相干态构成一个**完备集**(有时也称为**超完备集**),从而构成一个**表象**。

不难证明如下的完备性关系,即

$$\frac{1}{\pi}\int d^2\alpha\,|\alpha\rangle\langle\alpha| = I \tag{4.35}$$

由于α的取值是连续的,因此**相干态表象**是一个**连续表象**。式(4-35)的证明如下,设$\alpha = re^{i\theta}$,则$d^2\alpha = rdrd\theta$。

$$\begin{aligned}
\int d^2\alpha\,|\alpha\rangle\langle\alpha| &= \int_0^\infty rdr\int_0^{2\pi}d\theta e^{-|\alpha|^2}\sum_{m,n}\frac{\alpha^m\alpha^{*n}}{\sqrt{m!n!}}|m\rangle\langle n| \\
&= \sum_{m,n}\frac{|m\rangle\langle n|}{\sqrt{m!n!}}\int_0^\infty rdr\int_0^{2\pi}d\theta e^{-r^2}r^{m+n}e^{i(m-n)\theta} \\
&= \sum_{m,n}\frac{|m\rangle\langle n|}{\sqrt{m!n!}}\int_0^\infty rdre^{-r^2}r^{m+n}\int_0^{2\pi}d\theta e^{i(m-n)\theta} \\
&= \pi\sum_n\frac{|n\rangle\langle n|}{n!}\int_0^\infty dr^2e^{-r^2}r^{2n} \\
&= \pi\sum_n\frac{|n\rangle\langle n|}{n!}\int_0^\infty dye^{-y}y^n \\
&= \pi\sum_n|n\rangle\langle n| \\
&= \pi I
\end{aligned}$$

从而得$\frac{1}{\pi}\int d^2\alpha\,|\alpha\rangle\langle\alpha| = I$(计算中利用了$\int_0^{2\pi}d\theta e^{i(m-n)\theta} = 2\pi\delta_{mn}$,$\int_0^\infty dye^{-y}y^n = n!$)。

相干态表象在量子光学中有着重要而广泛的应用,例如基于连续变量的量子信息处理就是利用相干态和下节将要讨论的压缩态。

在量子信息处理中经常要用到单光子态，一种常用的产生单光子态的方法是将激光进行衰减。理想的激光处于相干态，即

$$|\alpha\rangle=\sum_n c_n|n\rangle=e^{-\frac{1}{2}|\alpha|^2}\sum_n\frac{\alpha^n}{\sqrt{n!}}|n\rangle=e^{-\frac{1}{2}|\alpha|^2}(|0\rangle+\alpha|1\rangle+\cdots)$$

当 α 较小时，$|\alpha\rangle\approx\frac{1}{\sqrt{1+|\alpha|^2}}(|0\rangle+\alpha|1\rangle)$，得到的单光子态的概率为 $P_1=\frac{|\alpha|^2}{1+|\alpha|^2}=\frac{\langle n\rangle}{1+\langle n\rangle}$。若 $\langle n\rangle=|\alpha|^2=0.1$，则 $P_1=0.1/1.1\approx0.09=9\%$。

将激光进行衰减得到的单光子源属于概率性的单光子源，不是理想的单光子源，目前许多学者致力于从实验上实现确定性的单光子源-光子枪(photon gun)。

4.1.3 压缩态

从前面的讨论可知，真空态和相干态均为正交分量的**最小不确定度态**，即在真空态和相干态中，电磁场正交算符 X_1 和 X_2 的标准偏差满足下式，即

$$\Delta X_1=\frac{1}{2},\quad \Delta X_2=\frac{1}{2},\quad (\Delta X_1)(\Delta X_2)=\frac{1}{4}$$

其中，$X_1=\frac{1}{2}(a+a^+)$；$X_2=\frac{1}{2\mathrm{i}}(a-a^+)$。

在压缩态概念提出之前，人们认为 $\Delta X_i=1/2(i=1$ 或 $2)$ 是量子涨落可能达到的最小值，并称其为**量子涨落极限**。后来人们提出是否存在这样的量子态，在不违背不确定度关系 $(\Delta X_1)(\Delta X_2)\geqslant1/4$ 的情况下，使得 $\Delta X_i<1/2(i=1$ 或 $2)$。研究表明，这样的量子态是存在的，人们把这种量子态称为压缩态(squeezed states)。

当光场处于压缩态时，其一个正交分量的量子涨落小于真空涨落，因此人们期望压缩态在微弱信号检测、引力波探测、精密测量、光通信、量子信息处理等中有重要应用，从而对其进行了广泛深入的研究。

下面分别讨论若干种压缩态。

1. 压缩真空态

(1) 压缩真空态的定义及压缩算符的性质

首先考虑**压缩真空态**(其名称可从下面讨论的性质看出)，即

$$|\xi\rangle=S(\xi)|0\rangle \tag{4.36}$$

其中

$$S(\xi)=\exp\left[\frac{1}{2}(\xi^*a^2-\xi(a^+)^2)\right] \tag{4.37}$$

称为**压缩算符**；$\xi=re^{i\theta}$，ξ 称为**压缩参量**；$0\leqslant r<\infty$，称为**压缩幅**，描述压缩的强弱；$0\leqslant\theta\leqslant 2\pi$，称为**压缩角**，描述压缩的方向。

压缩算符具有下列性质，即

$$S^{+}(\xi)=S^{-1}(\xi)=S(-\xi) \tag{4.38}$$

$$S^{+}(\xi)aS(\xi)=a\cosh r-a^{+}e^{i\theta}\sinh r \tag{4.39}$$

$$S^{+}(\xi)a^{+}S(\xi)=a^{+}\cosh r-ae^{-i\theta}\sinh r \tag{4.40}$$

在 4.1.2 节的定理 2 中，令 $x=1$，$B=a$，$A=\dfrac{1}{2}(\xi(a^{+})^{2}-\xi^{*}a^{2})$，并利用 $\xi=re^{i\theta}$，就可以证明式(4.39)。

(2) 压缩真空态中的平均光子数和光子数方差

可以证明，在压缩真空态中的平均光子数为

$$\langle n\rangle=\sinh^{2}r \tag{4.41}$$

光子数方差为

$$V(n)=\langle n^{2}\rangle-\langle n\rangle^{2}=2\sinh^{2}r\cosh^{2}r=2\langle n\rangle(1+\langle n\rangle)>\langle n\rangle \tag{4.42}$$

这表明，在压缩真空态中，光子数分布呈现**超泊松分布**。

上两式的证明如下。

$$\begin{aligned}\langle n\rangle&=\langle a^{+}a\rangle\\&=\langle\xi|a^{+}a|\xi\rangle\\&=\langle 0|S^{+}a^{+}aS|0\rangle\\&=\langle 0|(S^{+}a^{+}S)(S^{+}aS)|0\rangle\\&=\langle 0|(a^{+}\cosh r-ae^{-i\theta}\sinh r)(a\cosh r-a^{+}e^{i\theta}\sinh r)|0\rangle\\&=\sinh^{2}r\end{aligned}$$

$$\begin{aligned}\langle n^{2}\rangle&=\langle(a^{+}a)^{2}\rangle\\&=\langle\xi|a^{+}aa^{+}a|\xi\rangle\\&=\langle 0|S^{+}a^{+}aa^{+}aS|0\rangle\\&=\langle 0|(S^{+}a^{+}S)(S^{+}aS)(S^{+}a^{+}S)(S^{+}aS)|0\rangle\\&=2\sinh^{2}r\cosh^{2}r+\sinh^{4}r\end{aligned}$$

$$V(n)=\langle n^{2}\rangle-\langle n\rangle^{2}=2\sinh^{2}r\cosh^{2}r=2\langle n\rangle(1+\langle n\rangle)>\langle n\rangle$$

(3) 压缩真空态中正交算符的平均值和方差

在压缩真空态中，电磁场正交算符 X_1 和 X_2 的平均值和方差分别为

$$\langle X_{1}\rangle=\langle X_{2}\rangle=0 \tag{4.43}$$

$$\begin{aligned}V(X_{1})&=\frac{1}{4}(\cosh^{2}r+\sinh^{2}r-2\sinh r\cosh r\cos\theta)\\&=\frac{1}{4}(2\sinh^{2}r+1-2\sinh r\cosh r\cos\theta)\end{aligned} \tag{4.44}$$

$$V(X_{2})=\frac{1}{4}(\cosh^{2}r+\sinh^{2}r+2\sinh r\cosh r\cos\theta)$$

$$=\frac{1}{4}(2\sinh^2 r+1+2\sinh r\cosh r\cos\theta) \tag{4.45}$$

证明如下。

$$X_1=\frac{1}{2}(a+a^+),\quad X_2=\frac{1}{2\mathrm{i}}(a-a^+)$$

$$X_1^2=\frac{1}{4}[(2a^+a+1)+(a^2+(a^+)^2)]$$

$$X_2^2=\frac{1}{4}[(2a^+a+1)-(a^2+(a^+)^2)]$$

$$\langle X_1\rangle=\frac{1}{2}(\langle a\rangle+\mathrm{C.C.}),\quad \langle X_2\rangle=\frac{1}{2\mathrm{i}}(\langle a\rangle-\mathrm{C.C.})$$

$$\langle X_1^2\rangle=\frac{1}{4}[(2\langle a^+a\rangle+1)+(\langle a^2\rangle+\mathrm{C.C.})]$$

$$\langle X_2^2\rangle=\frac{1}{4}[(2\langle a^+a\rangle+1)-(\langle a^2\rangle+\mathrm{C.C.})]$$

$$V(X_i)=\langle X_i^2\rangle-\langle X_i\rangle^2$$

可见，为了计算 $V(X_i)$，只需要计算$\langle a\rangle$，$\langle a^2\rangle$和$\langle a^+a\rangle$。

$$\langle a\rangle=\langle\xi|a|\xi\rangle=\langle 0|S^+aS|0\rangle=\langle 0|(a\cosh r-a^+\mathrm{e}^{\mathrm{i}\theta}\sinh r)|0\rangle=0$$

可见，在**压缩真空态**中$\langle a\rangle=0$，后面经常用到这一结果，所以$\langle X_1\rangle=\langle X_2\rangle=0$。

另外，由

$$\begin{aligned}\langle a^2\rangle&=\langle\xi|aa|\xi\rangle\\&=\langle 0|S^+aSS^+aS|0\rangle\\&=\langle 0|(a\cosh r-a^+\mathrm{e}^{\mathrm{i}\theta}\sinh r)(a\cosh r-a^+\mathrm{e}^{\mathrm{i}\theta}\sinh r)|0\rangle\\&=-\cosh r\cdot\mathrm{e}^{\mathrm{i}\theta}\sinh r\end{aligned}$$

$$(\langle a^2\rangle+\mathrm{C.C.})=-2\cosh r\cdot\sinh r\cdot\cos\theta$$

$$\langle a^+a\rangle=\sinh^2 r$$

将$\langle a^2\rangle$和$\langle a^+a\rangle$的表达式代入$\langle X_i^2\rangle(i=1,2)$，然后再代入 $V(X_i)$，即可得到式(4.44)和式(4.45)。

特别的，当 $\theta=0$ 时，有

$$V(X_1)=\frac{1}{4}\mathrm{e}^{-2r},\quad V(X_2)=\frac{1}{4}\mathrm{e}^{2r} \tag{4.46}$$

相应的标准偏差为

$$\Delta X_1=\frac{1}{2}\mathrm{e}^{-r},\quad \Delta X_2=\frac{1}{2}\mathrm{e}^{r},\quad (\Delta X_1)(\Delta X_2)=\frac{1}{4} \tag{4.47}$$

可见，当 $\theta=0$ 时，正交算符 X_1 的涨落压缩，而正交算符 X_2 的涨落增大。

由类似讨论可知，当 $\theta=\pi$ 时，正交算符 X_2 的涨落压缩，而正交算符 X_1 的涨

落增大。这两种情况在相空间可分别用图 4.3 和图 4.4 表示，可以看出，压缩出现在 $\theta/2$ 方向。

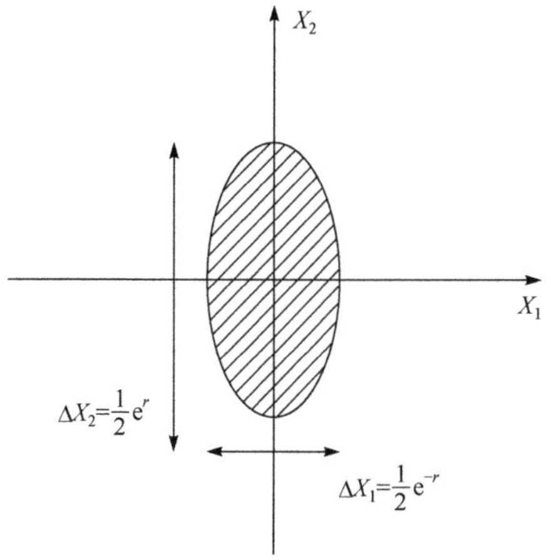

图 4.3　正交分量 X_1 的涨落压缩

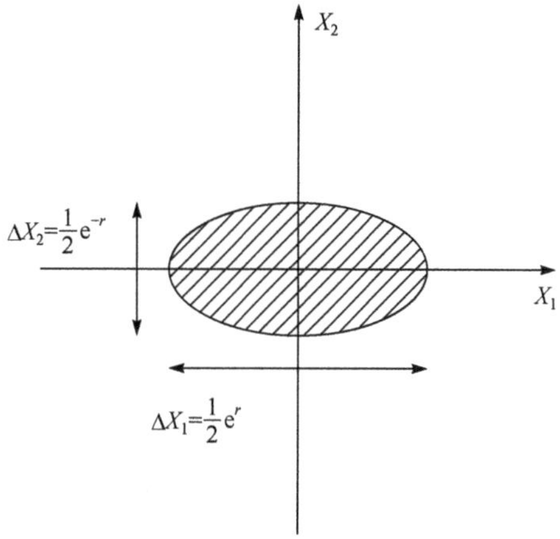

图 4.4　正交分量 X_2 的涨落压缩

为了描述在一般方向的压缩，引入下列**旋转正交分量**，即

$$Y_1=\cos\frac{\theta}{2}X_1+\sin\frac{\theta}{2}X_2 \tag{4.48}$$

$$Y_2=-\sin\frac{\theta}{2}X_1+\cos\frac{\theta}{2}X_2 \tag{4.49}$$

若用 a 和 a^+ 表示，则有

$$Y_1=\frac{1}{2}(a\mathrm{e}^{-\mathrm{i}\theta/2}+a^+\mathrm{e}^{\mathrm{i}\theta/2}) \tag{4.50}$$

$$Y_2=\frac{1}{2\mathrm{i}}(a\mathrm{e}^{-\mathrm{i}\theta/2}-a^+\mathrm{e}^{\mathrm{i}\theta/2}) \tag{4.51}$$

计算可得，在压缩真空态中，算符 Y_1 和 Y_2 的平均值和标准偏差分别为

$$\langle Y_1\rangle=\langle Y_2\rangle=0 \tag{4.52}$$

$$\Delta Y_1=\frac{1}{2}\mathrm{e}^{-r},\quad \Delta Y_2=\frac{1}{2}\mathrm{e}^{r},\quad (\Delta Y_1)(\Delta Y_2)=\frac{1}{4} \tag{4.53}$$

可见**压缩真空态也是最小不确定度态**（尽管不要求一般压缩态是最小不确定度态）。Y_1 和 Y_2 的量子涨落在相空间如图 4.5 所示。

（4）压缩真空态满足的**本征方程**

可以证明，压缩真空态 $|\xi\rangle$ 满足下列本征方程，即

$$(\mu a+\nu a^+)|\xi\rangle=0 \tag{4.54}$$

其中

$$\mu=\cosh r,\quad \nu=e^{i\theta}\sinh r \tag{4.55}$$

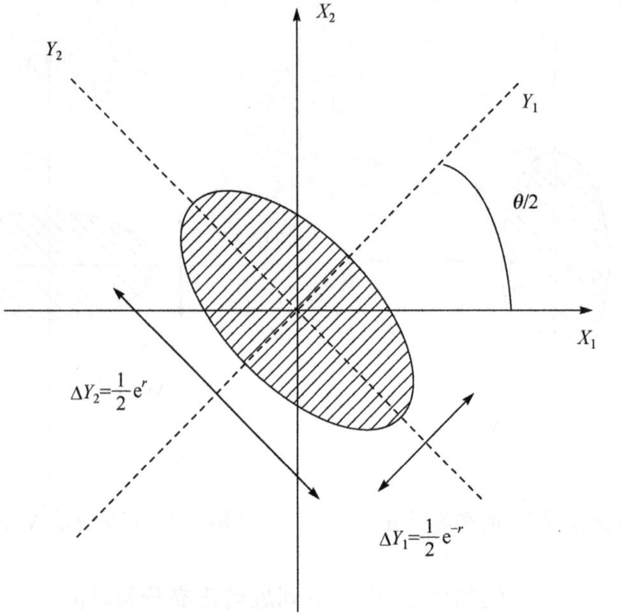

图 4.5　旋转正交分量的涨落压缩

也就是说，压缩真空态$|\xi\rangle$是算符$(\mu a+\nu a^+)$的本征态，相应的本征值等于 0。

证明

$$a|0\rangle=0$$
$$S(\xi)aS^+(\xi)S(\xi)|0\rangle=0$$
$$(a\cosh r+a^+e^{i\theta}\sinh r)|\xi\rangle=0$$

即

$$(\mu a+\nu a^+)|\xi\rangle=0$$

(5) 压缩真空态的**光子数分布**

可以证明，压缩真空态可以用光子数态展开为(压缩真空态在**光子数态表象**中的表示)

$$|\xi\rangle=\sum_m C_{2m}|2m\rangle \tag{4.56}$$

其中

$$C_{2m}=\frac{1}{\sqrt{\cosh r}}(-1)^m\left(\frac{1}{2}e^{i\theta}\tanh r\right)^m\frac{\sqrt{(2m)!}}{m!} \tag{4.57}$$

可见，在压缩真空态中只可能探测到偶数个光子，其光子数概率分布为

$$P_{2m}=|C_{2m}|^2=\frac{1}{\cosh r}\left(\frac{1}{2}\tanh r\right)^{2m}\frac{(2m)!}{(m!)^2} \tag{4.58}$$

证明　设 $|\xi\rangle=\sum_n C_n|n\rangle$，代入 $(\mu a+\nu a^+)|\xi\rangle=0$，得

$$\begin{aligned}0&=(\mu a+\nu a^+)\sum_n C_n|n\rangle\\&=\sum_n C_n(\mu\sqrt{n}\,|n-1\rangle+\nu\sqrt{n+1}\,|n+1\rangle)\\&=\sum_n[\mu\sqrt{n+1}C_{n+1}+\nu\sqrt{n}C_{n-1}]|n\rangle\end{aligned}$$

要使上式成立，要求

$$\mu\sqrt{n+1}C_{n+1}+\nu\sqrt{n}C_{n-1}=0$$

即

$$C_{n+1}=-\frac{\nu}{\mu}\sqrt{\frac{n}{n+1}}C_{n-1}$$

$$C_2=-\frac{\nu}{\mu}\sqrt{\frac{1}{2}}C_0$$

$$C_4=-\frac{\nu}{\mu}\sqrt{\frac{3}{4}}C_2=\left(-\frac{\nu}{\mu}\right)^2\sqrt{\frac{3\cdot 1}{4\cdot 2}}C_0\cdots$$

$$C_{2m}=\left(-\frac{\nu}{\mu}\right)^m\sqrt{\frac{(2m-1)!!}{(2m)!!}}C_0,\quad m\geqslant 1$$

C_0 由归一化条件确定，即

$$\begin{aligned}1&=\sum_{m=0}^{\infty}|C_{2m}|^2\\&=\left[|C_0|^2+\sum_{m=1}^{\infty}|C_{2m}|^2\right]\\&=|C_0|^2\left[1+\sum_{m=1}^{\infty}\left|-\frac{\nu}{\mu}\right|^{2m}\frac{(2m-1)!!}{(2m)!!}\right]\\&=|C_0|^2\left[1+\sum_{m=1}^{\infty}(\tanh r)^{2m}\frac{(2m-1)!!}{(2m)!!}\right]\\&=|C_0|^2(1-(\tanh r)^2)^{-1/2}\\&=|C_0|^2\cosh r\end{aligned}$$

因此，$C_0=\dfrac{1}{\sqrt{\cosh r}}$，从而

$$C_{2m}=\frac{1}{\sqrt{\cosh r}}(-\mathrm{e}^{\mathrm{i}\theta}\tanh r)^m\sqrt{\frac{(2m-1)!!}{(2m)!!}},\quad m\geqslant 1$$

再利用

$$(2m)!!=2^m m!,\quad (2m-1)!!=\frac{1}{2^m}\frac{(2m)!}{m!},\quad \sqrt{\frac{(2m-1)!!}{(2m)!!}}=\frac{\sqrt{(2m)!}}{2^m m!}$$

则有

$$C_{2m}=\frac{1}{\sqrt{\cosh r}}(-\mathrm{e}^{\mathrm{i}\theta}\tanh r)^m\frac{\sqrt{(2m)!}}{2^m m!},\quad m\geqslant 1$$

在上面计算中用到了下式，即

$$1+\sum_{m=1}^{\infty}z^m\frac{(2m-1)!!}{(2m)!!}=(1-z)^{-1/2}$$

证毕。

2. 平移压缩真空态

(1) 平移压缩真空态的定义

$$|\alpha,\xi\rangle=D(\alpha)S(\xi)|0\rangle=D(\alpha)|\xi\rangle \tag{4.59}$$

其中，$D(\alpha)$和$S(\xi)$分别是前面引入的平移算符和压缩算符。

当$\alpha=0$时，**平移压缩真空态**变为**压缩真空态**，即

$$|0,\xi\rangle=D(0)S(\xi)|0\rangle=S(\xi)|0\rangle=|\xi\rangle$$

当$\xi=0$时，**平移压缩真空态**变为**相干态**，即

$$|\alpha,0\rangle=D(\alpha)S(0)|0\rangle=D(\alpha)|0\rangle=|\alpha\rangle$$

(2) 平移压缩真空态中的**平均光子数**为

$$\langle n\rangle=|\alpha|^2+\sinh^2 r \tag{4.60}$$

它由相干部分(平移部分)$|\alpha|^2$和压缩部分$\sinh^2 r$相加而成。

证明

$$\begin{aligned}\langle n\rangle&=\langle a^+a\rangle\\&=\langle\alpha,\xi|a^+a|\alpha,\xi\rangle\\&=\langle\xi|D^+(\alpha)a^+aD(\alpha)|\xi\rangle\\&=\langle\xi|D^+(\alpha)a^+D(\alpha)D^+(\alpha)aD(\alpha)|\xi\rangle\\&=\langle\xi|(a^++\alpha^*)(a+\alpha)|\xi\rangle\\&=\langle\xi|(a^+a+\alpha a^++\alpha^*a+\alpha^*\alpha)|\xi\rangle\\&=\sinh^2 r+\alpha^*\alpha\\&=|\alpha|^2+\sinh^2 r\end{aligned}$$

证毕。

(3) 在平移压缩真空态中旋转正交分量Y_1和Y_2的平均值分别为

$$\langle Y_1\rangle=\frac{1}{2}(\alpha\mathrm{e}^{-\mathrm{i}\theta/2}+\alpha^*\mathrm{e}^{\mathrm{i}\theta/2}) \tag{4.61}$$

$$\langle Y_2\rangle=\frac{1}{2\mathrm{i}}(\alpha\mathrm{e}^{-\mathrm{i}\theta/2}-\alpha^*\mathrm{e}^{\mathrm{i}\theta/2}) \tag{4.62}$$

式(4.61)的证明如下

$$Y_1=\frac{1}{2}(a\mathrm{e}^{-\mathrm{i}\theta/2}+a^+\mathrm{e}^{\mathrm{i}\theta/2})$$

$$\langle Y_1\rangle=\frac{1}{2}(\langle a\rangle \mathrm{e}^{-\mathrm{i}\theta/2}+\mathrm{c.\,c.})$$

$$\langle a\rangle=\langle\alpha,\xi|a|\alpha,\xi\rangle=\langle\xi|D^+(\alpha)aD(\alpha)|\xi\rangle=\langle\xi|(a+\alpha)|\xi\rangle=\alpha$$

证毕。

平移压缩真空态的标准偏差与在压缩真空态中相同，仍满足式(4.53)。我们再次看到，平移算符只改变正交分量算符 Y_1 和 Y_2 在量子态中的平均值，而不改变涨落性质。在平移压缩真空态中，Y_1 和 Y_2 的量子涨落在相空间如图 4.6所示。

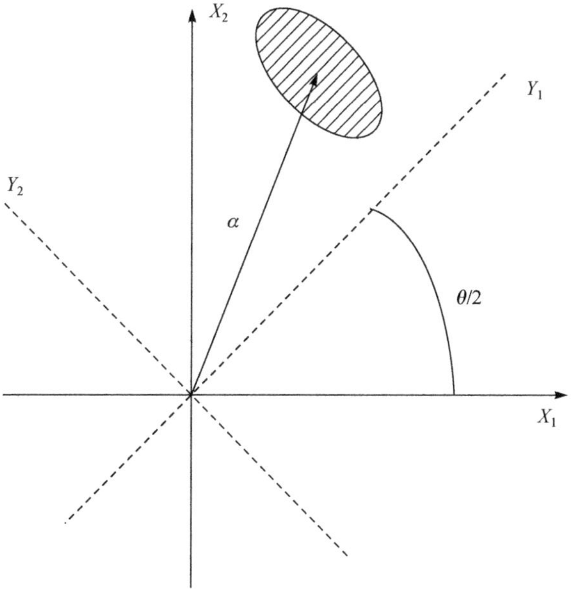

图 4.6　在平移压缩真空态中正交分量的量子涨落

(4) 平移压缩真空态满足的**本征方程**

可以证明，平移压缩真空态 $|\alpha,\xi\rangle$ 满足如下本征方程，即

$$(\mu a+\nu a^+)|\alpha,\xi\rangle=(\mu\alpha+\nu\alpha^*)|\alpha,\xi\rangle \tag{4.63}$$

也就是说，平移压缩真空态 $|\alpha,\xi\rangle$ 是算符 $(\mu a+\nu a^+)$ 的本征态，相应的本征值等于 $(\mu\alpha+\nu\alpha^*)$。

式(4.63)的证明如下

$$a|0\rangle=0$$

$$aS^+S|0\rangle=0$$

$$aS^+D^+DS|0\rangle=0$$

$$DSaS^+D^+DS|0\rangle=DSaS^+D^+|\alpha,\xi\rangle=0$$

$$D(\mu a+\nu a^+)D^+|\alpha,\xi\rangle=0$$

$$[\mu(a-\alpha)+\nu(a^+-\alpha^*)]|\alpha,\xi\rangle=0$$

移项可得

$$(\mu a+\nu a^{+})|\alpha,\xi\rangle=(\mu\alpha+\nu\alpha^{*})|\alpha,\xi\rangle$$

证毕。

(5) 平移压缩真空态的**光子数分布**

可以证明,平移压缩真空态可以用光子数态展开为

$$|\alpha,\xi\rangle=\sum_n C_n|n\rangle \tag{4.64}$$

其中

$$C_n=\frac{1}{\sqrt{\cosh r}}\exp\left\{-\frac{1}{2}|\alpha|^2-\frac{1}{2}\tanh r\alpha^{*2}e^{i\theta}\right\}\left(\frac{1}{2}e^{i\theta}\tanh r\right)^{\frac{n}{2}}\frac{1}{\sqrt{n!}}H_n\left\{\beta\left[e^{i\theta}\sinh(2r)\right]^{-\frac{1}{2}}\right\} \tag{4.65}$$

其光子数统计分布为

$$P_n=|C_n|^2=\frac{1}{\cosh r}\exp\left\{-|\alpha|^2-\frac{1}{2}\tanh r(\alpha^{*2}e^{i\theta}+\alpha^2e^{-i\theta})\right\}$$

$$\times\left(\frac{1}{2}\tanh r\right)^n\frac{1}{n!}|H_n\{\beta[e^{i\theta}\sinh(2r)]^{-\frac{1}{2}}\}|^2 \tag{4.66}$$

其中,$H_n(z)$是宗量为z的n次厄米多项式,而

$$\beta=\mu\alpha+\nu\alpha^{*}=\cosh r\alpha+e^{i\theta}\sinh r\alpha^{*} \tag{4.67}$$

3. 压缩相干态

压缩相干态(曾称为**双光子相干态**)定义为

$$S(\xi)|\alpha\rangle=S(\xi)D(\alpha)|0\rangle \tag{4.68}$$

其中,$S(\xi)$和$D(\alpha)$分别是前面引入的压缩算符和平移算符。

与平移压缩真空态比较,压缩算符和平移算符调换了次序(对应于两个物理过程的先后次序作了调换)。一般来说,压缩算符和平移算符互不对易,因此压缩相干态不等于平移压缩真空态,即

$$S(\xi)|\alpha\rangle\equiv S(\xi)D(\alpha)|0\rangle\neq D(\alpha)S(\xi)|0\rangle \tag{4.69}$$

但是可以证明

$$S(\xi)|\beta\rangle\equiv S(\xi)D(\beta)|0\rangle=D(\alpha)S(\xi)|0\rangle \tag{4.70}$$

其中,β与α之间的关系由式(4.67)给出。

因此,经过适当的参数变换,压缩相干态可化作平移压缩真空态,从这个意义上来说,二者是等价的。

4. 压缩态的产生

在各类压缩态中,最基本的是压缩真空态。这里我们讨论如何在实验中产生

压缩真空态。压缩真空态由式(4.36)和式(4.37)定义。为了便于讨论，我们把这两个公式重新写在这里，即

$$|\xi\rangle=S(\xi)|0\rangle \tag{4.36}$$

$$S(\xi)=\exp\left[\frac{1}{2}(\xi^* a^2-\xi(a^+)^2)\right] \tag{4.37}$$

在量子力学中，量子态随时间的演化是幺正演化，即

$$|\psi(t)\rangle=U(t)|\psi(0)\rangle \tag{4.71}$$

其中

$$U(t)=\exp\left(-\frac{\mathrm{i}}{\hbar}Ht\right) \tag{4.72}$$

是体系的时间演化算符，H 是体系的哈密顿量。

设体系初始处于真空态，即$|\psi(0)\rangle=|0\rangle$，则式(4.71)变为

$$|\psi(t)\rangle=U(t)|0\rangle \tag{4.73}$$

将式(4.73)与式(4.36)比较，可以发现，如果时间演化算符 $U(t)$具有压缩算符$S(\xi)$的形式，则 t 时刻体系将处于压缩真空态。进一步比较式(4.72)与式(4.37)，发现如果体系的哈密顿量 H 描述某种**双光子过程**，则该过程就可产生压缩真空态。下面我们具体考虑两种双光子过程。

(1) **简并参量下转换**过程

描述**简并参量下转换**过程的哈密顿量为

$$H=\hbar\omega a^+a+\hbar\omega_p b^+b+\mathrm{i}\hbar\chi^{(2)}[a^2b^+-(a^+)^2b] \tag{4.74}$$

其中，ω 和 a 分别是信号场的频率和光子湮灭算符；ω_p 和 b 分别是泵浦场的频率和光子湮灭算符；$\chi^{(2)}$ 是实数，与二阶非线性极化率有关。

一般来说，泵浦场较强，可作经典描述(称为参量近似)，即令 $b\rightarrow\beta\mathrm{e}^{-\mathrm{i}\omega_p t}$。于是，哈密顿量 H 可写为

$$H=\hbar\omega a^+a+\mathrm{i}\hbar[\eta^*\mathrm{e}^{\mathrm{i}\omega_p t}a^2-\eta\mathrm{e}^{-\mathrm{i}\omega_p t}(a^+)^2] \tag{4.75}$$

其中，$\eta=\chi^{(2)}\beta$。

变换到相互作用绘景，$a\rightarrow a\mathrm{e}^{-\mathrm{i}\omega t}$，则在相互作用绘景中的相互作用哈密顿量为

$$H_I=\mathrm{i}\hbar[\eta^*\mathrm{e}^{\mathrm{i}(\omega_p-2\omega)t}a^2-\eta\mathrm{e}^{-\mathrm{i}(\omega_p-2\omega)t}(a^+)^2] \tag{4.76}$$

考虑共振情况 $\omega_p=2\omega$，则有

$$H_I=\mathrm{i}\hbar[\eta^*a^2-\eta(a^+)^2] \tag{4.77}$$

于是有

$$U(t)=\exp\left(-\frac{\mathrm{i}}{\hbar}H_I t\right)=\exp[t\eta^*a^2-t\eta(a^+)^2] \tag{4.78}$$

将式(4.78)与式(4.37)比较，发现若令 $\xi=2t\eta=2t\chi^{(2)}\beta$，则 $U(t)=S(\xi)$。于是，当体系初始处于真空态时，t 时刻体系将演化到压缩真空态，即

$$|\psi(t)\rangle=U(t)|0\rangle=S(\xi)|0\rangle=|\xi\rangle \tag{4.79}$$

可见，在这种情况中，压缩参数 ξ 正比于泵浦光的幅度 β、二阶非线性极化率 $\chi^{(2)}$，以及相互作用时间 t。

(2) **简并四波混频**过程

描述**简并四波混频**过程的哈密顿量为

$$H=\hbar\omega a^{+}a+\hbar\omega_p b^{+}b+\mathrm{i}\hbar\chi^{(3)}[a^2(b^{+})^2-(a^{+})^2b^2] \tag{4.80}$$

其中，$\chi^{(3)}$ 是实数，与三阶非线性极化率有关。

与简并参量下转换过程作类似的讨论，取参量近似、变换到相互作用绘景、考虑共振情况 $\omega_p=\omega$，则可得到与式(4.77)形式相同的公式，只需将 $\eta=\chi^{(2)}\beta$ 换成 $\eta=\chi^{(3)}\beta^2$。

5. 压缩态的探测

利用**平衡零差探测**法(balance homodyne detection)可探测光场压缩态，其实验系统如图 4.7 所示。图中 a 为待测信号光的光子湮灭算符，b 为**本地振荡**光的光子湮灭算符，c 和 d 为光学**分束器**输出光的光子湮灭算符，D_c 和 D_d 为光子探测器，“－”号为减法器。

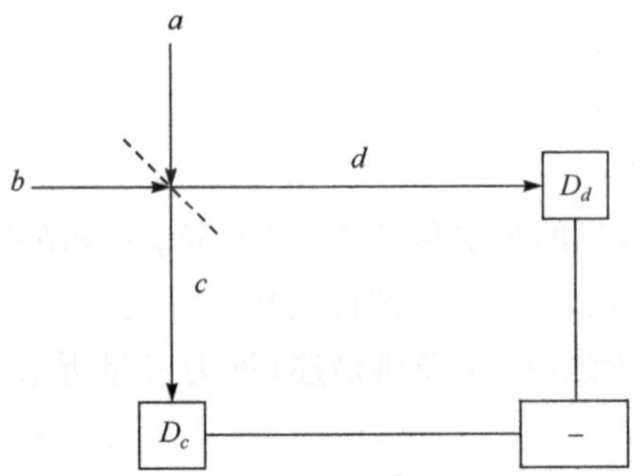

图 4.7　平衡零差探测

假设分束器的透射率和反射率相等，即所谓的 50:50 分束器，则有

$$c=\frac{1}{\sqrt{2}}(a+\mathrm{i}b) \tag{4.81}$$

$$d=\frac{1}{\sqrt{2}}(b+\mathrm{i}a) \tag{4.82}$$

到达光子探测器 D_c 和 D_d 的光场的光子数算符分别为 $\hat{n}_c=c^{+}c$ 和 $\hat{n}_d=d^{+}d$，描述减法器处信号的算符为 $\hat{n}_{cd}=\hat{n}_c-\hat{n}_d$。利用式(4.81)和式(4.82)可得

$$\hat{n}_{cd}=\mathrm{i}(a^{+}b-b^{+}a) \tag{4.83}$$

通常，本地振荡光很强，可作经典描述，即将 b 看作普通的数(而不是算符)：b

$\to\beta e^{i\varphi}$，β 和 φ 分别为模和幅角（均为实数），则有

$$\hat{n}_{cd}=i\beta(a^{+}e^{i\varphi}-ae^{-i\varphi})=\beta(a^{+}e^{i\theta/2}+ae^{-i\theta/2})=2\beta Y(\theta) \tag{4.84}$$

其中，$\theta/2=\varphi+\pi/2$；$Y(\theta)$ 是我们前面引入的信号光的旋转正交分量算符，即

$$Y(\theta)=\frac{1}{2}(ae^{-i\theta/2}+a^{+}e^{i\theta/2}) \tag{4.85}$$

式(4.84)表明，减法器处的探测信号正比于入射信号光的正交分量。具体来讲有下列关系，即

$$\langle\hat{n}_{cd}\rangle=2\beta\langle Y(\theta)\rangle,\quad \langle\hat{n}_{cd}^{2}\rangle=4\beta^{2}\langle Y^{2}(\theta)\rangle \tag{4.86}$$

其方差的关系为

$$V(\hat{n}_{cd})=4\beta^{2}V[Y(\theta)]\quad 或\ V[Y(\theta)]=\frac{1}{4\beta^{2}}V(\hat{n}_{cd}) \tag{4.87}$$

通过调节本地振荡光的位相 φ（从而 θ），测量 $V(\hat{n}_{cd})$，计算 $V[Y(\theta)]$，如果发现对某个 θ 角有 $V[Y(\theta)]<1/4$，则表明入射信号光处于压缩态。

4.1.4　相干态的叠加态

相干态的叠加态分为**相干叠加态**和**非相干叠加态**。这里主要讨论相干态的**相干叠加态**（也称为**薛定谔猫态**），包括**奇相干态**、**偶相干态**、Yurke-Stoler **相干态**。为了比较，也简单讨论相干态的**非相干叠加态**。由于相干态可以较强，因此相干态的叠加态也称为**宏观叠加态**（图 4.8）。

1. 相干态的相干叠加态的定义

考虑相干态的**相干叠加态**，即

$$|\psi\rangle=N(|\alpha\rangle+e^{i\phi}|-\alpha\rangle) \tag{4.88}$$

其中，$N=\dfrac{1}{\sqrt{2(1+e^{-2\alpha^{2}}\cos\phi)}}$为归一化常数（$\alpha$ 取实数）。

计算归一化常数时用到下式，即

$$|\langle\beta|\alpha\rangle|^{2}=\exp(-|\alpha-\beta|^{2}),\quad |\langle-\alpha|\alpha\rangle|^{2}=\exp(-4|\alpha|^{2}) \tag{4.89}$$

当 $|\alpha|$ 很大时，$|\alpha\rangle$ 和 $|-\alpha\rangle$ 近似正交，因此是可近似区分的。

相干叠加态的几个重要特例如下。

① 若 $\phi=0$，则得**偶相干态**(even coherent state)

$$|\psi\rangle_{e}=N_{e}(|\alpha\rangle+|-\alpha\rangle),\quad N_{e}=[2+2e^{-2\alpha^{2}}]^{-1/2} \tag{4.90}$$

② 若 $\phi=\pi$，则得**奇相干态**(odd coherent state)

$$|\psi\rangle_{o}=N_{o}(|\alpha\rangle-|-\alpha\rangle),\quad N_{o}=[2-2e^{-2\alpha^{2}}]^{-1/2} \tag{4.91}$$

③ 若 $\phi=\dfrac{\pi}{2}$，则得 Yurke-Stoler **相干态**

$$|\psi\rangle_{YS}=\frac{1}{\sqrt{2}}(|\alpha\rangle+\mathrm{i}|-\alpha\rangle) \tag{4.92}$$

上面讲到，有时也将相干态的**相干叠加态**称为**薛定谔猫态**。实际上，原始的**薛定谔猫态**是下列纠缠态，即

$$|\Psi\rangle=\frac{1}{\sqrt{2}}(|e\rangle|活猫\rangle+|g\rangle|死猫\rangle) \tag{4.93}$$

其密度算符为

$$\rho=|\Psi\rangle\langle\Psi| \tag{4.94}$$

猫的约化密度算符为

$$\begin{aligned}\rho_{猫}&=\mathrm{Tr}_A\rho=\langle e|\rho|e\rangle+\langle g|\rho|g\rangle=\langle e\|\Psi\rangle\langle\Psi\|e\rangle+\langle g\|\Psi\rangle\langle\Psi\|g\rangle\\&=\frac{1}{2}(|活猫\rangle\langle活猫|+|死猫\rangle\langle死猫|)\end{aligned} \tag{4.95}$$

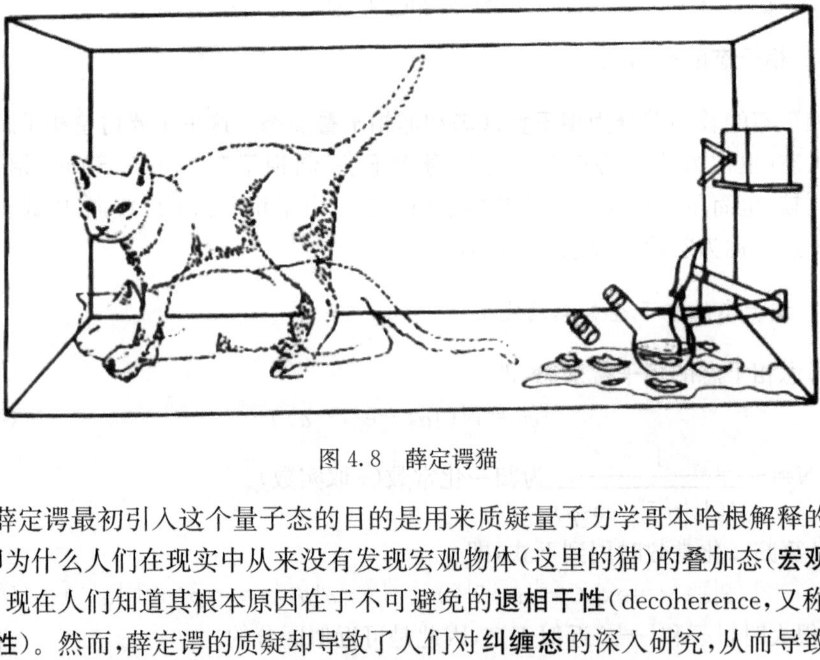

图 4.8　薛定谔猫

薛定谔最初引入这个量子态的目的是用来质疑量子力学哥本哈根解释的正确性，即为什么人们在现实中从来没有发现宏观物体（这里的猫）的叠加态（**宏观叠加态**）。现在人们知道其根本原因在于不可避免的**退相干性**（decoherence，又称为**消相干性**）。然而，薛定谔的质疑却导致了人们对**纠缠态**的深入研究，从而导致了量子信息科学的蓬勃发展。目前，**宏观叠加态**已在实验上得到实现。

2. 相干态的相干叠加态的性质

这里只讨论上述相干态的相干叠加态性质，关于退相干性的问题在后面讨论。

(1) **相干态的相干叠加态**

$|\psi\rangle=N(|\alpha\rangle+\mathrm{e}^{\mathrm{i}\phi}|-\alpha\rangle)$ 是 a^2 的本征态，即

$$a^2|\psi\rangle=\alpha^2|\psi\rangle \tag{4.96}$$

(2) **光子数分布函数**

$$\begin{aligned}|\psi\rangle &= N(|\alpha\rangle + e^{i\phi}|-\alpha\rangle)\\ &= \frac{1}{\sqrt{2(1+e^{-2\alpha^2}\cos\phi)}}e^{-\frac{\alpha^2}{2}}\sum_n \frac{\alpha^n}{\sqrt{n!}}(1+e^{i\phi}(-1)^n)|n\rangle\end{aligned} \tag{4.97}$$

① 对偶相干态，$\phi=0$，则

$$|\psi\rangle_e = N_e(|\alpha\rangle + |-\alpha\rangle) = \sqrt{\frac{2}{1+e^{-2\alpha^2}}}e^{-\frac{\alpha^2}{2}}\sum_{n=\text{even}}\frac{\alpha^n}{\sqrt{n!}}|n\rangle \tag{4.98}$$

光子数分布函数为

$$P_e(n) = \begin{cases}\dfrac{2}{1+e^{-2\alpha^2}}\left(e^{-\alpha^2}\dfrac{\alpha^{2n}}{n!}\right), & n\text{ 为偶数}\\ 0, & n\text{ 为奇数}\end{cases} \tag{4.99}$$

② 对**奇相干态**，$\phi=\pi$，则

$$|\psi\rangle_o = N_o(|\alpha\rangle - |-\alpha\rangle) = \sqrt{\frac{2}{1-e^{-2\alpha^2}}}e^{-\frac{\alpha^2}{2}}\sum_{n=\text{odd}}\frac{\alpha^n}{\sqrt{n!}}|n\rangle \tag{4.100}$$

光子数分布函数为

$$P_o(n) = \begin{cases}0, & n\text{ 为偶数}\\ \dfrac{2}{1-e^{-2\alpha^2}}\left(e^{-\alpha^2}\dfrac{\alpha^{2n}}{n!}\right), & n\text{ 为奇数}\end{cases} \tag{4.101}$$

③ 对 Yurke-Stoler **相干态**，$\phi=\dfrac{\pi}{2}$，即

$$\begin{aligned}|\psi\rangle_{YS} &= \frac{1}{\sqrt{2}}(|\alpha\rangle + i|-\alpha\rangle)\\ &= \frac{1}{\sqrt{2}}e^{-\frac{\alpha^2}{2}}\sum_n\frac{\alpha^n}{\sqrt{n!}}(1+i(-1)^n)|n\rangle\end{aligned} \tag{4.102}$$

光子数分布函数为

$$P_{YS}(n) = e^{-\alpha^2}\frac{\alpha^{2n}}{n!},\quad \text{泊松分布} \tag{4.103}$$

(3) **平均光子数**

$$\begin{aligned}\bar{n} &\equiv \langle n\rangle\\ &= \langle\psi|\hat{n}|\psi\rangle\\ &= \langle\psi|a^+a|\psi\rangle\\ &= N^2(\langle\alpha| + e^{-i\phi}\langle-\alpha|)a^+a(|\alpha\rangle + e^{i\phi}|-\alpha\rangle)\\ &= N^2\{\langle\alpha|a^+a|\alpha\rangle + \langle-\alpha|a^+a|-\alpha\rangle + e^{i\phi}\langle\alpha|a^+a|-\alpha\rangle + e^{-i\phi}\langle-\alpha|a^+a|\alpha\rangle\}\end{aligned}$$

$$=N^2\left\{\alpha^2+\alpha^2+e^{i\phi}(-\alpha^2)\langle\alpha|-\alpha\rangle+e^{-i\phi}(-\alpha^2)\langle-\alpha|\alpha\rangle\right\}$$

利用$\langle-\alpha|\alpha\rangle=\langle\alpha|-\alpha\rangle=e^{-2\alpha^2}$则

$$\begin{aligned}\bar{n}&\equiv\langle n\rangle\\&=N^2 2\alpha^2\{1-e^{-2\alpha^2}\cos\phi\}\\&=\frac{2\alpha^2(1-e^{-2\alpha^2}\cos\phi)}{2(1+e^{-2\alpha^2}\cos\phi)}\\&=\frac{\alpha^2(1-e^{-2\alpha^2}\cos\phi)}{1+e^{-2\alpha^2}\cos\phi}\end{aligned}\tag{4.104}$$

① 对**偶相干态**，$\phi=0$，则

$$\bar{n}\equiv\langle n\rangle=\frac{\alpha^2(1-e^{-2\alpha^2})}{1+e^{-2\alpha^2}}\tag{4.105}$$

② 对**奇相干态**，$\phi=\pi$，则

$$\bar{n}\equiv\langle n\rangle=\frac{\alpha^2(1+e^{-2\alpha^2})}{1-e^{-2\alpha^2}}\tag{4.106}$$

③ 对 Yurke-Stoler **相干态**，$\phi=\frac{\pi}{2}$，则

$$\bar{n}\equiv\langle n\rangle=\alpha^2\tag{4.107}$$

(4) **光子数方差**和 Mandel Q 参数

光子数方差定义为

$$V(n)\equiv\langle n^2\rangle-\langle n\rangle^2\equiv\overline{n^2}-\bar{n}^2\tag{4.108}$$

上面导出了 $\bar{n}$ 的表达式，下面导出$\overline{n^2}$的表达式，即

$$\begin{aligned}\overline{n^2}&\equiv\langle n^2\rangle\\&=\langle\psi|\hat{n}\hat{n}|\psi\rangle\\&=\langle\psi|a^+aa^+a|\psi\rangle\\&=\langle\psi|a^+(a^+a+1)a|\psi\rangle\\&=\langle\psi|a^+a^+aa|\psi\rangle+\langle\psi|a^+a|\psi\rangle\end{aligned}$$

注意到 $a^2|\psi\rangle=\alpha^2|\psi\rangle$，$\bar{n}\equiv\langle n\rangle=\langle\psi|a^+a|\psi\rangle$，则有

$$\overline{n^2}\equiv\langle n^2\rangle=\alpha^4+\langle n\rangle\tag{4.109}$$

有时也用 Mandel Q 参数描述光场的光子数分布，与光子数方差密切相关，即

$$Q=\frac{V(n)}{\langle n\rangle}-1$$

若 $Q=0$，则光子数分布为**泊松分布**；若 $Q>0$，则光子数分布称为**超泊松分布**；若 $Q<0$，则光子数分布称为**亚泊松分布**。**相干态的相干叠加态**的 Mandel Q 参数计算为

$$
\begin{aligned}
Q &= \frac{V(n)}{\langle n\rangle}-1 \\
&= \frac{\langle n^2\rangle-\langle n\rangle^2}{\langle n\rangle}-1 \\
&= \frac{\alpha^4+\langle n\rangle-\langle n\rangle^2}{\langle n\rangle}-1 \\
&= \frac{\alpha^4-\langle n\rangle^2}{\langle n\rangle} \\
&= \frac{\alpha^4}{\langle n\rangle}-\langle n\rangle \\
&= \frac{\alpha^2(1+\mathrm{e}^{-2\alpha^2}\cos\phi)}{1-\mathrm{e}^{-2\alpha^2}\cos\phi}-\frac{\alpha^2(1-\mathrm{e}^{-2\alpha^2}\cos\phi)}{1+\mathrm{e}^{-2\alpha^2}\cos\phi} \\
&= \alpha^2\,\frac{4\mathrm{e}^{-2\alpha^2}\cos\phi}{1-\mathrm{e}^{-4\alpha^2}\cos^2\phi}
\end{aligned}
\tag{4.110}
$$

① 对**偶相干态**，$\phi=0$，其光子数分布为**超泊松分布**，即

$$
Q=\alpha^2\,\frac{4\mathrm{e}^{-2\alpha^2}\cos\phi}{1-\mathrm{e}^{-4\alpha^2}\cos^2\phi}=\alpha^2\,\frac{4\mathrm{e}^{-2\alpha^2}}{1-\mathrm{e}^{-4\alpha^2}}>0 \tag{4.111}
$$

② 对**奇相干态**，$\phi=\pi$，其光子数分布为**亚泊松分布**，即

$$
Q=\alpha^2\,\frac{4\mathrm{e}^{-2\alpha^2}\cos\phi}{1-\mathrm{e}^{-4\alpha^2}\cos^2\phi}=-\alpha^2\,\frac{4\mathrm{e}^{-2\alpha^2}}{1-\mathrm{e}^{-4\alpha^2}}<0 \tag{4.112}
$$

③ 对 Yurke-Stoler **相干态**，$\phi=\dfrac{\pi}{2}$，其光子数分布为**泊松分布**，即

$$
Q=0 \tag{4.113}
$$

(5) 正交分量的涨落

根据前面的讨论，有

$$
X_1=\frac{1}{2}(a+a^+),\quad X_1^2=\frac{1}{4}+\frac{1}{4}[2a^+a+(a^2+a^{+2})]
$$

$$
X_2=\frac{1}{2\mathrm{i}}(a-a^+),\quad X_2^2=\frac{1}{4}+\frac{1}{4}[2a^+a-(a^2+a^{+2})]
$$

$$
\langle X_1\rangle=\frac{1}{2}(\langle a\rangle+\langle a^+\rangle)=\frac{1}{2}(\langle a\rangle+\mathrm{C.C.})=\mathrm{Re}\langle a\rangle
$$

$$
\langle X_1^2\rangle=\frac{1}{4}+\frac{1}{4}[2\langle a^+a\rangle+(\langle a^2\rangle+\langle a^{+2}\rangle)]=\frac{1}{4}+\frac{1}{4}[2\langle n\rangle+(\langle a^2\rangle+\mathrm{C.C.})]
$$

$$
\langle X_2\rangle=\frac{1}{2\mathrm{i}}(\langle a\rangle-\langle a^+\rangle)=\frac{1}{2\mathrm{i}}(\langle a\rangle-\mathrm{C.C.})=\mathrm{Im}\langle a\rangle
$$

$$
\langle X_2^2\rangle=\frac{1}{4}+\frac{1}{4}[2\langle a^+a\rangle-(\langle a^2\rangle+\langle a^{+2}\rangle)]=\frac{1}{4}+\frac{1}{4}[2\langle n\rangle-(\langle a^2\rangle+\mathrm{C.C.})]
$$

可见,为了计算正交分量的方差,需要计算$\langle n\rangle$、$\langle a\rangle$和$\langle a^2\rangle$。前面已经计算出$\langle n\rangle$,下面计算$\langle a\rangle$和$\langle a^2\rangle$。

$$\begin{aligned}\langle a\rangle&=\langle\psi|a|\psi\rangle\\&=N^2(\langle\alpha|+\mathrm{e}^{-\mathrm{i}\phi}\langle-\alpha|)a(|\alpha\rangle+\mathrm{e}^{\mathrm{i}\phi}|-\alpha\rangle)\\&=N^2\{\langle\alpha|a|\alpha\rangle+\langle-\alpha|a|-\alpha\rangle+\mathrm{e}^{\mathrm{i}\phi}\langle\alpha|a|-\alpha\rangle+\mathrm{e}^{-\mathrm{i}\phi}\langle-\alpha|a|\alpha\rangle\}\\&=N^2\{\alpha-\alpha+\mathrm{e}^{\mathrm{i}\phi}(-\alpha)\langle\alpha|-\alpha\rangle+\mathrm{e}^{-\mathrm{i}\phi}\alpha\langle-\alpha|\alpha\rangle\}\\&=N^2(-\alpha\mathrm{e}^{-2\alpha^2}2\mathrm{i}\sin\phi)\end{aligned}$$

$$\langle a^2\rangle=\langle\psi|a^2|\psi\rangle=\alpha^2$$

代入$\langle X_1\rangle$、$\langle X_2\rangle$、$\langle X_1^2\rangle$和$\langle X_2^2\rangle$得

$$\langle X_1\rangle=0$$

$$\langle X_2\rangle=N^2(-\alpha\mathrm{e}^{-2\alpha^2}2\sin\phi)$$

$$\langle X_1^2\rangle=\frac{1}{4}+\frac{1}{4}[2\langle n\rangle+2\alpha^2]=\frac{1}{4}+\frac{1}{2}[\langle n\rangle+\alpha^2]$$

$$\langle X_2^2\rangle=\frac{1}{4}+\frac{1}{4}[2\langle n\rangle-2\alpha^2]=\frac{1}{4}+\frac{1}{2}[\langle n\rangle-\alpha^2]$$

将$\langle n\rangle=\dfrac{\alpha^2(1-\mathrm{e}^{-2\alpha^2}\cos\phi)}{1+\mathrm{e}^{-2\alpha^2}\cos\phi}$代入得

$$\begin{aligned}V(X_1)&\equiv\langle X_1^2\rangle-\langle X_1\rangle^2\\&=\frac{1}{4}+\frac{1}{2}\left[\frac{\alpha^2(1-\mathrm{e}^{-2\alpha^2}\cos\phi)}{1+\mathrm{e}^{-2\alpha^2}\cos\phi}+\alpha^2\right]\\&=\frac{1}{4}+\left[\frac{\alpha^2}{1+\mathrm{e}^{-2\alpha^2}\cos\phi}\right]\end{aligned}\tag{4.114}$$

$$\begin{aligned}V(X_2)&\equiv\langle X_2^2\rangle-\langle X_2\rangle^2\\&=\frac{1}{4}+\frac{1}{2}[\langle n\rangle-\alpha^2]-N^4(-\alpha\mathrm{e}^{-2\alpha^2}2\sin\phi)^2\\&=\frac{1}{4}+\frac{1}{2}\left[\frac{\alpha^2(1-\mathrm{e}^{-2\alpha^2}\cos\phi)}{(1+\mathrm{e}^{-2\alpha^2}\cos\phi)}-\alpha^2\right]-\frac{1}{[2(1+\mathrm{e}^{-2\alpha^2}\cos\phi)]^2}(-\alpha\mathrm{e}^{-2\alpha^2}2\sin\phi)^2\\&=\frac{1}{4}-\frac{\alpha^2\mathrm{e}^{-2\alpha^2}\cos\phi}{1+\mathrm{e}^{-2\alpha^2}\cos\phi}-\frac{\alpha^2\mathrm{e}^{-4\alpha^2}\sin^2\phi}{(1+\mathrm{e}^{-2\alpha^2}\cos\phi)^2}\end{aligned}\tag{4.115}$$

① **对偶相干态**,$\phi=0$,则

$$V(X_1)=\frac{1}{4}+\left[\frac{\alpha^2}{1+\mathrm{e}^{-2\alpha^2}}\right]>\frac{1}{4}\tag{4.116}$$

$$V(X_2)=\frac{1}{4}-\frac{\alpha^2\mathrm{e}^{-2\alpha^2}}{1+\mathrm{e}^{-2\alpha^2}}<\frac{1}{4}\tag{4.117}$$

这表明对**偶相干态**，X_2 的涨落压缩，X_1 的涨落变大。

② 对**奇相干态**，$\phi=\pi$，则

$$V(X_1)=\frac{1}{4}+\left[\frac{\alpha^2}{1-e^{-2\alpha^2}}\right]>\frac{1}{4} \tag{4.118}$$

$$V(X_2)=\frac{1}{4}+\frac{\alpha^2 e^{-2\alpha^2}}{1-e^{-2\alpha^2}}>\frac{1}{4} \tag{4.119}$$

这表明对**奇相干态**，X_1 和 X_2 均无压缩。

③ 对 Yurke-Stoler **相干态**，$\phi=\frac{\pi}{2}$，则

$$V(X_1)=\frac{1}{4}+\alpha^2>\frac{1}{4} \tag{4.120}$$

$$V(X_2)=\frac{1}{4}-\alpha^2 e^{-4\alpha^2}<\frac{1}{4} \tag{4.121}$$

这表明对 Yurke-Stoler **相干态**，X_2 的涨落压缩，X_1 的涨落变大。

综上所述，相干态的上述三种相干叠加态具有不同的非经典性质：Yurke-Stoler**相干态**的光子数为**泊松分布**，但正交分量**存在压缩**效应；**偶相干态**的光子数为**超泊松分布**，但正交分量**存在压缩**效应；**奇相干态**的光子数为**亚泊松分布**，但正交分量**不存在压缩**效应。可见，亚泊松分布与压缩效应是两种独立的**非经典效应**。

3. 相干态的**非相干叠加态**(属于**混合态**)

前面讨论了电磁场的光子数态(Fock 态)$|n\rangle$、相干态$|\alpha\rangle$、压缩态$|\alpha,\xi\rangle$、相干态的相干叠加态$|\psi\rangle=N(|\alpha\rangle+e^{i\phi}|-\alpha\rangle)$，$N=\dfrac{1}{\sqrt{2(1+e^{-2\alpha^2}\cos\phi)}}$。这些量子态有一个共同的特点，即都可用某个态矢量$|\psi\rangle$描述，这类量子态称为**纯态**。在量子力学中还存在另外一种情况，即体系并不处于某个确定的纯态，而是以不同的概率P_ψ 处于不同的纯态$|\psi\rangle$，这类量子态称为**混合态**，它们不能用态矢量表示，而要用所谓的**密度算符**描述。

作为**混合态**的一个例子，考虑由下式表示的相干态的**非相干叠加态**，即

$$\rho_M=\frac{1}{2}(|\alpha\rangle\langle\alpha|+|-\alpha\rangle\langle-\alpha|) \tag{4.122}$$

请注意上式与相干态的相干叠加态式(4.88)的区别。事实上，与相干叠加态式(4.88)对应的密度算符为

$$\rho=|N|^2(|\alpha\rangle\langle\alpha|+|-\alpha\rangle\langle-\alpha|+e^{i\phi}|-\alpha\rangle\langle\alpha|+e^{-i\phi}|\alpha\rangle\langle-\alpha|) \tag{4.123}$$

比较式(4.123)与式(4.122)可以发现，在相干叠加态的密度算符式(4.123)中多了

非对角项(相干项)($e^{i\phi}|-\alpha\rangle\langle\alpha|+e^{-i\phi}|\alpha\rangle\langle-\alpha|$)。退相干问题实际上就是非对角项(相干项)随时间的衰减问题。下面讨论混合态式(4.122)的一些性质。

(1) **光子数分布**

$$P_n=\langle n|\rho_M|n\rangle=\frac{1}{2}(\langle n|\alpha\rangle\langle\alpha|n\rangle+\langle n|-\alpha\rangle\langle-\alpha|n\rangle)$$

利用$\langle n|\alpha\rangle=e^{-\frac{\alpha^2}{2}}\frac{\alpha^n}{\sqrt{n!}}$,可得

$$P_n=e^{-\alpha^2}\frac{\alpha^{2n}}{n!} \tag{4.124}$$

即在相干态的**非相干叠加态**中,光子数服从泊松分布,与相干态的光子数分布相同。

(2)**正交分量的涨落**

前面我们已多次遇到计算**正交分量**方差的公式,即

$$\langle X_1\rangle=\frac{1}{2}(\langle a\rangle+\langle a^+\rangle)=\frac{1}{2}(\langle a\rangle+\text{C. C.})=\text{Re}\langle a\rangle$$

$$\langle X_1^2\rangle=\frac{1}{4}+\frac{1}{4}[2\langle a^+a\rangle+(\langle a^2\rangle+\langle a^{+2}\rangle)]=\frac{1}{4}+\frac{1}{4}[2\langle n\rangle+(\langle a^2\rangle+\text{C. C.})]$$

$$\langle X_2\rangle=\frac{1}{2\text{i}}(\langle a\rangle-\langle a^+\rangle)=\frac{1}{2i}(\langle a\rangle-\text{C. C.})=\text{Im}\langle a\rangle$$

$$\langle X_2^2\rangle=\frac{1}{4}+\frac{1}{4}[2\langle a^+a\rangle-(\langle a^2\rangle+\langle a^{+2}\rangle)]=\frac{1}{4}+\frac{1}{4}[2\langle n\rangle-(\langle a^2\rangle+\text{C. C.})]$$

可见,为了计算**正交分量**的方差,需要先计算$\langle n\rangle$,$\langle a\rangle$和$\langle a^2\rangle$。

$$\begin{aligned}\langle n\rangle&=\text{Tr}(\rho n)\\&=\text{Tr}\left\{\frac{1}{2}(|\alpha\rangle\langle\alpha|+|-\alpha\rangle\langle-\alpha|)n\right\}\\&=\frac{1}{2}\{\langle\alpha|n|\alpha\rangle+\langle-\alpha|n|-\alpha\rangle\}\\&=\frac{1}{2}\{\langle\alpha|a^+a|\alpha\rangle+\langle-\alpha|a^+a|-\alpha\rangle\}\\&=\alpha^2\end{aligned} \tag{4.125}$$

即相干态的**非相干叠加态**的平均光子数与相干态的平均光子数相同。

$$\begin{aligned}\langle a\rangle&=\text{Tr}(\rho a)\\&=\text{Tr}\left\{\frac{1}{2}(|\alpha\rangle\langle\alpha|+|-\alpha\rangle\langle-\alpha|)a\right\}\\&=\frac{1}{2}\{\langle\alpha|a|\alpha\rangle+\langle-\alpha|a|-\alpha\rangle\}\end{aligned}$$

$$
\begin{aligned}
&=\frac{1}{2}(\alpha-\alpha)=0 \\
\langle a^2\rangle &=\mathrm{Tr}(\rho a^2) \\
&=\mathrm{Tr}\left\{\frac{1}{2}(|\alpha\rangle\langle\alpha|+|-\alpha\rangle\langle-\alpha|)a^2\right\} \\
&=\frac{1}{2}\{\langle\alpha|a^2|\alpha\rangle+\langle-\alpha|a^2|-\alpha\rangle\} \\
&=\alpha^2 \\
&=\langle n\rangle
\end{aligned}
$$

将$\langle n\rangle$、$\langle a\rangle$和 $\langle a^2\rangle$代入前面$\langle X_1\rangle$、$\langle X_2\rangle$、$\langle X_1^2\rangle$和$\langle X_2^2\rangle$的表达式可得

$$\langle X_1\rangle=\langle X_2\rangle=0$$

$$V(X_1)=\langle X_1^2\rangle=\frac{1}{4}+\alpha^2>\frac{1}{4},\quad V(X_2)=\langle X_2^2\rangle=\frac{1}{4} \tag{4.126}$$

可见,该混合态既不呈现**亚泊松分布**,也不出现**压缩效应**,即不呈现任何**非经典效应**。

4.1.5 热态

前面讨论了混合态的一个例子,相干态的**非相干叠加态**。下面再讨论混合态的另一个例子,热辐射的量子态,即**光场热态**(或**热光场态**,简称**热态**)。众所周知,量子概念起源于普朗克关于黑体辐射的研究,而一个理想的黑体模型是一个带有小孔的空腔。当空腔内的电磁辐射(一般为多模场)与温度为 T 的腔壁处于热平衡状态时,根据统计力学和量子论,频率为 ω 的单模辐射场具有 n 个光子的概率为

$$P_n=(1-\mathrm{e}^{-x})\mathrm{e}^{-nx} \tag{4.127}$$

其中,$x\equiv\hbar\omega/(k_BT)$,$k_B$ 为玻耳兹曼常数。

可见,概率随 n 的增大而按指数减小,这是光场热态的一个显著特征。利用光子数态$|n\rangle$,可将热光场态的密度算符表示为

$$\rho_{th}=\sum_n P_n\,|n\rangle\langle n| \tag{4.128}$$

可求得在热光场态中,光子数的平均值、方差和 Mandel Q 参数分别为

$$\bar{n}=\frac{1}{\mathrm{e}^x-1} \tag{4.129}$$

$$V(n)=\bar{n}(\bar{n}+1) \tag{4.130}$$

$$Q\equiv\frac{V(n)}{\bar{n}}-1=\bar{n}>0 \tag{4.131}$$

在热光场态中,光子数的分布服从**超泊松分布**。另一方面,由式(4.129)和$x\equiv\hbar\omega/(k_BT)$可知,当 T 一定时,ω 越大,则 $\bar{n}$ 越小;当 $T\to0$ 时,$\bar{n}\to0$。

上列诸式的证明如下。

$$\begin{aligned}\bar{n} &= \sum_{n=0}^{\infty} nP_n \\ &= (1-\mathrm{e}^{-x})\sum_n n\mathrm{e}^{-nx} \\ &= (1-\mathrm{e}^{-x})\left(-\frac{\partial}{\partial x}\right)\sum_n \mathrm{e}^{-nx} \\ &= (1-\mathrm{e}^{-x})\left(-\frac{\partial}{\partial x}\right)\frac{1}{1-\mathrm{e}^{-x}} \\ &= \frac{1}{\mathrm{e}^x-1}\end{aligned}$$

$$\begin{aligned}\overline{n^2} &= \sum_{n=0}^{\infty} n^2 P_n \\ &= (1-\mathrm{e}^{-x})\sum_n n^2\mathrm{e}^{-nx} \\ &= (1-\mathrm{e}^{-x})\left(\frac{\partial^2}{\partial x^2}\right)\sum_n \mathrm{e}^{-nx} \\ &= (1-\mathrm{e}^{-x})\left(\frac{\partial^2}{\partial x^2}\right)\frac{1}{1-\mathrm{e}^{-x}} \\ &= \frac{\mathrm{e}^x+1}{(\mathrm{e}^x-1)^2}\end{aligned}$$

$$V(n)=\overline{n^2}-\bar{n}^2=\bar{n}(\bar{n}+1)$$

利用平均光子数的表达式(4.129),又可将热光场态中光子数概率分布式(4.127)表示为

$$P_n=\frac{(\bar{n})^n}{(\bar{n}+1)^{n+1}} \tag{4.132}$$

我们注意到,单模热光场态的光子数分布式(4.132)与后面将要讨论的双模压缩真空态中每个模的光子数分布在形式上相同。

另外,容易证明,在热光场态中,**正交分量的涨落**为

$$V(X_1)=V(X_2)=\frac{1}{4}+\frac{1}{2}\bar{n}>\frac{1}{4}$$

综上所述,热光场态既不呈现**亚泊松分布**,也不出现**压缩效应**,即不呈现任何**非经典效应**。

4.2 多模光场的量子态[6]

上面讨论的几种量子态都是对单模光场而言,下面简单介绍几种多模光场的量子态,其中最重要的是双模压缩真空态。

4.2.1 双模压缩真空态

前面讨论了单模光场的几种压缩态,实际上还存在多模光场的压缩态。这里介绍**双模压缩真空态**。

(1) 双模压缩真空态的性质

类似于单模压缩真空态的讨论,首先引入**双模压缩算符**,即

$$S_2(\xi)=\exp(\xi^* ab-\xi a^+ b^+) \tag{4.133}$$

其中,$\xi=re^{i\theta}$;a 和 b 分别为模 a 和模 b 的光子湮灭算符,将双模压缩算符作用到双模真空态 $|0\rangle_a\ |0\rangle_b\equiv|0,0\rangle$ 上即可得双模压缩真空态,即

$$|\xi\rangle_2=S_2(\xi)|0,0\rangle \tag{4.134}$$

由于双模压缩算符 $S_2(\xi)$ 不能分解为两个单模压缩算符的乘积,所以双模压缩真空态也不能分解为两个单模压缩真空态的乘积。由下面的讨论可以看到,双模压缩真空态实际上是一种双模**纠缠态**。处于双模压缩真空态的两个场模之间存在很强的关联。

定义下列两个双模正交分量算符,即

$$X_1=\frac{1}{2^{3/2}}(a+a^+ +b+b^+) \tag{4.135}$$

$$X_2=\frac{1}{2^{3/2}\mathrm{i}}(a-a^+ +b-b^+) \tag{4.136}$$

则 X_1 和 X_2 满足下列对易关系,即

$$[X_1,X_2]=\frac{\mathrm{i}}{2} \tag{4.137}$$

从而标准偏差满足下列不确定度关系,即

$$(\Delta X_1)(\Delta X_2)\geqslant\frac{1}{4} \tag{4.138}$$

式(4.137)和式(4.138)在形式上与单模情况中的式(4.11)和式(4.15)相同,但双模情况和单模情况中的 X_1 和 X_2 定义不同。

利用双模压缩算符 $S_2(\xi)$ 的下列性质(其证明类似于单模压缩算符),即

$$S_2^+(\xi)aS_2(\xi)=a\cosh r-b^+ e^{i\theta}\sinh r \tag{4.139}$$

$$S_2^+(\xi)bS_2(\xi)=b\cosh r-a^+ e^{i\theta}\sinh r \tag{4.140}$$

可以发现,在双模压缩真空态 $|\xi\rangle_2$ 中,X_1 和 X_2 的平均值和方差分别为

$$\langle X_1\rangle=\langle X_2\rangle=0 \tag{4.141}$$

$$V(X_1)=\frac{1}{4}(\cosh^2 r+\sinh^2 r-2\sinh r\cosh r\cos\theta) \tag{4.142}$$

$$V(X_2)=\frac{1}{4}(\cosh^2 r+\sinh^2 r+2\sinh r\cosh r\cos\theta) \tag{4.143}$$

特别地,当 $\theta=0$ 时,有

$$V(X_1)=\frac{1}{4}e^{-2r},\quad V(X_2)=\frac{1}{4}e^{2r} \tag{4.144}$$

相应的标准偏差为

$$\Delta X_1=\frac{1}{2}e^{-r},\quad \Delta X_2=\frac{1}{2}e^{r},\quad (\Delta X_1)(\Delta X_2)=\frac{1}{4} \tag{4.145}$$

可见，当 $\theta=0$ 时，正交算符 X_1 的涨落压缩，正交算符 X_2 的涨落增大。双模压缩真空态也是**最小不确定度态**。我们注意到，式(4.141)～式(4.145)在形式上与单模情况中对应公式相同。

可以证明，双模压缩真空态 $|\xi\rangle_2$ 可以用双模光子数态 $|m\rangle_a\ |n\rangle_b\equiv|m,n\rangle$ 展开为

$$|\xi\rangle_2=\sum_n C_{n,n}\ |n,n\rangle \tag{4.146}$$

$$C_{n,n}=\frac{1}{\cosh r}(-e^{i\theta}\tanh r)^n \tag{4.147}$$

可见，**双模压缩真空态是一种双模纠缠态**；两个场模之间存在很强的关联，表现在求和中只出现两模光子数相同的项，由于这个原因，双模压缩真空态也称为**孪生光子态**。

式(4.146)和式(4.147)的证明如下。

$$a|00\rangle=0 \tag{4.148}$$

$$S_2(\xi)aS_2^+(\xi)S_2(\xi)|00\rangle=0 \tag{4.149}$$

利用式(4.134)和式(4.139)，则有

$$(a\cosh r+b^+e^{i\theta}\sinh r)|\xi\rangle_2=0 \tag{4.150}$$

令 $\mu=\cosh r,\nu=e^{i\theta}\sinh r$，则有

$$(\mu a+\nu b^+)|\xi\rangle_2=0 \tag{4.151}$$

可见，$|\xi\rangle_2$ 是算符 $(\mu a+\nu b^+)$ 的对应本征值为零的本征态。

将 $|\xi\rangle_2$ 用双模光子数态 $|m\rangle_a\ |n\rangle_b\equiv|m,n\rangle$ 展开，有

$$|\xi\rangle_2=\sum_{m,n} C_{m,n}\ |m,n\rangle \tag{4.152}$$

将式(4.152)代入(4.151)得

$$\sum_{m,n} C_{m,n}(\mu\sqrt{m}\ |m-1,n\rangle+\nu\sqrt{n+1}\ |m,n+1\rangle)=0 \tag{4.153}$$

$$\sum_{m,n}\left[C_{m+1,n}\mu\sqrt{m+1}+C_{m,n-1}\nu\sqrt{n}\right]|m,n\rangle=0 \tag{4.154}$$

要使上式成立，要求

$$C_{m+1,n}\mu\sqrt{m+1}+C_{m,n-1}\nu\sqrt{n}=0 \tag{4.155}$$

即

$$C_{m+1,n}=-\frac{\nu\sqrt{n}}{\mu\sqrt{m+1}}C_{m,n-1}\text{或写成}\ C_{m+1,n+1}=-\frac{\nu\sqrt{n+1}}{\mu\sqrt{m+1}}C_{m,n} \tag{4.156}$$

取包含双模真空态$|00\rangle$，即$C_{0,0}$的解，则有

$$C_{n+1,n+1}=-\frac{\nu}{\mu}C_{n,n} \tag{4.157}$$

于是有

$$C_{n,n}=\left(-\frac{\nu}{\mu}\right)^n C_{0,0}=(-\mathrm{e}^{\mathrm{i}\theta}\tanh r)^n C_{0,0} \tag{4.158}$$

利用归一化条件 $\sum\limits_n |C_{n,n}|^2=1$，可求得

$$C_{0,0}=\frac{1}{\cosh r} \tag{4.159}$$

证毕。

双模压缩真空态的联合光子数分布和每个模的光子数分布均为

$$P_{n,n}^{(a,b)}=P_n^{(a)}=P_n^{(b)}=|C_{n,n}|^2=\frac{1}{\cosh^2 r}(\tanh^2 r)^n\equiv P_n \tag{4.160}$$

在双模压缩真空态中两个模的平均光子数相等，为

$$\langle n_a\rangle=\langle n_b\rangle=\langle n\rangle=\sinh^2 r \tag{4.161}$$

利用式(4.161)，又可将式(4.160)写为

$$P_n=\frac{\langle n\rangle^n}{(\langle n\rangle+1)^{n+1}} \tag{4.162}$$

可见，双模压缩真空态中每个模的光子数分布与单模热光场态的光子数分布形式相同。

在双模压缩真空态中两个模的方差相等，为

$$V(n_a)=V(n_b)=\sinh^2 r\cosh^2 r=\frac{1}{4}\sinh^2(2r)>\langle n\rangle \tag{4.163}$$

可见，$V(n_k)>\langle n_k\rangle(k=a,b)$，因此在双模压缩真空态的两个模中，光子数均呈现**超泊松分布**。

上面谈到，双模压缩真空态是一种双模纠缠态，纠缠度可用 **von Neumann 熵**度量，即

$$S(r)=-\sum_n P_n\ln P_n=-\sum_n\frac{(\tanh^2 r)^n}{\cosh^2 r}\ln\frac{(\tanh^2 r)^n}{\cosh^2 r} \tag{4.164}$$

熵 $S(r)$随压缩幅 r 的变化如图 4.9 所示。

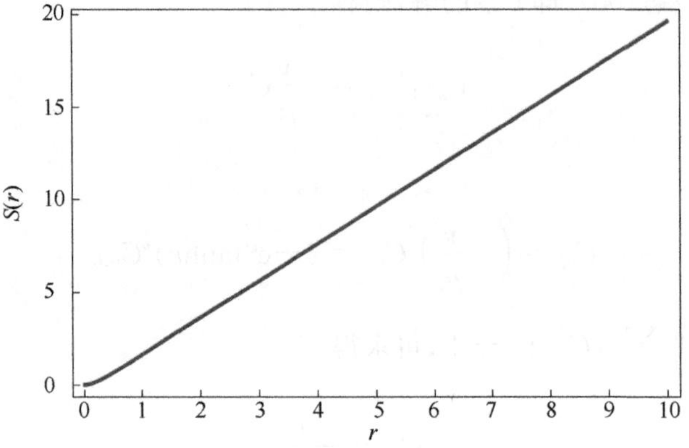

图 4.9 熵 $S(r)$随压缩幅 r 的变化

(2) 双模压缩真空态的实验产生

注意**双模压缩算符**式(4.133)的形式,可以利用**非简并参量下转换**过程来产生**双模压缩真空态**。描述这个过程的哈密顿量为

$$H=\hbar\omega_a a^+ a+\hbar\omega_b b^+ b+\hbar\omega_p p^+ p+\mathrm{i}\hbar\chi^{(2)}(abp^+ - a^+ b^+ p) \tag{4.165}$$

其中,ω_a 和 ω_b 分别是模 a 和模 b 的频率;ω_p 和 p 分别是泵浦场的频率和光子湮灭算符;$\chi^{(2)}$ 是实数,与二阶非线性极化率有关。

一般来说,泵浦场较强,可作经典描述(称为**参量近似**),即令 $p\to\gamma \mathrm{e}^{-\mathrm{i}\omega_p t}$。于是,哈密顿量 H 可写成

$$H=\hbar\omega_a a^+ a+\hbar\omega_b b^+ b+\mathrm{i}\hbar(\eta^* \mathrm{e}^{\mathrm{i}\omega_p t}ab-\eta \mathrm{e}^{-\mathrm{i}\omega_p t}a^+ b^+) \tag{4.166}$$

其中,$\eta=\chi^{(2)}\gamma$。

变换到相互作用绘景,则有

$$H_I=\mathrm{i}\hbar[\eta^* \mathrm{e}^{\mathrm{i}(\omega_p-\omega_a-\omega_b)t}ab-\eta \mathrm{e}^{-\mathrm{i}(\omega_p-\omega_a-\omega_b)t}a^+ b^+] \tag{4.167}$$

考虑共振情况,即 $\omega_p=\omega_a+\omega_b$,则有

$$H_I=\mathrm{i}\hbar[\eta^* ab-\eta a^+ b^+] \tag{4.168}$$

于是有

$$U(t)=\exp\left(-\frac{\mathrm{i}}{\hbar}H_I t\right)=\exp[t\eta^* ab-t\eta a^+ b^+]=S_2(\xi) \tag{4.169}$$

其中,$\xi=\eta t=\chi^{(2)}\gamma t$。

于是,当体系初始处于双模真空态时,t 时刻体系将演化到双模压缩真空态,即

$$|\psi(t)\rangle=U(t)|0,0\rangle=S_2(\xi)|0,0\rangle=|\xi\rangle_2 \tag{4.170}$$

由于**双模压缩真空态是一种纠缠态**,因此它在量子力学基本问题的研究和量子信息科学和技术的发展中有重要的应用。在第 8 章讨论耗散的量子理论时,我们还会遇到**多模压缩真空态**。

4.2.2　其他多模光场态

（1）多模光子数态

直积态　$\{|n_k\rangle_k\}=|n_1\rangle_1|n_2\rangle_2|n_3\rangle_3\cdots=|n_1,n_2,n_3,\cdots\rangle=|\{n_k\}\rangle$

纠缠态　$|\psi\rangle=N(|n_1\rangle_1|n_2\rangle_2+|m_1\rangle_1|m_2\rangle_2)$

（2）多模相干态

直积态　$\{|\alpha_k\rangle_k\}=|\alpha_1\rangle_1|\alpha_2\rangle_2|\alpha_3\rangle_3\cdots=\{|\alpha_k\rangle\}$

纠缠态　$|\psi\rangle=N(|\alpha_1\rangle_1|\alpha_2\rangle_2+|\beta_1\rangle_1|\beta_2\rangle_2)$

（3）多模热光场态

$$\rho_{th}=\sum_{\{n_k\}}P_{\{n_k\}}|\{n_k\}\rangle\langle\{n_k\}|$$

$$P_{\{n_k\}}=\prod_k\frac{(\overline{n}_k)^{n_k}}{(\overline{n}_k+1)^{n_k+1}}$$

4.2.3　电磁场的量子态小结

单模场纯态：光子数态（Fock 态）$|n\rangle$、相干态 $|\alpha\rangle$、压缩态 $|\alpha,\xi\rangle$、相干态的相干叠加态 $|\psi\rangle=N(|\alpha\rangle+e^{i\phi}|-\alpha\rangle)$ 。

单模场混合态：热光场态 $\rho_{th}=\sum_n P_n|n\rangle\langle n|$，相干态的非相干叠加态 $\rho_M=\frac{1}{2}(|\alpha\rangle\langle\alpha|+|-\alpha\rangle\langle-\alpha|)$。

多模场态：双模压缩真空态、多模光子数态、多模相干态、多模热光场态。

除了上面介绍的电磁场的量子态外，电磁场还有其他的量子态，如位相算符的本征态、正交分量算符的本征态等。

4.3　光学分束器的理论描述及其对电磁场量子态的变换

在量子光学实验中经常要用到**光学分束器**及其对电磁场量子态的变换，因此我们对这一问题作一些简单介绍。

4.3.1　光学分束器的经典描述

在经典光学中，常用光学分束器将入射光束分成透射部分和反射部分，如图 4.10所示。

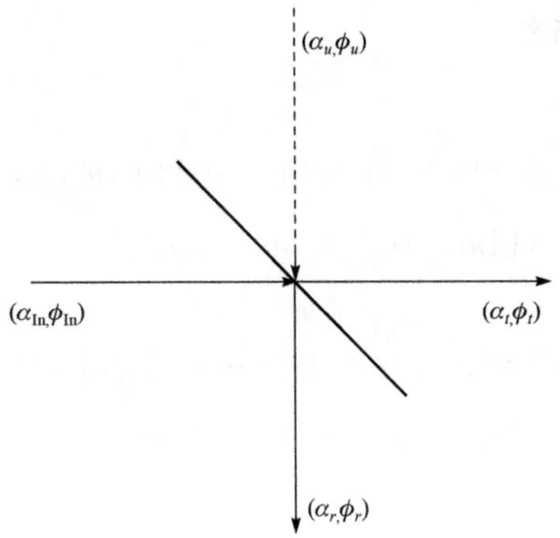

图 4.10　光学分束器(经典模型)

设光学分束器的**强度反射系数**为 r,透射系数为 $t=1-r$,入射光、透射光、反射光的振幅和位相分别为$(\alpha_{\text{In}},\phi_{\text{In}})$、$(\alpha_t,\phi_t)$和$(\alpha_r,\phi_r)$,当不考虑 u 光(图 4.8 中用虚线表示)时,有

$$\alpha_r=\sqrt{r}\alpha_{\text{In}}e^{i\phi_{\text{In},r}},\quad \alpha_t=\sqrt{1-r}\alpha_{\text{In}}e^{i\phi_{\text{In},t}} \tag{4.171a}$$

其中,$\phi_{j,k}$是相对位相。

强度关系为

$$|\alpha_r|^2=r|\alpha_{\text{In}}|^2,\quad |\alpha_t|^2=(1-r)|\alpha_{\text{In}}|^2 \tag{4.171b}$$

满足能量守恒条件为

$$|\alpha_r|^2+|\alpha_t|^2=|\alpha_{\text{In}}|^2 \tag{4.171c}$$

考虑 u 光,并设其振幅和位相分别为(α_u,ϕ_u),则有

$$\alpha_r=\sqrt{r}\alpha_{\text{In}}e^{i\phi_{\text{In},r}}+\sqrt{1-r}\alpha_u e^{i\phi_{u,r}} \tag{4.172}$$

$$\alpha_t=\sqrt{1-r}\alpha_{\text{In}}e^{i\phi_{\text{In},t}}+\sqrt{r}\alpha_u e^{i\phi_{u,t}} \tag{4.173}$$

能量守恒条件$|\alpha_r|^2+|\alpha_t|^2=|\alpha_{\text{In}}|^2+|\alpha_u|^2$要求

$$e^{i(\phi_{\text{In},t}-\phi_{u,t})}+e^{i(\phi_{\text{In},r}-\phi_{u,r})}=0 \tag{4.174}$$

通常取 $\phi_{u,t}=\pi$,其他的等于零,则式(4.172)和式(4.173)简化成

$$\alpha_r=\sqrt{r}\alpha_{\text{In}}+\sqrt{1-r}\alpha_u \tag{4.175}$$

$$\alpha_t=\sqrt{1-r}\alpha_{\text{In}}-\sqrt{r}\alpha_u \tag{4.176}$$

值得指出的是,相对位相 $\phi_{j,k}$的值除了这种取法外,在不违背式(4.174)的条件下还可以有其他取法。例如,若取 $\phi_{u,r}=\phi_{\text{In},t}=0$,$\phi_{\text{In},r}=\phi_{u,t}=\pi/2$,则有

$$\alpha_r=i\sqrt{r}\alpha_{\text{In}}+\sqrt{1-r}\alpha_u \tag{4.177}$$

$$\alpha_t = \sqrt{1-r}\alpha_{\text{In}} + \mathrm{i}\sqrt{r}\alpha_u \tag{4.178}$$

若取 $r=1/2$，则可得

$$\alpha_r = \frac{1}{\sqrt{2}}(\alpha_u + \mathrm{i}\alpha_{\text{In}}), \quad \alpha_t = \frac{1}{\sqrt{2}}(\alpha_{\text{In}} + \mathrm{i}\alpha_u) \tag{4.179}$$

4.3.2　光学分束器的量子描述

光学分束器的量子力学模型如图 4.11 所示。其中 $a_k(k=\text{In},u,r,t)$ 为相应光束的光子湮灭算符。

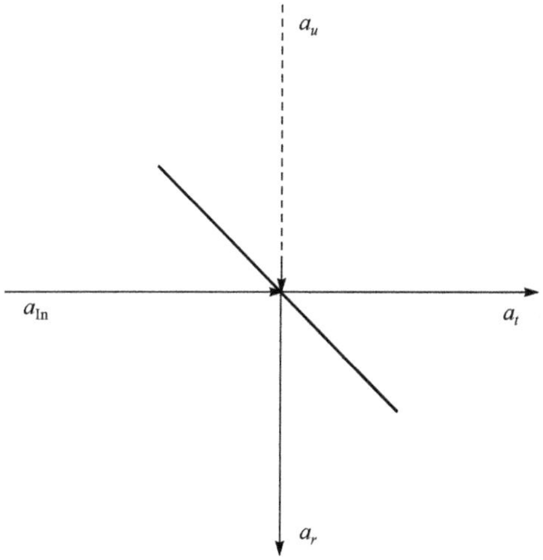

图 4.11　光学分束器(量子模型)

假设没有光束 a_u，则

$$a_r = \sqrt{r}a_{\text{In}}, \quad a_t = \sqrt{1-r}a_{\text{In}} \tag{4.180}$$

容易证明，上式不能保证光子湮灭算符和产生算符之间的对易关系，因此是不正确的。这表明在量子力学模型中，两个入射光束都是必要的，尽管其中一束往往处于真空态(这与经典模型形成强烈对照)。仿照式(4.175)和式(4.176)，式(4.180)应修正为

$$a_r = \sqrt{r}a_{\text{In}} + \sqrt{1-r}a_u \tag{4.181a}$$

$$a_t = \sqrt{1-r}a_{\text{In}} - \sqrt{r}a_u \tag{4.181b}$$

4.3.3　光学分束器对电磁场量子态的变换

在抓住问题本质的情况下，我们考虑 $r=1/2$ 的简单情况(所谓的 50:50 分束器)。在这种情况下，式(4.181a)和式(4.181b)简化为

$$a_r=\frac{1}{\sqrt{2}}(a_{\mathrm{In}}+a_u) \tag{4.182a}$$

$$a_t=\frac{1}{\sqrt{2}}(a_{\mathrm{In}}-a_u) \tag{4.182b}$$

我们常用到的是式(4.182a)和式(4.182b)的逆变换,即

$$a_{\mathrm{In}}^{+}=\frac{1}{\sqrt{2}}(a_r^{+}+a_t^{+}) \tag{4.183}$$

$$a_u^{+}=\frac{1}{\sqrt{2}}(a_r^{+}-a_t^{+}) \tag{4.184}$$

① 设入射态为$|1\rangle_{\mathrm{In}}|0\rangle_u$,则量子态的变换过程为

$$\begin{aligned}|1\rangle_{\mathrm{In}}|0\rangle_u&=a_{\mathrm{In}}^{+}|0\rangle_{\mathrm{In}}|0\rangle_u\\&\rightarrow\frac{1}{\sqrt{2}}(a_r^{+}+a_t^{+})|0\rangle_r|0\rangle_t=\frac{1}{\sqrt{2}}(|1\rangle_r|0\rangle_t+|0\rangle_r|1\rangle_t)\end{aligned} \tag{4.185}$$

可见,反射光束和透射光束处于单光子态和真空态的**纠缠态**。

② 设入射态为$|2\rangle_{\mathrm{In}}|0\rangle_u$,则量子态的变换过程为

$$\begin{aligned}|2\rangle_{\mathrm{In}}|0\rangle_u&=\frac{1}{\sqrt{2}}(a_{\mathrm{In}}^{+})^2|0\rangle_{\mathrm{In}}|0\rangle_u\\&\rightarrow\frac{1}{\sqrt{2}}\left[\frac{1}{\sqrt{2}}(a_r^{+}+a_t^{+})\right]^2|0\rangle_r|0\rangle_t\\&=\frac{1}{\sqrt{2}}\frac{1}{2}\left[(a_r^{+})^2+(a_t^{+})^2+2a_r^{+}a_t^{+}\right]|0\rangle_r|0\rangle_t\\&=\frac{1}{2}(|2\rangle_r|0\rangle_t+|0\rangle_r|2\rangle_t+\sqrt{2}|1\rangle_r|1\rangle_t)\end{aligned} \tag{4.186}$$

可见,反射光束和透射光束也处于**纠缠态**。

③ 设入射态为$|1\rangle_{\mathrm{In}}|1\rangle_u$,则量子态的变换过程为

$$\begin{aligned}|1\rangle_{\mathrm{In}}|1\rangle_u&=a_{\mathrm{In}}^{+}a_u^{+}|0\rangle_{\mathrm{In}}|0\rangle_u\\&\rightarrow\frac{1}{\sqrt{2}}(a_r^{+}+a_t^{+})\frac{1}{\sqrt{2}}(a_r^{+}-a_t^{+})|0\rangle_r|0\rangle_t\\&=\frac{1}{\sqrt{2}}(|2\rangle_r|0\rangle_t-|0\rangle_r|2\rangle_t)\end{aligned} \tag{4.187}$$

可见,反射光束和透射光束处于双光子态和真空态的纠缠态。值得注意的是,这里不出现$|1\rangle_r|1\rangle_t$项,这是一种**量子干涉效应**,起因于**光子的不可区分性**。

④ 设两束入射光均处于相干态,即入射态为$|\alpha\rangle_{\mathrm{In}}|\beta\rangle_u$,则量子态的变换过程为

$$
\begin{aligned}
&|\alpha\rangle_{\mathrm{In}}|\beta\rangle_{u}\\
&=D_{\mathrm{In}}(\alpha)D_{u}(\beta)|0\rangle_{\mathrm{In}}|0\rangle_{u}\\
&=\exp(\alpha a_{\mathrm{In}}^{+}-\alpha^{*}a_{\mathrm{In}})\exp(\beta a_{u}^{+}-\beta^{*}a_{u})|0\rangle_{\mathrm{In}}|0\rangle_{u}\\
&\rightarrow\exp\left[\alpha\frac{1}{\sqrt{2}}(a_{r}^{+}+a_{t}^{+})-\alpha^{*}\frac{1}{\sqrt{2}}(a_{r}+a_{t})\right]\\
&\quad\times\exp\left[\beta\frac{1}{\sqrt{2}}(a_{r}^{+}-a_{t}^{+})-\beta^{*}\frac{1}{\sqrt{2}}(a_{r}-a_{t})\right]|0\rangle_{r}|0\rangle_{t}\\
&=\exp\left[\frac{1}{\sqrt{2}}(\alpha+\beta)a_{r}^{+}-\frac{1}{\sqrt{2}}(\alpha^{*}+\beta^{*})a_{r}\right]\\
&\quad\times\exp\left[\frac{1}{\sqrt{2}}(\alpha-\beta)a_{t}^{+}-\frac{1}{\sqrt{2}}(\alpha^{*}-\beta^{*})a_{t}\right]|0\rangle_{r}|0\rangle_{t}\\
&=D_{r}\left[\frac{1}{\sqrt{2}}(\alpha+\beta)\right]D_{t}\left[\frac{1}{\sqrt{2}}(\alpha-\beta)\right]|0\rangle_{r}|0\rangle_{t}\\
&=\left|\frac{1}{\sqrt{2}}(\alpha+\beta)\right\rangle_{r}\left|\frac{1}{\sqrt{2}}(\alpha-\beta)\right\rangle_{t}
\end{aligned}
\tag{4.188}
$$

可见，当两束入射光处于相干态的**直积态**时，两束出射光也处于相干态的直积态（而不是纠缠态），相干态幅度的变化与经典情况相同。考虑到相干态是最接近于经典态的量子态，这一结论是不足为奇的。

光学分束器对电磁场其他量子态的变换较为复杂，这里从略。

参 考 文 献

[1] Barnett S M, Radmore P M. Methods in Theoretical Quantum Optics. Oxford: Oxford University Press, 1997.

[2] Gardiner C W, Zoller P. Quantum Noise. Berlin: Springer, 2000.

[3] Gerry G, Knight P. Introductory Quantum Optics. Cambridge: Cambridge University Press, 2005.

[4] Haken H. Light: Volume1: Waves, Photons, and Atoms. Amsterdam: North Holland, 1981.

[5] Louisell W H. Quantum Statistical Properties of Radiation. New York: Wiley, 1989.

[6] Loudon R. The Quantum Theory of Light(3rd ed). Oxford: Oxford University Press, 2000.

[7] Mandel L, Wolf E. Optical Coherence and Quantum Optics. Cambridge: Cambridge University Press, 1995.

[8] Meystre P, Sargent M. Elements of Quantum Optics(3rd ed). Berlin: Springer, 1999.

[9] Orszag M. Quantum Optics: Including Noise, Trapped Ions, Quantum Trajectories, and Decoherence. Berlin: Springer, 2000.

[10] Puri R R. Mathematical Methods of Quantum Optics. Berlin: Springer, 2001.

[11] Schleich W P. Quantum Optic sin Phase Space. Berlin: Wiley, 2001.

[12] Scully M O, Zubairy M S. Quantum Optics. Cambridge: Cambridge University Press, 1997.

[13] Vogel W, Welsch D G, Wallentowitz S. Quantum Optics: an Introduction. Berlin: Wiley, 2001.
[14] Walls D F, Milburn G J. Quantum Optics. Berlin: Springer, 1994.
[15] Yamamoto Y, Imamoglu A. Mesoscopic Quantum Optics. New York: Wiley, 1999.
[16] 郭光灿. 量子光学. 北京:高等教育出版社,1990.
[17] 彭金生,李高翔. 近代量子光学导论. 北京:科学出版社,1996.
[18] 谭维翰. 量子光学导论. 北京:科学出版社,2009.

第5章　电磁场量子态在相干态表象中的表示

在前面关于电磁场量子态的讨论中，我们用态矢量$|\psi\rangle$或密度算符ρ描述量子态。纯态既可以用态矢量$|\psi\rangle$描述，也可以用密度算符$\rho=|\psi\rangle\langle\psi|$描述。统计混合态只可以用下列密度算符描述，即

$$\rho=\sum_k P_k|\psi_k\rangle\langle\psi_k| \tag{5.1}$$

其中，P_k是在统计混合态ρ中纯态$|\psi_k\rangle$出现的概率，满足归一化条件，即

$$\mathrm{Tr}\rho=\sum_k P_k=1 \tag{5.2}$$

任意算符A在量子态$|\psi\rangle$或ρ中的期望值（平均值）为

$$\langle A\rangle=\langle\psi|A|\psi\rangle \tag{5.3a}$$

$$\langle A\rangle=\mathrm{Tr}(\rho A)=\mathrm{Tr}(A\rho) \tag{5.3b}$$

我们知道，任意一个量子态都可以用不同的**表象**来表示。在上一章，我们讨论了电磁场的一些量子态及其在**光子数态表象**中的表示，讨论了电磁场量子态的光子数概率分布函数。本章将集中讨论电磁场量子态在**相干态表象**中的表示，也称为电磁场量子态在**相空间**的表示，从而引入电磁场量子态的**准概率分布函数**和**特征函数**的概念。为了方便比较，我们首先回顾电磁场量子态在光子数态表象中的表示。

5.1　光子数态表象（离散变量表象）、光子数概率分布函数

光子数态$|n\rangle$构成正交、归一、完备集，即

$$\langle m|n\rangle=\delta_{mn} \tag{5.4}$$

$$\sum_n|n\rangle\langle n|=I \tag{5.5}$$

电磁场的任意量子态可以用光子数态展开，即

$$|\psi\rangle=\sum_n c_n|n\rangle \tag{5.6}$$

其中，$c_n=\langle n|\psi\rangle$称为量子态$|\psi\rangle$在**光子数态表象**中的表示。

在该量子态中，光子数的概率分布函数为

$$p_n=|c_n|^2 \tag{5.7}$$

量子态若用密度算符表示，则

$$\rho=\sum_{m,n}\rho_{mn}\mid m\rangle\langle n\mid,\quad \rho_{mn}=\langle m\mid\rho\mid n\rangle \tag{5.8}$$

光子数的概率分布函数为

$$p_n=\rho_{nn} \tag{5.9}$$

在上一章，我们讨论了电磁场的一些量子态及其在光子数态表象中的表示。

(1) 相干态(纯态)

$$\mid\alpha\rangle=\sum_n c_n\mid n\rangle \tag{5.10a}$$

$$c_n=\langle n\mid\alpha\rangle=\mathrm{e}^{-\frac{1}{2}|\alpha|^2}\frac{\alpha^n}{\sqrt{n!}} \tag{5.10b}$$

$$p_n=|c_n|^2=\mathrm{e}^{-|\alpha|^2}\frac{(\alpha^*\alpha)^n}{n!}=\mathrm{e}^{-\bar{n}}\frac{\bar{n}^n}{n!} \tag{5.10c}$$

(2) 压缩真空态(纯态)

$$\mid\xi\rangle=\sum_m C_{2m}\mid 2m\rangle \tag{5.11a}$$

$$C_{2m}=\frac{1}{\sqrt{\cosh r}}(-1)^m\left(\frac{1}{2}\mathrm{e}^{\mathrm{i}\theta}\tanh r\right)^m\frac{\sqrt{(2m)!}}{m!} \tag{5.11b}$$

$$P_{2m}=|C_{2m}|^2=\frac{1}{\cosh r}\left(\frac{1}{2}\tanh r\right)^{2m}\frac{(2m)!}{(m!)^2} \tag{5.11c}$$

(3) 热态(混合态)

$$\rho_{th}=\sum_n P_n\mid n\rangle\langle n\mid$$

$$P_n=(1-\mathrm{e}^{-x})\mathrm{e}^{-nx},\quad x\equiv\hbar\omega/(k_BT)$$

以及相干态的相干叠加态(薛定谔猫态)和非相干叠加态等。

5.2 相干态表象(连续变量表象)、准概率分布函数[1-14]

相干态也构成完备集(或称超完备集)，即

$$\frac{1}{\pi}\int\mathrm{d}^2\alpha\mid\alpha\rangle\langle\alpha\mid=I \tag{5.12}$$

原则上，电磁场的任意量子态都可以用相干态展开，即

$$\mid\psi\rangle=\frac{1}{\pi}\int\mathrm{d}^2\alpha\mid\alpha\rangle\langle\alpha\|\psi\rangle=\frac{1}{\pi}\int\mathrm{d}^2\alpha\psi(\alpha)\mid\alpha\rangle \tag{5.13}$$

其中，$\psi(\alpha)=\langle\alpha|\psi\rangle$可称为量子态$|\psi\rangle$在**相干态表象**中的表示。

若用密度算符表示，则

$$\rho=\frac{1}{\pi}\int\mathrm{d}^2\alpha\mid\alpha\rangle\langle\alpha\mid\rho\frac{1}{\pi}\int\mathrm{d}^2\beta\mid\beta\rangle\langle\beta\mid=\frac{1}{\pi^2}\int\mathrm{d}^2\alpha\int\mathrm{d}^2\beta\mid\alpha\rangle\langle\beta\mid\rho_{\alpha,\beta} \tag{5.14}$$

其中，$\rho_{\alpha,\beta}=\langle\alpha|\rho|\beta\rangle$。

下面介绍电磁场量子态的几种准概率分布函数。所谓电磁场量子态的**准概率分布函数**，指的是量子态在相干态$|\alpha\rangle$表象中的表示。所谓**相空间**，指的是复数α空间。

为什么要引进准概率分布函数？从下面的讨论，我们可以发现利用准概率分布函数，在计算电磁场物理量的平均值时，可以将算符运算化作普通函数的运算，并且利用准概率分布函数可以很好地表征和区分具有不同性质的量子态。

常见的准概率分布函数有$P(\alpha)$函数、$Q(\alpha)$函数和Wigner函数。

5.2.1 $P(\alpha)$函数

密度算符可以用相干态$|\alpha\rangle$表示为

$$\rho=\int d^2\alpha\ |\alpha\rangle\langle\alpha|\ P(\alpha) \tag{5.15}$$

其中，$P(\alpha)$是一个权重函数，称为**Glauber-Sudarshan $P(\alpha)$函数**。

相当于在式(5.14)中取$\rho_{\alpha,\beta}=\langle\alpha|\rho|\beta\rangle=P(\alpha)\delta^2(\alpha-\beta)$，并利用二维$\delta$函数$\delta^2(\alpha-\beta)$的下列性质，即

$$\frac{1}{\pi^2}\int d^2\beta F(\beta)\delta^2(\alpha-\beta)=F(\alpha),\quad \frac{1}{\pi^2}\int d^2\beta\delta^2(\alpha-\beta)=1 \tag{5.16}$$

$P(\alpha)$函数满足归一化条件，即

$$\mathrm{Tr}\rho=\int d^2\alpha P(\alpha)=1 \tag{5.17}$$

因此，$P(\alpha)$函数类似于经典统计力学中的概率分布函数。然而，必须强调指出的是，统计力学中的概率分布函数总是**非负的**和**非奇异的**，而对有些量子态，在相空间（α平面）的某些区域，$P(\alpha)$函数可能是负的或者是非常奇异的（具有比δ函数更奇异的特性），因此称$P(\alpha)$函数为**准概率分布函数**。具有负的或者非常奇异的$P(\alpha)$函数的量子态常称为**非经典态**。

我们更关心的是如何从一个量子态的密度算符ρ计算准概率分布函数$P(\alpha)$。式(5.15)的逆变换为

$$P(\alpha)=\frac{e^{|\alpha|^2}}{\pi^2}\int d^2u\langle -u|\rho|u\rangle e^{|u|^2}e^{\alpha u^*-\alpha^* u} \tag{5.18}$$

其中，$|u\rangle$为相干态。

当知道了某量子态的密度算符ρ，就可利用上式求出该量子态的$P(\alpha)$函数。

1. 几种具体量子态的$P(\alpha)$函数

(1) 相干态$|\beta\rangle$的$P(\alpha)$函数

相干态$|\beta\rangle$的密度算符为$\rho=|\beta\rangle\langle\beta|$，将其代入式(5.18)，并利用相干态的内积

式(4.33),即

$$\langle\beta|u\rangle=\exp\left[-\frac{1}{2}(|u|^2+|\beta|^2)+\beta^* u\right]$$

可得

$$P(\alpha)=\mathrm{e}^{|\alpha|^2-|\beta|^2}\frac{1}{\pi^2}\int \mathrm{d}^2 u\mathrm{e}^{(\alpha-\beta)u^*-(\alpha^*-\beta^*)u} \tag{5.19}$$

注意到二维 δ 函数的定义为

$$\delta^2(\alpha-\beta)=\frac{1}{\pi^2}\int \mathrm{d}^2 u\mathrm{e}^{(\alpha-\beta)u^*-(\alpha^*-\beta^*)u} \tag{5.20}$$

则有

$$P(\alpha)=\mathrm{e}^{|\alpha|^2-|\beta|^2}\delta^2(\alpha-\beta)=\delta^2(\alpha-\beta) \tag{5.21}$$

可见,相干态 $|\beta\rangle$ 的 $P(\alpha)$ 函数为二维 δ 函数。这类似于光子数态 $|k\rangle$ 在光子数态表象中的表示 $\langle n|k\rangle=\delta_{nk}$。

(2) 光子数态的 $P(\alpha)$ 函数

光子数态 $|n\rangle$ 的密度算符为 $\rho=|n\rangle\langle n|$。将其代入式(5.18)并利用相干态在光子数态表象中的概率幅,即

$$\langle n|u\rangle=\mathrm{e}^{-\frac{1}{2}|u|^2}\frac{u^n}{\sqrt{n!}}$$

可得

$$\begin{aligned}P(\alpha)&=\frac{1}{\pi^2}\mathrm{e}^{|\alpha|^2}\frac{1}{n!}\int \mathrm{d}^2 u\,(-u^* u)^n\mathrm{e}^{\alpha u^*-\alpha^* u}\\&=\frac{\mathrm{e}^{|\alpha|^2}}{n!}\frac{\partial^{2n}}{\partial\alpha^n\partial\alpha^{*n}}\frac{1}{\pi^2}\int \mathrm{d}^2 u\mathrm{e}^{\alpha u^*-\alpha^* u}\\&=\frac{\mathrm{e}^{|\alpha|^2}}{n!}\frac{\partial^{2n}}{\partial\alpha^n\partial\alpha^{*n}}\delta^2(\alpha)\end{aligned} \tag{5.22}$$

δ 函数的导数比 δ 函数本身具有更强的奇异性,因此**光子数态是一种非经典态**。

(3) 热光场态的 $P(\alpha)$ 函数

前面给出了热光场态的密度算符和光子数概率分布函数,即

$$\rho_{th}=\sum_n P_n|n\rangle\langle n| \tag{5.23}$$

$$P_n=\frac{(\bar{n})^n}{(\bar{n}+1)^{n+1}} \tag{5.24}$$

将其代入式(5.18)计算可得

$$P(\alpha)=\frac{1}{\pi\bar{n}}\mathrm{e}^{-|\alpha|^2/\bar{n}} \tag{5.25}$$

可见,热光场态的 $P(\alpha)$ 函数是以坐标原点为中心(平均值)、实部和虚部的方差均

为 $\bar{n}/2$ 的**高斯函数**(一维高斯函数为 $P(x)=\frac{1}{\sqrt{\pi 2\sigma^2}}e^{-\frac{(x-\bar{x})^2}{2\sigma^2}}$，其中 $\bar{x}$ 为平均值，σ^2 为方差；二维高斯函数为 $P(\alpha)=\frac{1}{\pi 2\sigma^2}e^{-\frac{|\alpha-\bar{\alpha}|^2}{2\sigma^2}}$)，完全具有经典统计力学中概率分布函数的性质，即非负性、有限性和归一性。从这个意义上来讲，有时把热光场态称为经典的。从上面的讨论已知相干态的 $P(\alpha)$ 函数为二维 δ 函数，而**相干态是最接近经典态的量子态**，有时也把相干态称为经典的。光子数态的 $P(\alpha)$ 函数为 δ 函数的导数，它比 δ 函数本身具有更强的奇异性，因此称光子数态是非经典的。应当特别强调的是，光子数态、相干态、热光场态都是量子态，这里只不过是根据 $P(\alpha)$ 函数的性质将其区分为经典态和非经典态。为了不引起混淆，也许更合适的区分是，仍然把热光场态和相干态称为量子态，而把光子数态等称为超量子态，而不引入经典态和非经典态的概念。

2. $P(\alpha)$ 函数的用途

$P(\alpha)$ 函数可以用来计算**正序排列**算符的平均值。所谓**正序排列算符**指的是具有下列形式的算符，即

$$G^{(N)}(a^+,a)=\sum_{m,n}C_{mn}^{(N)}(a^+)^m a^n \tag{5.26}$$

所有的光子产生算符 a^+ 都在光子湮灭算符 a 的左面。显然，利用对易关系 $[a,a^+]=1$，任意算符都可表示成正序排列形式。**正序排列算符** $G^{(N)}(a^+,a)$ 的平均值为

$$\begin{aligned}\langle G^{(N)}(a^+,a)\rangle &= \mathrm{Tr}[G^{(N)}(a^+,a)\rho] \\ &= \mathrm{Tr}\left[\int d^2\alpha P(\alpha)\sum_{m,n}C_{mn}^{(N)}(a^+)^m a^n\,|\alpha\rangle\langle\alpha|\right] \\ &= \int d^2\alpha P(\alpha)\sum_{m,n}C_{mn}^{(N)}\langle\alpha|(a^+)^m a^n|\alpha\rangle \\ &= \int d^2\alpha P(\alpha)\sum_{m,n}C_{mn}^{(N)}(\alpha^*)^m\alpha^n \\ &= \int d^2\alpha P(\alpha)G^{(N)}(\alpha^*,\alpha)\end{aligned} \tag{5.27a}$$

其中

$$G^{(N)}(\alpha^*,\alpha)=\sum_{m,n}C_{mn}^{(N)}(\alpha^*)^m\alpha^n \tag{5.27b}$$

为经典函数，可以通过把算符 $G^{(N)}(a^+,a)$ 中 a^+ 和 a 分别换成复数 α^* 和 α 得到。可见，当知道了量子态的 $P(\alpha)$ 函数时，只需将算符 $G^{(N)}(a^+,a)$ 换成经典函数 $G^{(N)}(\alpha^*,\alpha)$，然后按式(5.27a)进行积分，就可得到算符 $G^{(N)}(a^+,a)$ 在该量子态中的平均值。

例 1 对相干态$|\beta\rangle$，$P(\alpha)=\delta^2(\alpha-\beta)$，算符$a^+a$的平均值为

$$\langle a^+a\rangle_\beta=\int d^2\alpha\delta^{(2)}(\alpha-\beta)\alpha^*\alpha=\beta^*\beta=|\beta|^2$$

这是我们已熟知的结果。

例 2 对热光场态，$P(\alpha)=\frac{1}{\pi\bar{n}}e^{-|\alpha|^2/\bar{n}}$，算符$a^+a$的平均值为

$$\langle a^+a\rangle=\int d^2\alpha\frac{1}{\pi\bar{n}}e^{-|\alpha|^2/\bar{n}}\alpha^*\alpha$$

利用$\alpha=re^{i\varphi}$和$d^2\alpha=rdrd\varphi$，则有

$$\begin{aligned}\langle a^+a\rangle&=\int d^2\alpha\frac{1}{\pi\bar{n}}e^{-|\alpha|^2/\bar{n}}\alpha^*\alpha\\&=\frac{1}{\pi\bar{n}}\int_0^{2\pi}d\varphi\int_0^\infty rdre^{-r^2/\bar{n}}r^2\\&=\frac{1}{\pi\bar{n}}2\pi\int_0^\infty\frac{1}{2}dr^2e^{-r^2/\bar{n}}r^2\\&=\frac{1}{\bar{n}}\int_0^\infty dxe^{-x/\bar{n}}x\\&=\bar{n}\end{aligned}$$

最后一步利用积分公式$\int_0^\infty dxx^ne^{-bx}=\frac{n!}{b^{n+1}}$。

5.2.2 $Q(\alpha)$函数

$Q(\alpha)$函数定义为密度算符在相干态中的期望值，即

$$Q(\alpha)=\frac{1}{\pi}\langle\alpha|\rho|\alpha\rangle\tag{5.28}$$

显然

$$0\leqslant Q(\alpha)\leqslant\frac{1}{\pi}\tag{5.29}$$

$$\int d^2\alpha Q(\alpha)=\frac{1}{\pi}\int d^2\alpha\langle\alpha|\rho|\alpha\rangle=\mathrm{Tr}\left[\frac{1}{\pi}\int d^2\alpha|\alpha\rangle\langle\alpha|\rho\right]=\mathrm{Tr}(\rho)=1\tag{5.30}$$

因此，$Q(\alpha)$函数具有与经典统计力学中的概率分布函数完全相同的性质，即非负性、有限性以及归一性。

1. 几种具体量子态的$Q(\alpha)$函数。

(1) 相干态$|\beta\rangle$的$Q(\alpha)$函数

相干态$|\beta\rangle$的密度算符为$\rho=|\beta\rangle\langle\beta|$，将其代入式(5.28)并利用相干态的内积

公式(4.33)可得

$$Q(\alpha)=\frac{1}{\pi}e^{-|\alpha-\beta|^2} \tag{5.31}$$

这是以 β 为中心(平均值)、实部和虚部的方差均为 1/2 的高斯函数。

为了直观形象起见,图 5.1 画出了相干态 $|\beta\rangle$ 的 $Q(\alpha)$ 函数,其中 $\beta=2+i3$。

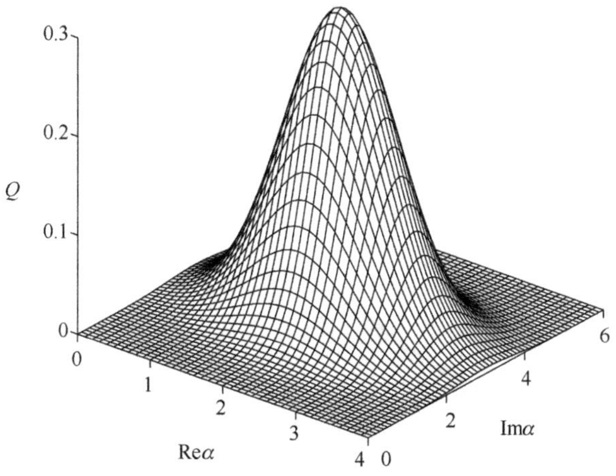

图 5.1　相干态 $|\beta\rangle$ 的 $Q(\alpha)$ 函数($\beta=2+i3$)

(2) 光子数态 $|n\rangle$ 的 $Q(\alpha)$ 函数

光子数态 $|n\rangle$ 的密度算符为 $\rho=|n\rangle\langle n|$,将其代入式(5.28)并利用式(4.27)得

$$Q(\alpha)=\frac{e^{-|\alpha|^2}}{\pi}\frac{|\alpha|^{2n}}{n!} \tag{5.32}$$

光子数态 $|n=8\rangle$ 的 $Q(\alpha)$ 函数如图 5.2 所示。

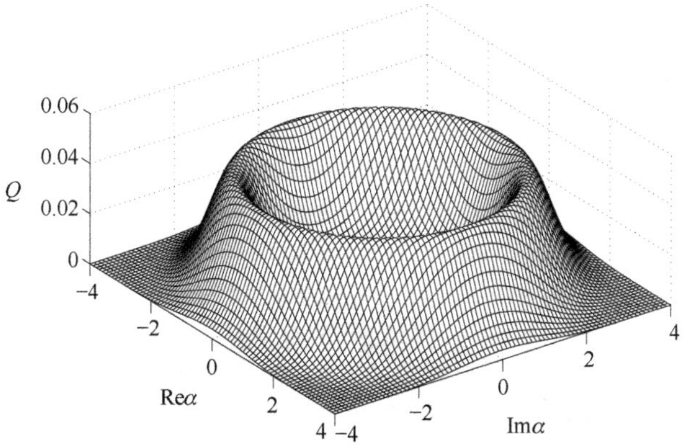

图 5.2　光子数态 $|n=8\rangle$ 的 $Q(\alpha)$ 函数

(3) 热光场态的 $Q(\alpha)$ 函数

热光场态的密度算符和光子数概率分布函数分别由 $\rho_{th}=\sum_n P_n|n\rangle\langle n|$ 和 $P_n=\frac{(\bar{n})^n}{(\bar{n}+1)^{n+1}}$ 给出，将其代入式(5.28)可得

$$Q(\alpha)=\frac{1}{\pi(\bar{n}+1)}\mathrm{e}^{-|\alpha|^2/(\bar{n}+1)} \tag{5.33a}$$

它是以坐标原点为中心、实部和虚部的方差均为$(\bar{n}+1)/2$的高斯函数。

平均光子数 $\bar{n}=8$ 的热光场态的 $Q(\alpha)$ 函数如图 5.3 所示。

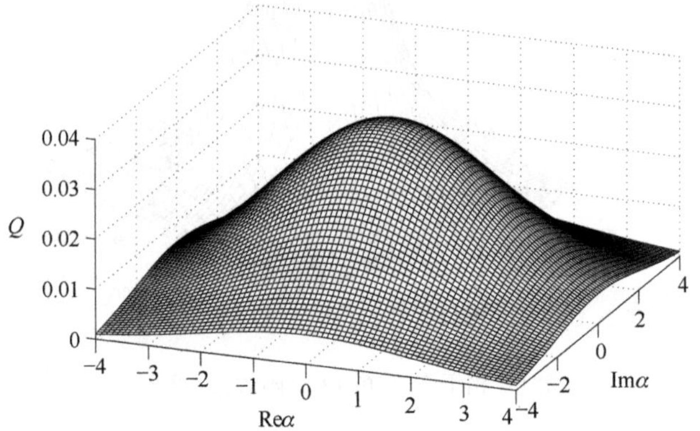

图 5.3 热光场态的 $Q(\alpha)$ 函数($\bar{n}=8$)

(4) 压缩态$|\beta,\xi\rangle$的 $Q(\alpha)$ 函数

计算可得，压缩态$|\beta,\xi\rangle$的 $Q(\alpha)$ 函数为

$$Q(\alpha)=\frac{1}{\pi}\mathrm{e}^{-|\alpha-\beta|^2}\frac{1}{\cosh r}\exp\left\{-\frac{1}{2}\tanh r\left[(\alpha-\beta)^{*2}\mathrm{e}^{\mathrm{i}\theta}+\mathrm{C.C.}\right]\right\} \tag{5.33b}$$

图 5.4 画出了压缩态$|\beta,\xi\rangle$的 $Q(\alpha)$ 函数，其中相干幅 $\beta=2+\mathrm{i}3$，压缩参数 $\xi=1$，即 $r=1,\theta=0$。可见，压缩态的 $Q(\alpha)$ 函数是非对称的，这与前三种量子态的 $Q(\alpha)$ 函数明显不同。

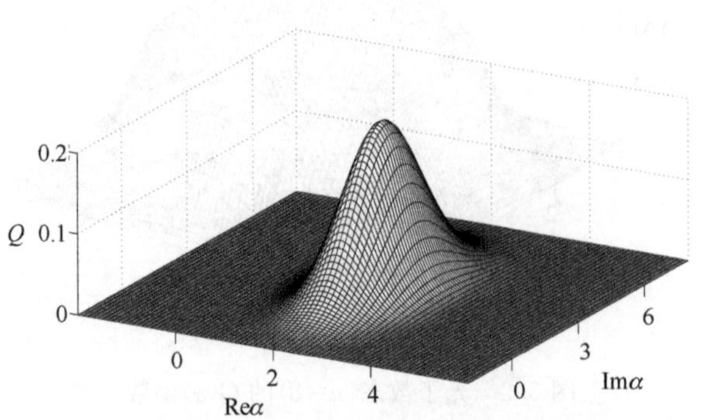

图 5.4 压缩态$|\beta,\xi\rangle$的 $Q(\alpha)$ 函数($\beta=2+\mathrm{i}3,\xi=1$)

2. $Q(\alpha)$函数的用途

$Q(\alpha)$函数可以用来计算所谓**反序排列**(anti-normally ordered)算符的平均值。**反序排列算符**指的是具有下列形式的算符，即

$$G^{(A)}(a,a^{+})=\sum_{m,n}C_{mn}^{(A)}a^{m}(a^{+})^{n} \tag{5.34}$$

即所有的光子产生算符 a^{+} 都在光子湮灭算符 a 的右边。显然，利用对易关系$[a,a^{+}]=1$，任意算符都可表示成反序排列形式。**反序排列算符** $G^{(A)}(a,a^{+})$的平均值为

$$\begin{aligned}\langle G^{(A)}(a,a^{+})\rangle &= \mathrm{Tr}[G^{(A)}(a,a^{+})\rho]\\ &= \mathrm{Tr}\Big[\sum_{m,n}C_{mn}^{(A)}a^{m}(a^{+})^{n}\rho\Big]\\ &= \mathrm{Tr}\Big[\sum_{m,n}C_{mn}^{(A)}(a^{+})^{n}\rho a^{m}\Big]\\ &= \frac{1}{\pi}\int \mathrm{d}^{2}\alpha \sum_{m,n}C_{mn}^{(A)}\langle\alpha\mid(a^{+})^{n}\rho a^{m}\mid\alpha\rangle\\ &= \frac{1}{\pi}\int \mathrm{d}^{2}\alpha \sum_{m,n}C_{mn}^{(A)}(\alpha^{*})^{n}\alpha^{m}\langle\alpha\mid\rho\mid\alpha\rangle\\ &= \int \mathrm{d}^{2}\alpha Q(\alpha)G^{(A)}(\alpha^{*},\alpha)\end{aligned} \tag{5.35a}$$

其中

$$G^{(A)}(\alpha,\alpha^{*})=\sum_{m,n}C_{mn}^{(A)}\alpha^{m}(\alpha^{*})^{n} \tag{5.35b}$$

为经典函数，可以通过把算符 $G^{(A)}(a,a^{+})$中的算符 a^{+} 和 a 分别换成复数 α^{*} 和 α 得到。可见，当知道了量子态的 $Q(\alpha)$函数时，只需将算符 $G^{(A)}(a,a^{+})$换成经典函数 $G^{(A)}(\alpha,\alpha^{*})$，然后按式(5.35a)进行积分，就可得到算符 $G^{(A)}(a,a^{+})$在该量子态中的平均值。

5.2.3　Wigner 函数

另一种重要的，在历史上也是最早的相空间准概率分布函数为 **Wigner 函数**，其最初是在坐标与动量空间(q,p)中定义，即

$$W(q,p)\equiv\frac{1}{2\pi\hbar}\int \mathrm{d}x\langle q+\frac{1}{2}x\mid\rho\mid q-\frac{1}{2}x\rangle \mathrm{e}^{\mathrm{i}px/\hbar} \tag{5.36}$$

其中，$|q\pm\frac{1}{2}x\rangle$为坐标算符的本征态。

如果所考虑的量子态为某个纯态 $\rho=|\psi\rangle\langle\psi|$，则有

$$W(q,p)\equiv\frac{1}{2\pi\hbar}\int \mathrm{d}x\psi\left(q+\frac{1}{2}x\right)\psi^{*}\left(q-\frac{1}{2}x\right)\mathrm{e}^{\mathrm{i}px/\hbar} \tag{5.37}$$

其中，$\psi\left(q+\frac{1}{2}x\right)=\langle q+\frac{1}{2}x|\psi\rangle$为量子态$|\psi\rangle$在位置坐标表象中的波函数。

将上式对动量积分可得

$$\begin{aligned}\int \mathrm{d}pW(q,p) &\equiv \int \mathrm{d}x\psi\left(q+\frac{1}{2}x\right)\psi^*\left(q-\frac{1}{2}x\right)\frac{1}{2\pi\hbar}\int \mathrm{d}p\mathrm{e}^{\mathrm{i}px/\hbar} \\ &= \int \mathrm{d}x\psi\left(q+\frac{1}{2}x\right)\psi^*\left(q-\frac{1}{2}x\right)\delta(x) \\ &= |\psi(q)|^2 \end{aligned} \tag{5.38}$$

这正是在量子态$|\psi\rangle$中位置分布的概率密度。类似地，将式(5.37)对位置坐标积分可得

$$\int \mathrm{d}qW(q,p) = |\varphi(p)|^2 \tag{5.39}$$

这正是在量子态$|\psi\rangle$中动量分布的概率密度，其中 $\varphi(p)$为量子态$|\psi\rangle$在动量表象中的波函数，$\varphi(p)$和$\psi(q)$互为傅里叶变换关系，即

$$\varphi(p)=\frac{1}{\sqrt{2\pi\hbar}}\int \mathrm{d}q\psi(q)\mathrm{e}^{-\frac{\mathrm{i}}{\hbar}pq} \tag{5.40}$$

$$\psi(q)=\frac{1}{\sqrt{2\pi\hbar}}\int \mathrm{d}p\varphi(p)\mathrm{e}^{\frac{\mathrm{i}}{\hbar}pq} \tag{5.41}$$

Wigner 函数可用来计算所谓的 **Weyl 排序**（或**对称排序**）算符$\{G(\hat{q},\hat{p})\}_W$ 的平均值，即

$$\langle\{G(\hat{q},\hat{p})\}_W\rangle = \int \mathrm{d}q\mathrm{d}p\ \{G(q,p)\}_W W(q,p) \tag{5.42}$$

其中，$\{G(q,p)\}_W$ 为经典函数，通过把算符$\{G(\hat{q},\hat{p})\}_W$ 中的算符$(\hat{q},\hat{p})$换成实数(q,p)得到。

可见，当知道了量子态的 Wigner 函数 $W(q,p)$时，只需将算符$\{G(\hat{q},\hat{p})\}_W$ 换成经典函数$\{G(q,p)\}_W$，然后按式(5.42)进行积分，就可得到算符$\{G(\hat{q},\hat{p})\}_W$ 在该量子态中的平均值。

对称排序算符的举例如下，即

$$\{\hat{q}\hat{p}\}_W=\frac{1}{2}(\hat{q}\hat{p}+\hat{p}\hat{q})$$

$$\{a^+a^2\}_W\equiv\frac{1}{3}(a^+aa+aa^+a+aaa^+)$$

以上介绍了量子态的三种准概率分布函数，即 $P(\alpha)$函数、$Q(\alpha)$函数和 Wigner 函数。下面介绍与准概率分布函数密切相关的特征函数。

5.3 特征函数

首先回顾经典的特征函数。考虑一个经典随机变量 x 的**概率分布函数** $p(x)$，即

$$0 \leqslant p(x) \leqslant 1, \quad \int \mathrm{d}x p(x) = 1 \tag{5.43}$$

x 的任意函数 $f(x)$ 的平均值为

$$\langle f(x) \rangle = \int \mathrm{d}x p(x) f(x) \tag{5.44}$$

作为特例，x 的 n 阶矩为

$$\langle x^n \rangle = \int \mathrm{d}x p(x) x^n \tag{5.45}$$

引入**特征函数**

$$C(k) \equiv \langle \mathrm{e}^{\mathrm{i}kx} \rangle = \int \mathrm{d}x \mathrm{e}^{\mathrm{i}kx} p(x) \tag{5.46}$$

则

$$p(x) = \frac{1}{2\pi} \int \mathrm{d}k \mathrm{e}^{-\mathrm{i}kx} C(k) \tag{5.47}$$

另一方面

$$C(k) \equiv \langle \mathrm{e}^{\mathrm{i}kx} \rangle = \sum_n \frac{(\mathrm{i}k)^n}{n!} \langle x^n \rangle \tag{5.48}$$

$$\langle x^n \rangle = \left. \frac{\mathrm{d}^n C(k)}{\mathrm{d}(\mathrm{i}k)^n} \right|_{k=0} \tag{5.49}$$

上面诸式给出了**概率分布函数** $p(x)$、特征函数 $C(k)$ 及**各阶矩** $\langle x^n \rangle$ 之间的关系，知道了其中一个就可求得其他两个。

下面讨论**量子力学特征函数**。经常用到的是下面三个特征函数，即

Wigner 特征函数　$C_W(\lambda) = \mathrm{Tr}[\rho \mathrm{e}^{\lambda a^+ - \lambda^* a}] = \mathrm{Tr}[\rho D(\lambda)]$　(5.50)

正序排列特征函数　$C_N(\lambda) = \mathrm{Tr}[\rho \mathrm{e}^{\lambda a^+} \mathrm{e}^{-\lambda^* a}]$　(5.51)

反序排列特征函数　$C_A(\lambda) = \mathrm{Tr}[\rho \mathrm{e}^{-\lambda^* a} \mathrm{e}^{\lambda a^+}]$　(5.52)

其中，λ 为复数。

利用公式

$$\mathrm{e}^{A+B} = \mathrm{e}^A \mathrm{e}^B \mathrm{e}^{-\frac{1}{2}[A,B]} = \mathrm{e}^B \mathrm{e}^A \mathrm{e}^{\frac{1}{2}[A,B]}$$

$$\mathrm{e}^{\lambda a^+ - \lambda^* a} = \mathrm{e}^{\lambda a^+} \mathrm{e}^{-\lambda^* a} \mathrm{e}^{-\frac{1}{2}\lambda^* \lambda} = \mathrm{e}^{-\lambda^* a} \mathrm{e}^{\lambda a^+} \mathrm{e}^{\frac{1}{2}\lambda^* \lambda}$$

可知，三个特征函数之间有下列关系，即

$$C_W(\lambda) = C_N(\lambda) \mathrm{e}^{-\frac{1}{2}|\lambda|^2} = C_A(\lambda) \mathrm{e}^{\frac{1}{2}|\lambda|^2} \tag{5.53}$$

上列三个特征函数可以统一写成以 s 为参数的形式，即

$$C(\lambda, s) = \mathrm{Tr}[\rho \mathrm{e}^{\lambda a^+ - \lambda^* a} \mathrm{e}^{s|\lambda|^2/2}] = \mathrm{e}^{s|\lambda|^2/2} C_W(\lambda) \tag{5.54}$$

显然，$C(\lambda, 0) = C_W(\lambda)$，$C(\lambda, 1) = C_N(\lambda)$，$C(\lambda, -1) = C_A(\lambda)$。

利用这些特征函数，可以计算各种排序算符的平均值，即

$$\langle (a^{+})^{m}a^{n}\rangle=\mathrm{Tr}[\rho (a^{+})^{m}a^{n}]=\frac{\partial^{m+n}}{\partial\lambda^{m}\partial(-\lambda^{*})^{n}}C_{N}(\lambda)\big|_{\lambda=0} \tag{5.55}$$

$$\langle a^{m}(a^{+})^{n}\rangle=\mathrm{Tr}[\rho a^{m}(a^{+})^{n}]=\frac{\partial^{m+n}}{\partial(-\lambda^{*})^{m}\partial\lambda^{n}}C_{A}(\lambda)\big|_{\lambda=0} \tag{5.56}$$

$$\langle \{(a^{+})^{m}a^{n}\}_{W}\rangle=\mathrm{Tr}[\rho \{(a^{+})^{m}a^{n}\}_{W}]=\frac{\partial^{m+n}}{\partial\lambda^{m}\partial(-\lambda^{*})^{n}}C_{W}(\lambda)\big|_{\lambda=0} \tag{5.57}$$

准概率分布函数与特征函数之间的关系是二维傅里叶变换，即

$$P(\alpha)=\frac{1}{\pi^{2}}\int d^{2}\lambda C_{N}(\lambda)e^{\alpha\lambda^{*}-\alpha^{*}\lambda} \tag{5.58}$$

$$Q(\alpha)=\frac{1}{\pi^{2}}\int d^{2}\lambda C_{A}(\lambda)e^{\alpha\lambda^{*}-\alpha^{*}\lambda} \tag{5.59}$$

$$W(\alpha)=\frac{1}{\pi^{2}}\int d^{2}\lambda C_{W}(\lambda)e^{\alpha\lambda^{*}-\alpha^{*}\lambda} \tag{5.60}$$

前面给出了几种量子态的 $P(\alpha)$ 函数和 $Q(\alpha)$ 函数。下面给出几种量子态的 Wigner 函数 $W(\alpha)$。

(1) 相干态 $|\beta\rangle$ 的 Wigner 函数

$$W(\alpha)=\frac{2}{\pi}\exp(-2|\alpha-\beta|^{2}) \tag{5.61}$$

它是以 β 为中心、实部和虚部的方差均为 1/4 的高斯函数。

证明

$$\begin{aligned}
W(\alpha)&=\frac{1}{\pi^{2}}\int d^{2}\lambda C_{W}(\lambda)e^{\alpha\lambda^{*}-\alpha^{*}\lambda}\\
&=\frac{1}{\pi^{2}}\int d^{2}\lambda \mathrm{Tr}[\rho e^{\lambda a^{+}-\lambda^{*}a}]e^{\alpha\lambda^{*}-\alpha^{*}\lambda}\\
&=\frac{1}{\pi^{2}}\int d^{2}\lambda \mathrm{Tr}[|\beta\rangle\langle\beta| e^{\lambda a^{+}-\lambda^{*}a}]e^{\alpha\lambda^{*}-\alpha^{*}\lambda}\\
&=\frac{1}{\pi^{2}}\int d^{2}\lambda [\langle\beta| e^{\lambda a^{+}-\lambda^{*}a}|\beta\rangle]e^{\alpha\lambda^{*}-\alpha^{*}\lambda}\\
&=\frac{1}{\pi^{2}}\int d^{2}\lambda [\langle\beta| e^{\lambda a^{+}}e^{-\lambda^{*}a}e^{-\frac{1}{2}\lambda^{*}\lambda}|\beta\rangle]e^{\alpha\lambda^{*}-\alpha^{*}\lambda}\\
&=\frac{1}{\pi^{2}}\int d^{2}\lambda e^{(\alpha-\beta)\lambda^{*}-(\alpha^{*}-\beta^{*})\lambda}e^{-\frac{1}{2}\lambda^{*}\lambda}
\end{aligned}$$

令 $\lambda=x+iy$，则 $d^{2}\lambda=dxdy$，上式化为

$$\begin{aligned}
W(\alpha)&=\frac{1}{\pi^{2}}\int d^{2}\lambda e^{(\alpha-\beta)\lambda^{*}-(\alpha^{*}-\beta^{*})\lambda}e^{-\frac{1}{2}\lambda^{*}\lambda}\\
&=\frac{1}{\pi^{2}}\int_{-\infty}^{\infty}dx\int_{-\infty}^{\infty}dy e^{(\alpha-\beta)(x-iy)-(\alpha^{*}-\beta^{*})(x+iy)}e^{-\frac{1}{2}(x^{2}+y^{2})}
\end{aligned}$$

$$=\frac{1}{\pi^2}\int_{-\infty}^{\infty}\mathrm{d}x\mathrm{e}^{[(\alpha-\beta)-(\alpha^*-\beta^*)]x-\frac{1}{2}x^2}\int_{-\infty}^{\infty}\mathrm{d}y\mathrm{e}^{-\mathrm{i}[(\alpha-\beta)+(\alpha^*-\beta^*)]y-\frac{1}{2}y^2}$$

$$=\frac{1}{\pi^2}\int_{-\infty}^{\infty}\mathrm{d}x\mathrm{e}^{\mathrm{i}2\mathrm{Im}(\alpha-\beta)x-\frac{1}{2}x^2}\int_{-\infty}^{\infty}\mathrm{d}y\mathrm{e}^{-\mathrm{i}2\mathrm{Re}(\alpha-\beta)y-\frac{1}{2}y^2}$$

积分

$$\begin{aligned}I&=\int_{-\infty}^{\infty}\mathrm{d}x\mathrm{e}^{\mathrm{i}2\mathrm{Im}(\alpha-\beta)x-\frac{1}{2}x^2}\\&=\int_{-\infty}^{\infty}\mathrm{d}x\mathrm{e}^{-\frac{1}{2}[x^2-\mathrm{i}4\mathrm{Im}(\alpha-\beta)x]}\\&=\int_{-\infty}^{\infty}\mathrm{d}x\mathrm{e}^{-\frac{1}{2}\{[x-\mathrm{i}2\mathrm{Im}(\alpha-\beta)]^2+[2\mathrm{Im}(\alpha-\beta)]^2\}}\\&=\sqrt{2\pi}\mathrm{e}^{-2[\mathrm{Im}(\alpha-\beta)]^2}\end{aligned}$$

同理,积分

$$I=\int_{-\infty}^{\infty}\mathrm{d}y\mathrm{e}^{-\mathrm{i}2\mathrm{Re}(\alpha-\beta)y-\frac{1}{2}y^2}=\sqrt{2\pi}\mathrm{e}^{-2[\mathrm{Re}(\alpha-\beta)]^2}$$

因此

$$W(\alpha)=\frac{1}{\pi^2}\sqrt{2\pi}\mathrm{e}^{-2[\mathrm{Im}(\alpha-\beta)]^2}\sqrt{2\pi}\mathrm{e}^{-2[\mathrm{Re}(\alpha-\beta)]^2}=\frac{2}{\pi}\mathrm{e}^{-2|\alpha-\beta|^2}$$

(2) 光子数态$|n\rangle$的 Wigner 函数

$$W(\alpha)=\frac{2}{\pi}(-1)^nL_n(4|\alpha|^2)\exp(-2|\alpha|^2) \tag{5.62}$$

其中,$L_n(\zeta)$是拉盖尔多项式。

值得指出的是,光子数态的 Wigner 函数可以取负值,一方面反映了 Wigner 函数不是真正意义上的概率分布函数,另一方面反映了光子数态是一种非经典态。作为一个例子,图 5.5 给出了光子数态$|n=3\rangle$的 Wigner 函数。光子数态的Wigner

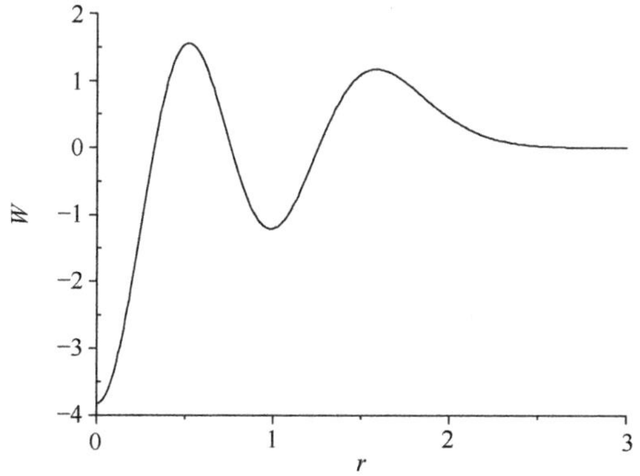

图 5.5　光子数态$|n=3\rangle$的 Wigner 函数($r\equiv|\alpha|$)

函数只是$r\equiv|\alpha|$的函数，其三维图可以将图 5.5 绕纵轴旋转一周得到。

5.4 本章小结

1. 关于$P(\alpha)$函数、$Q(\alpha)$函数和 Wigner 函数$W(\alpha)$的比较和讨论

由上面的讨论可知，$Q(\alpha)$函数具有非负性和非奇异性，因此具有与经典统计力学中的概率分布函数完全相同的性质，可以看作真正意义上的概率分布函数。但是，$Q(\alpha)$函数随量子态的变化不够灵敏，因此它有时不能很好地区分不同的量子态。对有些量子态，$P(\alpha)$函数可以取负值或具有奇异性，因此是一种准概率分布函数。有些量子态，如光子数态的$P(\alpha)$函数往往过于奇异，以至于不符合通常意义上函数的定义。对有些量子态，Wigner 函数$W(\alpha)$可以取负值，因此也是一种准概率分布函数。相比之下，对常见的量子态，Wigner 函数$W(\alpha)$是非奇异的，且它随量子态的变化比$Q(\alpha)$函数灵敏，可以较好地区分不同的量子态。通常将 Wigner 函数$W(\alpha)$可以取负值的量子态(如光子数态)称为**非经典态**。Wigner 函数$W(\alpha)$是最重要的一类准概率分布函数。

2. 准概率分布函数的一般计算公式

当已知量子态的密度算符ρ时，可以利用下列公式计算量子态的准概率分布函数。

方法 1，直接计算

$P(\alpha)$函数

$$P(\alpha)=\frac{e^{|\alpha|^2}}{\pi^2}\int d^2u\langle -u\mid\rho\mid u\rangle e^{|u|^2}e^{\alpha u^*-\alpha^* u}$$

$Q(\alpha)$函数

$$Q(\alpha)=\frac{1}{\pi}\langle\alpha|\rho|\alpha\rangle$$

Wigner 函数

$$W(q,p)=\frac{1}{2\pi\hbar}\int dx\langle q+\frac{1}{2}x\mid\rho\mid q-\frac{1}{2}x\rangle e^{ipx/\hbar}$$

方法 2，利用特征函数进行计算

$$P(\alpha)=\frac{1}{\pi^2}\int d^2\lambda C_N(\lambda)e^{\alpha\lambda^*-\alpha^*\lambda}$$

$$Q(\alpha)=\frac{1}{\pi^2}\int d^2\lambda C_A(\lambda)e^{\alpha\lambda^*-\alpha^*\lambda}$$

$$W(\alpha)=\frac{1}{\pi^2}\int d^2\lambda C_W(\lambda)e^{\alpha\lambda^*-\alpha^*\lambda}$$

其中

$$C_N(\lambda)=\mathrm{Tr}[\rho e^{\lambda a^+} e^{-\lambda^* a}]$$

$$C_A(\lambda)=\mathrm{Tr}[\rho e^{-\lambda^* a} e^{\lambda a^+}]$$

$$C_W(\lambda)=\mathrm{Tr}[\rho e^{\lambda a^+ -\lambda^* a}]=\mathrm{Tr}[\rho D(\lambda)]$$

3. 电磁场的几种常见量子态的准概率分布函数

(1) 热光场态(平均光子数为 $\bar{n}$)

$P(\alpha)$函数

$$P(\alpha)=\frac{1}{\pi\bar{n}}\exp(-|\alpha|^2/\bar{n})$$

$Q(\alpha)$函数

$$Q(\alpha)=\frac{1}{\pi(\bar{n}+1)}\exp(-|\alpha|^2/(\bar{n}+1))$$

(2) 相干态$|\beta\rangle$

$P(\alpha)$函数

$$P(\alpha)=\delta^2(\alpha-\beta)$$

$Q(\alpha)$函数

$$Q(\alpha)=\frac{1}{\pi}\exp(-|\alpha-\beta|^2)$$

Wigner 函数

$$W(\alpha)=\frac{2}{\pi}\exp(-2|\alpha-\beta|^2)$$

(3) 光子数态$|n\rangle$

$P(\alpha)$函数

$$P(\alpha)=\frac{e^{|\alpha|^2}}{n!}\frac{\partial^{2n}}{\partial\alpha^n\partial\alpha^{*n}}\delta^2(\alpha)$$

$Q(\alpha)$函数

$$Q(\alpha)=\frac{e^{-|\alpha|^2}}{\pi}\frac{|\alpha|^{2n}}{n!}$$

Wigner 函数

$$W(\alpha)=\frac{2}{\pi}(-1)^n L_n(4|\alpha|^2)\exp(-2|\alpha|^2)$$

参考文献

[1] Gardiner C W, Zoller P. Quantum Noise. Berlin: Springer, 2000.

[2] Gerry G, Knight P. Introductory Quantum Optics. Cambridge: Cambridge University Press, 2005.

[3] Leonhardt U. Measuring the Quantum State of Light. Cambridge: Cambridge University Press, 1997.

[4] Louisell W H. Quantum Statistical Properties of Radiation. New York: Wiley, 1989.

[5] Meystre P, Sargent I M. Elements of Quantum Optics(3rd ed). Berlin: Springer, 1999.

[6] Orszag M. Quantum Optics: Including Noise, Trapped Ions, Quantum Trajectories, and Decoherence. Berlin: Springer, 2000.

[7] Schleich W P. Quantum Optics in Phase Space. Berlin: Wiley, 2001.

[8] Scully M O, Zubairy M S. Quantum Optics. Cambridge: Cambridge University Press, 1997.

[9] Vogel W, Welsch D G, Wallentowitz S. Quantum Optics: an Introduction. Berlin: Wiley, 2001.

[10] Walls D F, Milburn G J. Quantum Optics. Berlin: Springer, 1994.

[11] Welsch D G, Vogel W, Opatrny T. Homodyne detection and quantum state reconstruction// Progress in Optics, 1999, XXXIX: 63.

[12] 郭光灿. 量子光学. 北京:高等教育出版社, 1990.

[13] 谭维翰. 量子光学导论. 北京:科学出版社, 2009.

[14] Zhang Z M. Recent progress of quantum state reconstruction of electromagnetic fields. Modern Physics Letters B, 2004, 18(10): 393-409.

第 6 章　电磁场的相干性

前面讨论了电磁场的量子统计性质，本章介绍电磁场的另一种重要性质，即电磁场的**相干性**[1-14]。分别介绍电磁场相干性的经典理论和量子理论，引入**光子反群聚效应**这一重要的物理概念。

6.1　经典一阶相干函数

一阶相干性反映的是在两个时空点**光场幅度**之间的关联，即$\langle E^*(\boldsymbol{r}_1,t_1)E(\boldsymbol{r}_2,t_2)\rangle$，称为一阶**关联函数**。

下面具体考虑杨氏双缝干涉实验，如图 6.1 所示。设光源的频宽(常称线宽)为 $\Delta\omega$，光源的**相干时间为** $\Delta t_{\text{coh}}=1/\Delta\omega$，光源的**相干长度为** $\Delta s_{\text{coh}}=c\Delta t_{\text{coh}}$，两条光程之差为 $\Delta s=|s_1-s_2|$，则当满足条件 $\Delta s\leqslant\Delta s_{\text{coh}}$时，在接收屏上会观测到干涉条纹。

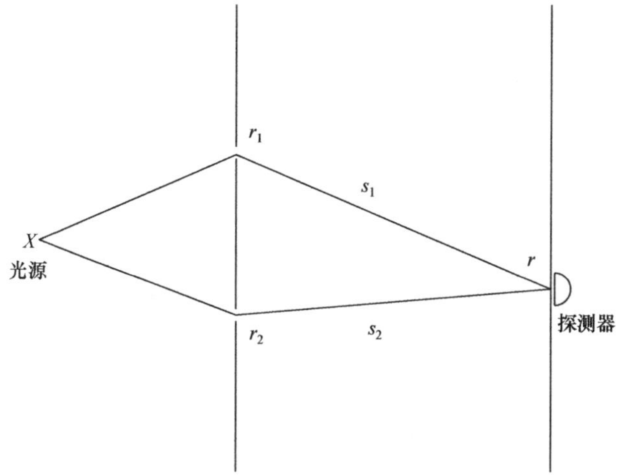

图 6.1　杨氏双缝干涉实验

显然，t 时刻在屏上 $\boldsymbol{r}$ 处的光场来自早些时刻 $t_1=t-s_1/c$ 和 $t_2=t-s_2/c$ 在两个狭缝处的光场的叠加，即

$$E(\boldsymbol{r},t)=K_1E(\boldsymbol{r}_1,t_1)+K_2E(\boldsymbol{r}_2,t_2) \tag{6.1}$$

其中，K_1 和 K_2 是两个依赖于路径 s_1 和 s_2 的几何因子。

为了简单起见，假设两个光场的偏振方向相同，从而可把光场看作标量。

一般来说，由于探测器的响应跟不上光场的振荡，因此探测器探测到的只是**平均光强(光场强度的平均值)**，即

$$I(\boldsymbol{r})=\langle|E(\boldsymbol{r},t)|^2\rangle \tag{6.2}$$

这里的平均是指对时间的平均，即对时间的任意函数 $f(t)$，其时间平均为

$$\langle f\rangle=\lim_{T\to\infty}\frac{1}{T}\int_0^T f(t)\mathrm{d}t \tag{6.3}$$

其中，T 为探测时间。

根据统计物理中的**各态历经假设**，时间平均等价于系综平均。由式(6.1)和式(6.2)可得

$$\begin{aligned}I(\boldsymbol{r})&=|K_1|^2\langle|E(\boldsymbol{r}_1,t_1)|^2\rangle+|K_2|^2\langle|E(\boldsymbol{r}_2,t_2)|^2\rangle\\&\quad+2\mathrm{Re}[K_1^*K_2\langle E^*(\boldsymbol{r}_1,t_1)E(\boldsymbol{r}_2,t_2)\rangle]\\&=I_1+I_2+2\mathrm{Re}[K_1^*K_2\langle E^*(x_1)E(x_2)\rangle]\end{aligned} \tag{6.4}$$

前两项分别表示来自两个狭缝的光强，而第三项引起**干涉效应**。在上式中引入了缩写$(x_i)=(\boldsymbol{r}_i,t_i)$ 和 $I_i=|K_i|^2\langle|E(x_i)|^2\rangle\ (i=1,2)$。

定义**经典一阶相干函数**，即

$$\gamma^{(1)}(x_1,x_2)=\frac{\langle E^*(x_1)E(x_2)\rangle}{\sqrt{\langle|E(x_1)|^2\rangle\langle|E(x_2)|^2\rangle}} \tag{6.5}$$

其中，$\langle E^*(x_1)E(x_2)\rangle$称为**经典一阶关联函数**。

注意到

$$|\gamma^{(1)}(x_1,x_2)|^2=\frac{|\langle E^*(x_1)E(x_2)\rangle|^2}{\langle|E(x_1)|^2\rangle\langle|E(x_2)|^2\rangle}$$

及

$$|\langle E^*(x_1)E(x_2)\rangle|^2\leqslant\langle|E(x_1)|^2\rangle\langle|E(x_2)|^2\rangle,$$

则有

$$0\leqslant|\gamma^{(1)}(x_1,x_2)|\leqslant1 \tag{6.6}$$

利用 I_i 和 $\gamma^{(1)}(x_1,x_2)$，式(6.4)可以写为

$$I(\boldsymbol{r})=I_1+I_2+2\sqrt{I_1I_2}\mathrm{Re}\left[\frac{K_1^*K_2}{|K_1||K_2|}\gamma^{(1)}(x_1,x_2)\right] \tag{6.7}$$

设 $K_j=|K_j|\mathrm{e}^{\mathrm{i}\psi_j}\ (j=1,2)$，以及

$$\gamma^{(1)}(x_1,x_2)=|\gamma^{(1)}(x_1,x_2)|\mathrm{e}^{\mathrm{i}\phi_{12}} \tag{6.8}$$

则有

$$I(\boldsymbol{r})=I_1+I_2+2\sqrt{I_1I_2}|\gamma^{(1)}(x_1,x_2)|\cos(\phi_{12}-\psi) \tag{6.9}$$

其中，$\psi=\psi_1-\psi_2$。

当$|\gamma^{(1)}(x_1,x_2)|\neq 0$时，将产生干涉。根据$|\gamma^{(1)}(x_1,x_2)|$的大小可对相干性进行分类，即

一阶完全相干

$$|\gamma^{(1)}(x_1,x_2)|=1 \tag{6.10}$$

一阶部分相干

$$0<|\gamma^{(1)}(x_1,x_2)|<1 \tag{6.11}$$

一阶完全不相干

$$|\gamma^{(1)}(x_1,x_2)|=0 \tag{6.12}$$

定义干涉条纹的**对比度**(**visibility**,**可见度**)，即

$$V=\frac{I_+-I_-}{I_++I_-} \tag{6.13}$$

其中

$$I_\pm=I_1+I_2\pm 2\sqrt{I_1I_2}\,|\gamma^{(1)}(x_1,x_2)| \tag{6.14}$$

于是有

$$V=\frac{2\sqrt{I_1I_2}}{I_1+I_2}|\gamma^{(1)}(x_1,x_2)| \tag{6.15}$$

对完全相干光，对比度取极大值$V=2\sqrt{I_1I_2}/(I_1+I_2)$，而对完全不相干光，对比度$V=0$。

下面考虑经典一阶相干性的几个例子。首先考虑在空间某固定点光场的**时间相干性**，假设有一束**单色平面光**沿z方向传播，t时刻和$t+\tau$时刻z处的光场分别为

$$E(z,t)=E_0\mathrm{e}^{\mathrm{i}(kz-\omega t)} \tag{6.16}$$

$$E(z,t+\tau)=E_0\mathrm{e}^{\mathrm{i}[kz-\omega(t+\tau)]} \tag{6.17}$$

可求得

$$\gamma^{(1)}(x_1,x_2)=\gamma^{(1)}(\tau)=\mathrm{e}^{-\mathrm{i}\omega\tau} \tag{6.18}$$

$$|\gamma^{(1)}(\tau)|=1 \tag{6.19}$$

因此，单色平面光具有完全时间相干性。

然而，绝对的单色光是不存在的。我们考虑具有下列**洛仑兹线型**的光源，即

$$F(\omega)=\frac{1}{\pi}\frac{\Delta\omega}{(\omega-\omega_0)^2+(\Delta\omega)^2} \tag{6.20}$$

其中，ω_0为谱线的中心频率；$\Delta\omega$为谱线(半)宽度。

一阶关联函数$\gamma^{(1)}(\tau)$与光谱线型函数$F(\omega)$的关系为

$$\gamma^{(1)}(\tau)=\int_{-\infty}^{\infty}\mathrm{d}\omega\mathrm{e}^{-\mathrm{i}\omega\tau}F(\omega) \tag{6.21}$$

可求得

$$\gamma^{(1)}(\tau)=\mathrm{e}^{-\mathrm{i}\omega_0\tau-\tau/\tau_0} \tag{6.22}$$

可见

$$0<|\gamma^{(1)}(\tau)|=\mathrm{e}^{-\tau/\tau_0}<1 \tag{6.23}$$

其中，$\tau_0=1/\Delta\omega$ 为光源的相干时间。

一般来说，这种光源发出的是部分相干光。这种光场称为**混沌光**(由大量原子独立辐射的光)。当延迟时间 $\tau\ll\tau_0$ 时，光场趋于完全相干光；当 $\tau\gg\tau_0$ 时，光场趋于完全非相干光。

6.2 量子一阶相干函数

在第 3 章我们曾把量子化的电场分解成所谓的**正频部分**和**负频部分**，即

$$\boldsymbol{E}(\boldsymbol{r},t)=\boldsymbol{E}^{(+)}(\boldsymbol{r},t)+\boldsymbol{E}^{(-)}(\boldsymbol{r},t) \tag{6.24}$$

其中

$$\boldsymbol{E}^{(+)}(\boldsymbol{r},t)=\sum_k \boldsymbol{e}_k E_k^{(r)} a_k \exp[-\mathrm{i}(\omega_k t-\boldsymbol{k}\cdot\boldsymbol{r})] \tag{6.25}$$

$$\boldsymbol{E}^{(-)}(\boldsymbol{r},t)=[\boldsymbol{E}^{(+)}(\boldsymbol{r},t)]^{+} \tag{6.26}$$

从量子光学的观点来看，对光场进行探测的过程对应于探测器吸收光场光子的过程，即光场光子湮灭的过程，而与光子湮灭算符对应的是电场的正频部分，即式(6.25)。从这里可以看出把量子化的电场分解成**正频部分**和**负频部分**的原因。设光场的初态为$|i\rangle$，末态为$|f\rangle$，则光场由初态$|i\rangle$跃迁到末态$|f\rangle$的概率正比于

$$|\langle f|\boldsymbol{E}^{(+)}(\boldsymbol{r},t)|i\rangle|^2 \tag{6.27}$$

在实际问题中，往往只对探测结果(相当于探测器的末态)感兴趣，而对光场的末态不感兴趣，因此我们将上式对光场的**末态求和**，即

$$\begin{aligned}\sum_f |\langle f|\boldsymbol{E}^{(+)}(\boldsymbol{r},t)|i\rangle|^2 &= \sum_f \langle i|\boldsymbol{E}^{(-)}(\boldsymbol{r},t)|f\rangle\langle f|\boldsymbol{E}^{(+)}(\boldsymbol{r},t)|i\rangle \\ &= \langle i|\boldsymbol{E}^{(-)}(\boldsymbol{r},t)\boldsymbol{E}^{(+)}(\boldsymbol{r},t)|i\rangle\end{aligned} \tag{6.28}$$

这里利用完备性条件 $\sum_f |f\rangle\langle f|=1$ 以及式(6.26)，表明跃迁概率正比于算符 $\boldsymbol{E}^{(-)}(\boldsymbol{r},t)\boldsymbol{E}^{(+)}(\boldsymbol{r},t)$(正比于$a^+a$)在初态$|i\rangle$中的平均值(**初态平均**)。一般来说，光场初始不一定处于纯态$|i\rangle$，而可能处于某个统计混合态$\rho=\sum_i P_i|i\rangle\langle i|$。于是，上式可推广为

$$\begin{aligned}\sum_i P_i\langle i|\boldsymbol{E}^{(-)}(\boldsymbol{r},t)\boldsymbol{E}^{(+)}(\boldsymbol{r},t)|i\rangle &= \mathrm{Tr}[\rho\boldsymbol{E}^{(-)}(\boldsymbol{r},t)\boldsymbol{E}^{(+)}(\boldsymbol{r},t)] \\ &= \langle\boldsymbol{E}^{(-)}(\boldsymbol{r},t)\boldsymbol{E}^{(+)}(\boldsymbol{r},t)\rangle\end{aligned} \tag{6.29}$$

为了方便，在下面的讨论中，我们把光场作为标量处理，并利用缩写形式$(x)=(\boldsymbol{r},t)$。定义时空点$(x)=(\boldsymbol{r},t)$处的光强函数如下，即

$$I(x)=G^{(1)}(x,x)=\langle E^{(-)}(x)E^{(+)}(x)\rangle=\mathrm{Tr}[\rho E^{(-)}(x)E^{(+)}(x)] \tag{6.30}$$

对杨氏双缝实验,在量子处理中,我们用下式代替式(6.1),即

$$E^{(+)}(x)=K_1E^{(+)}(x_1)+K_2E^{(+)}(x_2) \tag{6.31}$$

则在探测屏上的光强为

$$\begin{aligned}I(x)&=G^{(1)}(x,x)\\&=\mathrm{Tr}[\rho E^{(-)}(x)E^{(+)}(x)]\\&=|K_1|^2G^{(1)}(x_1,x_1)+|K_2|^2G^{(1)}(x_2,x_2)+2\mathrm{Re}[K_1^*K_2G^{(1)}(x_1,x_2)]\end{aligned} \tag{6.32}$$

其中

$$G^{(1)}(x_i,x_j)=\langle E^{(-)}(x_i)E^{(+)}(x_j)\rangle=\mathrm{Tr}[\rho E^{(-)}(x_i)E^{(+)}(x_j)] \tag{6.33}$$

称为**量子一阶关联函数**。

式(6.32)中前两项分别表示来自两个狭缝的光强,第三项引起干涉效应。类似于经典情况,定义**量子一阶相干函数**为

$$g^{(1)}(x_1,x_2)=\frac{G^{(1)}(x_1,x_2)}{[G^{(1)}(x_1,x_1)G^{(1)}(x_2,x_2)]^{1/2}} \tag{6.34}$$

由于

$$|G^{(1)}(x_1,x_2)|^2\leqslant|G^{(1)}(x_1,x_1)G^{(1)}(x_2,x_2)|$$

因此有

$$0\leqslant|g^{(1)}(x_1,x_2)|\leqslant1 \tag{6.35}$$

类似于经典情况,可以根据$|g^{(1)}(x_1,x_2)|$的大小对相干性进行分类。

一阶完全相干

$$|g^{(1)}(x_1,x_2)|=1 \tag{6.36}$$

一阶部分相干

$$0<|g^{(1)}(x_1,x_2)|<1 \tag{6.37}$$

一阶完全不相干

$$|g^{(1)}(x_1,x_2)|=0 \tag{6.38}$$

下面考虑量子一阶相干性的几个例子。对单模量子化电磁场,由式(6.25)有

$$E^{(+)}(\boldsymbol{r},t)=E_0a\exp[\mathrm{i}(\boldsymbol{k}\cdot\boldsymbol{r}-\omega t)] \tag{6.39}$$

其中,$E_0=\sqrt{\hbar\omega/2V\varepsilon_0}$,$V$ 是量子化体积。

若光场处于**光子数态**$|n\rangle$,则有

$$G^{(1)}(x_j,x_j)=\langle n|E^{(-)}(x_j)E^{(+)}(x_j)|n\rangle=E_0^2\langle n|a^+a|n\rangle=E_0^2n,\quad j=1,2 \tag{6.40}$$

$$\begin{aligned}G^{(1)}(x_1,x_2)&=\langle n|E^{(-)}(x_1)E^{(+)}(x_2)|n\rangle\\&=E_0^2n\exp\{\mathrm{i}[\boldsymbol{k}\cdot(\boldsymbol{r}_2-\boldsymbol{r}_1)-\omega(t_2-t_1)]\}\end{aligned} \tag{6.41}$$

从而有

$$g^{(1)}(x_1,x_2)=\exp\{\mathrm{i}[\boldsymbol{k}\cdot(\boldsymbol{r}_2-\boldsymbol{r}_1)-\omega(t_2-t_1)]\} \tag{6.42a}$$

$$|g^{(1)}(x_1,x_2)|=1 \tag{6.42b}$$

若光场处于**相干态**$|\alpha\rangle$，则有

$$G^{(1)}(x_j,x_j)=\langle\alpha|E^{(-)}(x_j)E^{(+)}(x_j)|\alpha\rangle=E_0^2\langle\alpha|a^+a|\alpha\rangle=E_0^2\,|\alpha|^2,\quad j=1,2 \tag{6.43}$$

$$\begin{aligned}G^{(1)}(x_1,x_2)&=\langle\alpha|E^{(-)}(x_1)E^{(+)}(x_2)|\alpha\rangle\\&=E_0^2\,|\alpha|^2\exp\{\mathrm{i}[\boldsymbol{k}\cdot(\boldsymbol{r}_1-\boldsymbol{r}_2)-\omega(t_1-t_2)]\}\end{aligned} \tag{6.44}$$

从而有

$$g^{(1)}(x_1,x_2)=\exp\{\mathrm{i}[\boldsymbol{k}\cdot(\boldsymbol{r}_2-\boldsymbol{r}_1)-\omega(t_2-t_1)]\} \tag{6.45a}$$

$$|g^{(1)}(x_1,x_2)|=1 \tag{6.45b}$$

可见，当单模量子电磁场处于相干态和光子数态时，均具有一阶完全相干性。换句话说，**只利用一阶相干函数不足以区分具有不同性质的量子态**，因此有必要考虑电磁场的高阶相干性。

6.3 经典二阶相干函数

如上所述，一阶相干函数是光场**幅度**之间的关联函数，只能区分具有不同**光谱性质**(单色光与多色光)的光场，而不能区分具有不同**光子统计性质**的光场。例如，处于相干态和光子数态的单模光场具有相同的一阶相干函数。

二阶相干性反映的是在两个时空点光场**强度**之间的关联，即$\langle I(x_1)I(x_2)\rangle$，称为**二阶关联函数**。

下面具体考虑 Hanbury Brown-Twiss 实验。20 世纪 50 年代，Hanbury Brown 和 Twiss 实现了一种能够测量光场强度之间关联的实验，如图 6.2 所示。通常，探测器 $D1$ 和 $D2$ 到分束器的距离相等。在这种情况下，实验测量的是在有时间延迟情况下的符合记数率，即一个探测器在 t 时刻有一次记数，而另一个探测器在 $t+\tau$ 时刻有一次记数的概率。如果延迟时间 τ 小于入射光的相干时间 τ_0，则该实验可确定入射光的光子统计。

符合记数率正比于**二阶关联函数**$\langle I(t)I(t+\tau)\rangle$，这里 $I(t)$和 $I(t+\tau)$分别为两个探测器上的瞬时光强，符号$\langle\rangle$表示时间平均或系综平均。假设**光场是平稳的**，即关联函数$\langle I(t)I(t+\tau)\rangle$与两个时刻本身的取值无关，而只与两个时刻的延迟 τ 有关，则符合记数率正比于如下定义的**经典二阶相干函数**，即

$$\gamma^{(2)}(\tau)=\frac{\langle I(t)I(t+\tau)\rangle}{\langle I(t)\rangle^2}=\frac{\langle E^*(t)E^*(t+\tau)E(t+\tau)E(t)\rangle}{\langle E^*(t)E(t)\rangle^2} \tag{6.46}$$

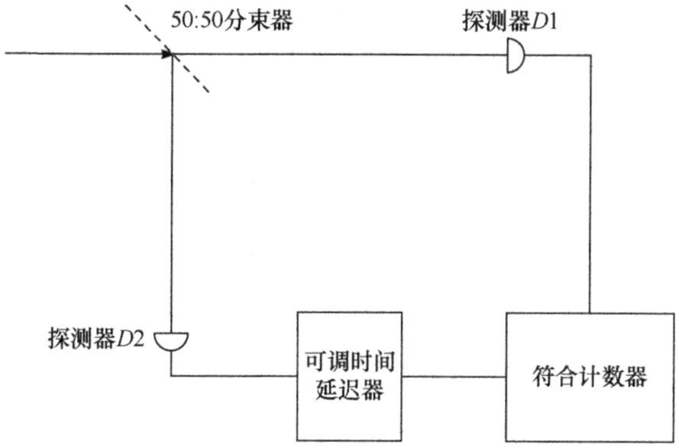

图 6.2　Hanbury Brown-Twiss 实验

其中，$\langle I(t)I(t+\tau)\rangle=\langle E^*(t)E^*(t+\tau)E(t+\tau)E(t)\rangle$称为**经典二阶关联函数**。

可见，二阶相干函数为大于或等于零的实数。如果探测器 $D1$ 和 $D2$ 到分束器的距离不相等，则**经典二阶相干函数**定义为

$$\gamma^{(2)}(x_1,x_2;x_2,x_1)=\frac{\langle I(x_1)I(x_2)\rangle}{\langle I(x_1)\rangle\langle I(x_2)\rangle}=\frac{\langle E^*(x_1)E^*(x_2)E(x_2)E(x_1)\rangle}{\langle|E(x_1)|^2\rangle\langle|E(x_2)|^2\rangle} \tag{6.47}$$

如果光场的$|\gamma^{(1)}(x_1,x_2)|=1$ 和 $\gamma^{(2)}(x_1,x_2;x_2,x_1)=1$ 均成立，则称光场是**二阶相干**的。显然，$\gamma^{(2)}(x_1,x_2;x_2,x_1)=1$ 要求下列分解成立，即

$$\langle E^*(x_1)E^*(x_2)E(x_2)E(x_1)\rangle=\langle|E(x_1)|^2\rangle\langle|E(x_2)|^2\rangle \tag{6.48}$$

即二阶关联函数可分解成两个时空点光场强度的乘积。

值得指出的是，与一阶相干函数受限于 $0\leqslant|\gamma^{(1)}(\tau)|\leqslant 1$ 不同，由式(6.46)可知，二阶相干函数满足下式，即

$$0\leqslant\gamma^{(2)}(\tau)<\infty \tag{6.49}$$

当延迟时间 $\tau=0$ 时，式(6.46)变为

$$\gamma^{(2)}(0)=\frac{\langle I^2(t)\rangle}{\langle I(t)\rangle^2} \tag{6.50}$$

由于$\langle I^2(t)\rangle\geqslant\langle I(t)\rangle^2$，因此有

$$1\leqslant\gamma^{(2)}(0)<\infty \tag{6.51}$$

又由于$\langle I(t)I(t+\tau)\rangle\leqslant\langle I^2(t)\rangle$，因此有

$$\gamma^{(2)}(\tau)\leqslant\gamma^{(2)}(0) \tag{6.52}$$

对于由大量原子独立辐射构成的光源(**混沌光源**)，可以证明，二阶相干函数与一阶相干函数之间有下列关系，即

$$\gamma^{(2)}(\tau)=1+|\gamma^{(1)}(\tau)|^2 \tag{6.53}$$

由于 $0\leqslant|\gamma^{(1)}(\tau)|\leqslant 1$，因此对这类光源有

$$1\leqslant\gamma^{(2)}(\tau)\leqslant 2 \tag{6.54}$$

特别是，对于具有**洛仑兹线型**的光源，由式(6.23)可知 $|\gamma^{(1)}(\tau)|=\mathrm{e}^{-\tau/\tau_0}$，因此

$$\gamma^{(2)}(\tau)=1+\mathrm{e}^{-2\tau/\tau_0} \tag{6.55}$$

可见，当 $\tau=0$ 时，$\gamma^{(2)}(0)=2$，当 $\tau\to\infty$ 时，$\gamma^{(2)}(\tau)\to 1$，满足式(6.52)。

6.4 量子二阶相干函数

仿照关于量子一阶相干函数的讨论，光场在时空点 $(x_1)=(\boldsymbol{r}_1,t_1)$ 和 $(x_2)=(\boldsymbol{r}_2,t_2)$ 各湮灭一个光子而从初态 $|i\rangle$ 跃迁到末态 $|f\rangle$ 的概率正比于

$$|\langle f|E^{(+)}(x_2)E^{(+)}(x_1)|i\rangle|^2 \tag{6.56}$$

对光场的**末态求和**，得

$$\sum_f |\langle f\mid E^{(+)}(x_2)E^{(+)}(x_1)\mid i\rangle|^2=\langle i\mid E^{(-)}(x_1)E^{(-)}(x_2)E^{(+)}(x_2)E^{(+)}(x_1)\mid i\rangle \tag{6.57}$$

将纯态 $|i\rangle$ 推广到统计混合态 ρ，可引入**量子二阶关联函数**，即

$$G^{(2)}(x_1,x_2;x_2,x_1)=\mathrm{Tr}[\rho E^{(-)}(x_1)E^{(-)}(x_2)E^{(+)}(x_2)E^{(+)}(x_1)] \tag{6.58}$$

定义**量子二阶相干函数**，即

$$g^{(2)}(x_1,x_2;x_2,x_1)=\frac{G^{(2)}(x_1,x_2;x_2,x_1)}{G^{(1)}(x_1,x_1)G^{(1)}(x_2,x_2)} \tag{6.59}$$

若量子光场的 $|g^{(1)}(x_1,x_2)|=1$ 和 $|g^{(2)}(x_1,x_2;x_2,x_1)|=1$ 均成立，则说光场是量子二阶相干的。$g^{(2)}(x_1,x_2;x_2,x_1)=1$ 要求下列分解成立，即

$$G^{(2)}(x_1,x_2;x_2,x_1)=G^{(1)}(x_1,x_1)G^{(1)}(x_2,x_2) \tag{6.60}$$

即二阶关联函数可分解成两个时空点光场强度的乘积。在空间固定的一点，$g^{(2)}$ 只依赖于时间延迟 $\tau=t_2-t_1$，式(6.59)简化为

$$g^{(2)}(\tau)=\frac{\langle E^{(-)}(t)E^{(-)}(t+\tau)E^{(+)}(t+\tau)E^{(+)}(t)\rangle}{\langle E^{(-)}(t)E^{(+)}(t)\rangle\langle E^{(-)}(t+\tau)E^{(+)}(t+\tau)\rangle} \tag{6.61}$$

下面考虑量子二阶相干性的几个例子。

(1) 单模量子化电磁场

对由式(6.39)描述的单模量子化电磁场，即

$$E^{(+)}(\boldsymbol{r},t)=E_0 a\exp[\mathrm{i}(\boldsymbol{k}\cdot\boldsymbol{r}-\omega t)]$$

可求得

$$g^{(2)}(\tau)=\frac{\langle a^+a^+aa\rangle}{\langle a^+a\rangle^2}=\frac{\langle\hat{n}(\hat{n}-1)\rangle}{\langle\hat{n}\rangle^2}=1+\frac{V(n)-\langle\hat{n}\rangle}{\langle\hat{n}\rangle^2} \tag{6.62}$$

其中，$V(n)\equiv\langle\hat{n}^2\rangle-\langle\hat{n}\rangle^2$ 为光子数方差。

可见对单模情况，$g^{(2)}(\tau)=g^{(2)}(0)$，与 τ 无关。

对单模光场的几种量子态可分别求得

相干态

$$g^{(2)}(0)=1 \tag{6.63}$$

热光场态

$$g^{(2)}(0)=2 \tag{6.64}$$

光子数态 $|n\rangle$

$$g^{(2)}(0)=\begin{cases}0, & n=0,1\\ 1-1/n, & n\geqslant 2\end{cases} \tag{6.65}$$

可见，对单模光子数态，恒有 $g^{(2)}(0)<1$。

由式(6.45)我们知道，当单模量子电磁场处于相干态和光子数态时，具有相同的一阶相干性，因此利用一阶相干性不足以区分相干态和光子数态。由式(6.63)和式(6.65)可以看出，当单模量子电磁场处于相干态和光子数态时，具有不同的二阶相干性，因此利用二阶相干性可以区分相干态和光子数态。

相干态的光子数分布为随机分布(泊松分布)，对应的 $g^{(2)}(0)=1$。通常将 $g^{(2)}(0)>1$ 的光场量子态称为**光子群聚态**(**bunching**)，意味着光子倾向于成群地到达探测器；将 $g^{(2)}(0)<1$ 的光场量子态称为**光子反群聚态**(**anti-bunching**)，意味着光子倾向于以均匀的时间间隔到达探测器。因此，热光场态是一种光子群聚态，而光子数态是一种光子反群聚态。由于 $g^{(2)}(0)<1$ 超出了由式(6.51)($1\leqslant\gamma^{(2)}(0)<\infty$)所描述的经典二阶相干函数的范围，因此称**光子反群聚效应**是一种所谓的**非经典效应**。

有时也把 $g^{(2)}(\tau)<g^{(2)}(0)$ 的光场量子态称为光子群聚态，而把 $g^{(2)}(\tau)>g^{(2)}(0)$的光场量子态称为光子反群聚态 。注意经典二阶相干函数满足(6.52)式，即 $\gamma^{(2)}(\tau)\leqslant\gamma^{(2)}(0)$。

对单模光场，$g^{(2)}(0)<1$ 对应着 $V(n)<\langle\hat{n}\rangle$，这表明对单模光场来说，光子**反群聚效应**对应着**光子数亚泊松分布**。

(2) 多模量子化电磁场

对多模相干态，可求得

$$g^{(2)}(\tau)=g^{(2)}(0)=1 \tag{6.66}$$

对具有洛仑兹线型的混沌光源，可求得

$$g^{(2)}(\tau)=1+e^{-2\tau/\tau_0} \tag{6.67}$$

可见，对这种光源有 $1=g^{(2)}(\infty)<g^{(2)}(\tau)<g^{(2)}(0)=2$。

6.5　量子高阶相干函数

类似于量子二阶相干函数，可定义量子 n 阶**相干函数**，即

$$g^{(n)}(x_1,\cdots,x_n;x_n,\cdots,x_1)=\frac{G^{(n)}(x_1,\cdots,x_n;x_n,\cdots,x_1)}{G^{(1)}(x_1,x_1)\cdots G^{(1)}(x_n,x_n)} \tag{6.68}$$

其中

$$\begin{aligned}G^{(n)}(x_1,\cdots,x_n;x_n,\cdots,x_1)&=\langle E^{(-)}(x_1)\cdots E^{(-)}(x_n)E^{(+)}(x_n)\cdots E^{(+)}(x_1)\rangle\\&=\mathrm{Tr}[\rho E^{(-)}(x_1)\cdots E^{(-)}(x_n)E^{(+)}(x_n)\cdots E^{(+)}(x_1)]\end{aligned} \tag{6.69}$$

称为量子 n 阶**关联函数**。

如果某电磁场对所有的 $n\geqslant 1$ 均有

$$|g^{(n)}(x_1,\cdots,x_n;x_n,\cdots,x_1)|=1 \tag{6.70}$$

则称该电磁场是 n 阶相干的。如果当 $n\to\infty$ 上式仍然成立，则称该电磁场是完全相干的。可以证明，**处于相干态的电磁场是完全相干的**，这正是相干态这一名称的由来。

由式(6.68)可见，式(6.70)成立的充分条件是

$$G^{(n)}(x_1,\cdots,x_n;x_n,\cdots,x_1)=G^{(1)}(x_1,x_1)\cdots G^{(1)}(x_n,x_n) \tag{6.71}$$

即各高阶关联函数均可分解成各时空点强度的乘积。

6.6　本 章 小 结

1. 一阶相干性：**幅度关联**

(1) 经典一阶相干性

一阶关联函数

$$\langle E^*(x_1)E(x_2)\rangle$$

一阶相干函数

$$\gamma^{(1)}(x_1,x_2)=\frac{\langle E^*(x_1)E(x_2)\rangle}{[\langle|E(x_1)|^2\rangle\langle|E(x_2)|^2\rangle]^{1/2}}$$

$$0\leqslant|\gamma^{(1)}(x_1,x_2)|\leqslant 1$$

(2) 量子一阶相干性

一阶关联函数

$$G^{(1)}(x_1,x_2)=\langle E^{(-)}(x_1)E^{(+)}(x_2)\rangle$$

一阶相干函数

$$g^{(1)}(x_1,x_2)=\frac{G^{(1)}(x_1,x_2)}{[G^{(1)}(x_1,x_1)G^{(1)}(x_2,x_2)]^{1/2}}$$

$$0\leqslant|g^{(1)}(x_1,x_2)|\leqslant 1$$

2. 二阶相干性:**强度关联**

(1) 经典二阶相干性

二阶关联函数

$$\langle I(x_1)I(x_2)\rangle\propto\langle E^*(x_1)E^*(x_2)E(x_2)E(x_1)\rangle$$

二阶相干函数

$$\gamma^{(2)}(x_1,x_2;x_2,x_1)=\frac{\langle I(x_1)I(x_2)\rangle}{\langle I(x_1)\rangle\langle I(x_2)\rangle}=\frac{\langle E^*(x_1)E^*(x_2)E(x_2)E(x_1)\rangle}{\langle|E(x_1)|^2\rangle\langle|E(x_2)|^2\rangle}$$

$$\gamma^{(2)}(\tau)=\frac{\langle I(t)I(t+\tau)\rangle}{\langle I(t)\rangle^2}=\frac{\langle E^*(t)E^*(t+\tau)E(t+\tau)E(t)\rangle}{\langle E^*(t)E(t)\rangle^2}$$

$$0\leqslant\gamma^{(2)}(\tau)<\infty$$

$$1\leqslant\gamma^{(2)}(0)<\infty$$

$$\gamma^{(2)}(\tau)\leqslant\gamma^{(2)}(0)$$

(2) 量子二阶相干性

二阶关联函数

$$G^{(2)}(x_1,x_2;x_2,x_1)=\langle E^{(-)}(x_1)E^{(-)}(x_2)E^{(+)}(x_2)E^{(+)}(x_1)\rangle$$

二阶相干函数

$$g^{(2)}(x_1,x_2;x_2,x_1)=\frac{G^{(2)}(x_1,x_2;x_2,x_1)}{G^{(1)}(x_1,x_1)G^{(1)}(x_2,x_2)}$$

$$g^{(2)}(\tau)=\frac{\langle E^{(-)}(t)E^{(-)}(t+\tau)E^{(+)}(t+\tau)E^{(+)}(t)\rangle}{\langle E^{(-)}(t)E^{(+)}(t)\rangle\langle E^{(-)}(t+\tau)E^{(+)}(t+\tau)\rangle}$$

对单模光场,$g^{(2)}(\tau)=g^{(2)}(0)$,与 τ 无关。

对单模光场的几种量子态可分别求得

相干态

$$g^{(2)}(0)=1$$

热光场态

$$g^{(2)}(0)=2$$

光子数态$|n\rangle$

$$g^{(2)}(0)=\begin{cases}0, & n=0,1\\ 1-1/n, & n\geqslant 2\end{cases}$$

通常将 $g^{(2)}(0)<1$ 或 $g^{(2)}(\tau)>g^{(2)}(0)$ 的光场量子态称为**光子反群聚态**。反群聚效应是一种非经典效应(经典情况 $\gamma^{(2)}(0)\geqslant 1,\gamma^{(2)}(\tau)\leqslant\gamma^{(2)}(0)$)。对单模光场,光子反群聚效应对应着光子数亚泊松分布。

至此,我们已知道电磁场的三种典型的非经典效应,包括**光子数亚泊松分布**、**压缩态**、**光子反群聚效应**,分别对应量子态某种涨落的减小(相对于相干态而言)。具体来讲,若某量子态中的光子数服从**亚泊松分布**,则表示该量子态具有较小的光子数涨落;在**压缩态**中,电磁场的正交分量具有较小的涨落;若某量子态呈现**光子反群聚效应**,则表示该量子态具有较小的二阶相干函数,意味着光子倾向于以均匀的时间间隔到达探测器。

参 考 文 献

[1] Gardiner C W, Zoller P. Quantum Noise. Berlin: Springer, 2000.

[2] Gerry G. and, Knight P. Introductory Quantum Optics. Cambridge: Cambridge University Press, 2005.

[3] Haken H. Light: Volume1: Waves, Photons, and Atoms. Amsterdam: North Holland, 1981.

[4] Loudon R. The Quantum Theory of Light(3rd ed). Oxford: Oxford University Press, 2000.

[5] Mandel L, Wolf E. Optical Coherence and Quantum Optics. Cambridge: Cambridge University Press, 1995.

[6] Meystre P, Sargent I I I M. Elements of Quantum Optics(3rd ed). Berlin: Springer, 1999.

[7] Orszag M. Quantum Optics: Including Noise, Trapped Ions, Quantum Trajectories, and Decoherence. Berlin: Springer, 2000.

[8] Puri R R. Mathematical Methods of Quantum Optics. Berlin: Springer, 2001.

[9] Schleich W P. Quantum Optics in Phase Space. Berlin: Wiley, 2001.

[10] Scully M O, Zubairy M S. Quantum Optics. Cambridge: Cambridge University Press, 1997.

[11] Walls D F, Milburn G J. Quantum Optics. Berlin: Springer, 1994.

[12] 郭光灿. 量子光学. 北京:高等教育出版社, 1990.

[13] 彭金生, 李高翔. 近代量子光学导论. 北京:科学出版社, 1996.

[14] 谭维翰. 量子光学导论. 北京:科学出版社, 2009.

第7章　量子电磁场与原子的相互作用[1-20]

前面分别讨论了经典电磁场与原子的相互作用和电磁场本身的各种量子统计性质和量子相干性质(电磁场的各种量子态及其光子数分布函数和准概率分布函数、正交分量的压缩效应,以及量子相干性等)。本章讨论量子电磁场与原子的相互作用。

7.1　量子多模电磁场与多能级原子相互作用的哈密顿量

前面已给出原子的自由哈密顿量,即

$$H_A = H_A \sum_k | k\rangle\langle k | = \sum_k \hbar\omega_k | k\rangle\langle k | \tag{7.1a}$$

其中,$|k\rangle$为原子自由哈密顿量 H_A 的本征态,相应的本征值为$\hbar\omega_k$,即 H_A 的本征方程为

$$H_A |k\rangle = \hbar\omega_k |k\rangle \tag{7.1b}$$

量子电磁场的自由哈密顿量为

$$H_F = \sum_\lambda H_\lambda = \sum_\lambda \hbar\omega_\lambda \left(a_\lambda^+ a_\lambda + \frac{1}{2}\right) \tag{7.2}$$

在**电偶极近似**下,量子电磁场与原子的相互作用哈密顿量为

$$V = -\boldsymbol{d}\cdot\boldsymbol{E} \tag{7.3}$$

其中,$\boldsymbol{d}$ 为原子的电偶极矩;$\boldsymbol{E}$ 为电磁场的电场强度,其表达式分别为

$$\boldsymbol{d} = \sum_j | j\rangle\langle j | \boldsymbol{d} \sum_k | k\rangle\langle k | = \sum_{j,k} \boldsymbol{d}_{jk} | j\rangle\langle k | \tag{7.4}$$

$$\boldsymbol{E} = \sum_\lambda \boldsymbol{e}_\lambda E_\lambda^{(s)} \sin(k_\lambda z)(a_\lambda + a_\lambda^+) \tag{7.5}$$

这里电磁场采用**驻波形式**。

系统的总哈密顿量为

$$\begin{aligned} H &= H_A + H_F + V \\ &= \sum_k \hbar\omega_k | k\rangle\langle k | + \sum_\lambda \hbar\omega_\lambda \left(a_\lambda^+ a_\lambda + \frac{1}{2}\right) \\ &\quad + \sum_{j,k} \sum_\lambda \hbar g_{jk,\lambda} | j\rangle\langle k | (a_\lambda + a_\lambda^+) \end{aligned} \tag{7.6}$$

其中,耦合常数为

$$g_{jk,\lambda} = \left(\frac{-\boldsymbol{d}_{jk}\cdot\boldsymbol{e}_\lambda E_\lambda^{(s)}}{\hbar}\right)\sin(k_\lambda z) = g_{jk,\lambda}(z) \tag{7.7}$$

我们用拉丁字母下标 j 和 k 表示原子能级,希腊字母下标 λ 表示光场模式。可见,耦合常数与原子电偶极矩和电场振幅的标量积($\boldsymbol{d}_{jk}\cdot\boldsymbol{e}_\lambda E_\lambda^{(s)}$)成正比,因此若原子电偶极矩矢量与电场矢量垂直,则耦合常数等于零;耦合常数与原子在光场中的位置有关[$\sin(k_\lambda z)$]。

7.2 量子单模电磁场与多能级原子的相互作用

现在考虑量子单模电磁场与多能级原子的相互作用。系统的哈密顿量为

$$\begin{aligned}H &= H_A + H_F + V\\ &= \sum_k \hbar\omega_k \mid k\rangle\langle k\mid + \hbar\omega\left(a^+a+\frac{1}{2}\right)\\ &\quad + \sum_{j,k}\hbar g_{jk}\mid j\rangle\langle k\mid (a+a^+)\end{aligned}\tag{7.8}$$

变换到相互作用绘景,则有

$$\begin{aligned}H_I &= \sum_{j,k}\hbar g_{jk}\mid j\rangle\langle k\mid \mathrm{e}^{\mathrm{i}\omega_{jk}t}(a\mathrm{e}^{-\mathrm{i}\omega t}+a^+\mathrm{e}^{\mathrm{i}\omega t})\\ &= \sum_{j,k}\hbar g_{jk}\mid j\rangle\langle k\mid (a\mathrm{e}^{\mathrm{i}(\omega_{jk}-\omega)t}+a^+\mathrm{e}^{\mathrm{i}(\omega_{jk}+\omega)t})\end{aligned}\tag{7.9}$$

其中,$\omega_{jk}=\omega_j-\omega_k$。

假设初始原子处在状态$|i\rangle$,光场处在状态$|n\rangle$,即系统初态为$|\psi(0)\rangle=|i,n\rangle$,则 t 时刻系统的状态可表示为

$$\mid\psi(t)\rangle = C_{i,n}(t)\mid i,n\rangle + \sum_{f\neq i}\left[C_{f,n-1}(t)\mid f,n-1\rangle + C_{f,n+1}(t)\mid f,n+1\rangle\right]\tag{7.10}$$

求和中第一项表示原子吸收光子的过程,第二项表示原子发射光子的过程。

将式(7.9)和式(7.10)代入薛定谔方程,可得

$$\mathrm{i}\frac{\mathrm{d}C_{i,n}(t)}{\mathrm{d}t} = \sum_{f\neq i}g_{if}\left[\sqrt{n}\mathrm{e}^{-\mathrm{i}(\omega_{fi}-\omega)t}C_{f,n-1}(t)+\sqrt{n+1}\mathrm{e}^{-\mathrm{i}(\omega_{fi}+\omega)t}C_{f,n+1}(t)\right]\tag{7.11a}$$

$$\mathrm{i}\frac{\mathrm{d}C_{f,n-1}(t)}{\mathrm{d}t}=g_{fi}\sqrt{n}\mathrm{e}^{-\mathrm{i}(\omega_{if}+\omega)t}C_{i,n}(t)\tag{7.11b}$$

$$\mathrm{i}\frac{\mathrm{d}C_{f,n+1}(t)}{\mathrm{d}t}=g_{fi}\sqrt{n+1}\mathrm{e}^{-\mathrm{i}(\omega_{if}-\omega)t}C_{i,n}(t)\tag{7.11c}$$

假设原子与光场的**耦合不太强**,相互作用**时间不太长**,则可取**一级微扰近似**,即在上式右端取初始值 $C_{i,n}(t)\approx C_{i,n}(0)=1$,$C_{f,n\pm1}(t)\approx C_{f,n\pm1}(0)=0$。于是有

$$\mathrm{i}\frac{\mathrm{d}C_{i,n}(t)}{\mathrm{d}t}\approx 0\tag{7.12a}$$

$$\mathrm{i}\frac{\mathrm{d}C_{f,n-1}(t)}{\mathrm{d}t}\approx g_{fi}\sqrt{n}\,\mathrm{e}^{-\mathrm{i}(\omega_{if}+\omega)t} \tag{7.12b}$$

$$\mathrm{i}\frac{\mathrm{d}C_{f,n+1}(t)}{\mathrm{d}t}\approx g_{fi}\sqrt{n+1}\,\mathrm{e}^{-\mathrm{i}(\omega_{if}-\omega)t} \tag{7.12c}$$

其解为 $C_{i,n}(t)\approx C_{i,n}(0)=1$,而

$$C_{f,n-1}(t)=g_{fi}\sqrt{n}\frac{\mathrm{e}^{-\mathrm{i}(\omega_{if}+\omega)t}-1}{\omega_{if}+\omega}=-g_{fi}\sqrt{n}\frac{\mathrm{e}^{\mathrm{i}(\omega_{fi}-\omega)t}-1}{\omega_{fi}-\omega} \tag{7.13a}$$

$$C_{f,n+1}(t)=g_{fi}\sqrt{n+1}\frac{\mathrm{e}^{-\mathrm{i}(\omega_{if}-\omega)t}-1}{\omega_{if}-\omega}=-g_{fi}\sqrt{n+1}\frac{\mathrm{e}^{\mathrm{i}(\omega_{fi}+\omega)t}-1}{\omega_{fi}+\omega} \tag{7.13b}$$

若 $\omega_{if}>0$,即 $E_i>E_f$,则 $C_{f,n+1}(t)$是主要的,即发射过程占优势;若 $\omega_{if}<0$,即 $E_i<E_f$,则 $C_{f,n-1}(t)$是主要的,即吸收过程占优势。

原子吸收和发射光子的概率分别为

$$|C_{f,n-1}(t)|^2=|g_{fi}|^2 n\frac{4\sin^2\left[\frac{1}{2}(\omega_{fi}-\omega)t\right]}{(\omega_{fi}-\omega)^2} \tag{7.14a}$$

$$|C_{f,n+1}(t)|^2=|g_{fi}|^2(n+1)\frac{4\sin^2\left[\frac{1}{2}(\omega_{if}-\omega)t\right]}{(\omega_{if}-\omega)^2} \tag{7.14b}$$

原子发生 $i\to f$ 跃迁(包括吸收和发射光子)的概率幅为

$$\begin{aligned}C_f(t)&=C_{f,n-1}(t)+C_{f,n+1}(t)\\&=g_{fi}\left\{\sqrt{n}\frac{\mathrm{e}^{-\mathrm{i}(\omega_{if}+\omega)t}-1}{\omega_{if}+\omega}+\sqrt{n+1}\frac{\mathrm{e}^{-\mathrm{i}(\omega_{if}-\omega)t}-1}{\omega_{if}-\omega}\right\}\\&=-g_{fi}\left\{\sqrt{n}\frac{\mathrm{e}^{\mathrm{i}(\omega_{fi}-\omega)t}-1}{\omega_{fi}-\omega}+\sqrt{n+1}\frac{\mathrm{e}^{\mathrm{i}(\omega_{fi}+\omega)t}-1}{\omega_{fi}+\omega}\right\}\end{aligned} \tag{7.15}$$

将上列公式与半经典理论中的对应公式比较,我们可以发现。

① $|C_{f,n-1}(t)|^2$ 和 $|C_{f,n+1}(t)|^2$ 的表达式表明仅当 $|\omega_{if}|\approx\omega$ (近共振)时,才有较大的吸收和发射概率。这导致在研究单模量子电磁场与原子的相互作用时,原子可取二能级近似。这点与半经典理论相同。注意到在导出原子的**二能级近似**过程中,用到了**一级微扰近似**,其适用条件是相互作用时间较短,相互作用强度较弱。那么我们要问:当这些条件不满足时,原子的二能级近似是否仍然成立。或者反过来问:在已对原子取二能级近似的前提下,再考虑强耦合、长时间是否还有意义。

② 对 $n=0$(光场初始处于真空态),由式(7.14a)和式(7.14b)可见,$|C_{f,n-1}(t)|^2=0$,而 $|C_{f,n+1}(t)|^2\neq0$。这表明,当光场初始处于真空态时,无吸收而有发射(自发辐射)。这点与半经典理论不同。

③ 当 $n\gg1$,$(n+1)\approx n$ 时,式(7.15)变为

$$C_f(t)\approx -g_{fi}\sqrt{n}\left\{\frac{\mathrm{e}^{\mathrm{i}(\omega_{fi}-\omega)t}-1}{\omega_{fi}-\omega}+\frac{\mathrm{e}^{\mathrm{i}(\omega_{fi}+\omega)t}-1}{\omega_{fi}+\omega}\right\} \tag{7.16}$$

与半经典理论比较，有下列对应关系，即

$$-g_{fi}\sqrt{n}\leftrightarrow\frac{1}{2}\frac{\boldsymbol{E}_0\cdot\boldsymbol{d}_{fi}}{\hbar},\quad \sqrt{n}g_{fi}\leftrightarrow\frac{1}{2}\Omega_R^{\text{classical}} \tag{7.17}$$

下面重点讨论量子单模电磁场与二能级原子的相互作用。

7.3 量子单模电磁场与二能级原子的相互作用——JC模型

单模量子电磁场与单个两能级原子的相互作用是量子电磁场与物质相互作用的最简单模型，称为 **Rabi 模型**，其取旋转波近似后的形式称为 **Jaynes-Cummings 模型**（简称 **JC 模型**）。许多文献将二者统称为 **Jaynes-Cummings 模型**。

7.3.1 系统的哈密顿量

设两能级原子的上、下能态分别为 $|e\rangle$ 和 $|g\rangle$，则原子的自由哈密顿量为

$$H_A=\hbar\omega_e|e\rangle\langle e|+\hbar\omega_g|g\rangle\langle g| \tag{7.18}$$

选取能量零点使得 $\hbar\omega_e=\frac{1}{2}\hbar\omega_0$，$\hbar\omega_g=-\frac{1}{2}\hbar\omega_0$，$\omega_0=\omega_e-\omega_g$，并引入**泡利算符** $\sigma_z=|e\rangle\langle e|-|g\rangle\langle g|$，则有

$$H_A=\frac{1}{2}\hbar\omega_0\sigma_z \tag{7.19}$$

单模光场的自由哈密顿量为

$$H_F=\hbar\omega a^+a \tag{7.20}$$

这里我们略去了光场自由哈密顿量中无关紧要的常数项 $\hbar\omega/2$。

相互作用哈密顿量为

$$\begin{aligned}V&=\sum_{j,k}\sum_{\lambda}\hbar g_{jk,\lambda}\,|j\rangle\langle k|\,(a_\lambda+a_\lambda^+)\\&=\sum_{j,k}\hbar g_{jk}\,|j\rangle\langle k|\,(a+a^+)\\&=(\hbar g_{eg}\,|e\rangle\langle g|+\hbar g_{ge}\,|g\rangle\langle e|)(a+a^+)\\&=\hbar\lambda(|e\rangle\langle g|+|g\rangle\langle e|)(a+a^+)\\&=\hbar\lambda(\sigma^++\sigma)(a+a^+)\end{aligned} \tag{7.21}$$

其中，$\sigma^+=|e\rangle\langle g|$；$\sigma=|g\rangle\langle e|$，并假设 $g_{eg}=g_{ge}\equiv\lambda$。

注意到 $g_{jk}\propto\boldsymbol{d}_{jk}$，因此有 $g_{jj}(j=e,g)\propto\boldsymbol{d}_{jj}=0$。从而得总哈密顿量为

$$H=\frac{1}{2}\hbar\omega_0\sigma_z+\hbar\omega a^+a+\hbar\lambda(\sigma^++\sigma)(a^++a) \tag{7.22}$$

相互作用哈密顿量中四项的物理意义分别为

$\sigma^+ a$ 表示原子吸收一个光子而从下能态跃迁到上能态；$a^+\sigma$ 表示原子从上能态跃迁到下能态而发出一个光子；$a^+\sigma^+$ 表示原子从下能态跃迁到上能态的同时发出一个光子；σa 表示原子从上能态跃迁到下能态的同时吸收一个光子。

显然，$a^+\sigma^+$ 和 σa 对应的过程能量不守恒，故可以略去(对应于**旋转波近似**)。于是，式(7.22)变为

$$H=\frac{1}{2}\hbar\omega_0\sigma_z+\hbar\omega a^+a+\hbar\lambda(\sigma^+a+a^+\sigma) \tag{7.23}$$

变换到**相互作用绘景**，利用附录 A 中的定理，有

$$\begin{aligned}&a\rightarrow a\mathrm{e}^{-\mathrm{i}\omega t},\quad a^+\rightarrow a^+\mathrm{e}^{\mathrm{i}\omega t}\\&\sigma\rightarrow\sigma\mathrm{e}^{-\mathrm{i}\omega_0 t},\quad \sigma^+\rightarrow\sigma^+\mathrm{e}^{\mathrm{i}\omega_0 t}\end{aligned} \tag{7.24}$$

可得相互作用绘景中的相互作用哈密顿量，即

$$H_I=\hbar\lambda(\sigma^+a\mathrm{e}^{\mathrm{i}\Delta t}+a^+\sigma\mathrm{e}^{-\mathrm{i}\Delta t}) \tag{7.25}$$

其中，$\Delta=\omega_0-\omega$，称为失谐量。

若在式(7.22)中不略去含 σ^+a^+ 和 $a\sigma$ 的项，则变换到**相互作用绘景**后，哈密顿量中会出现含有 $\sigma^+a^+\mathrm{e}^{\mathrm{i}(\omega_0+\omega)t}$ 和 $\sigma a\mathrm{e}^{-\mathrm{i}(\omega_0+\omega)t}$ 的快速振荡项。因此，**旋转波近似**既可以说是略去以$(\omega_0+\omega)$快速振荡的项，也可以说是略去能量不守恒的项。

7.3.2 薛定谔方程的求解

下面先讨论两种极限情况，即**共振情况**和**大失谐情况**(**色散情况**)，然后讨论普遍情况。

1. 共振情况($\Delta=0$)

在共振情况，式(7.25)变为

$$H_I=\hbar\lambda(\sigma^+a+a^+\sigma) \tag{7.26}$$

(1) 求解方法 1：概率幅方法

该哈密顿量只引起下列跃迁，即$|e,n\rangle\leftrightarrow|g,n+1\rangle$。设系统的初态为

$$|\psi(0)\rangle=c_{e,n}(0)|e,n\rangle+c_{g,n+1}(0)|g,n+1\rangle \tag{7.27}$$

则 t 时刻系统的状态为

$$|\psi(t)\rangle=c_{e,n}(t)|e,n\rangle+c_{g,n+1}(t)|g,n+1\rangle \tag{7.28}$$

下面求 $c_{e,n}(t)$和 $c_{g,n+1}(t)$，一旦求出 $c_{e,n}(t)$和 $c_{g,n+1}(t)$，就可以讨论原子和光场的各种性质。

将式(7.26)和式(7.26)代入薛定谔方程方程可得

$$\frac{\mathrm{d}c_{e,n}}{\mathrm{d}t}=-\mathrm{i}\lambda\sqrt{n+1}c_{g,n+1}=-\mathrm{i}\frac{\Omega_n}{2}c_{g,n+1} \tag{7.29a}$$

$$\frac{\mathrm{d}c_{g,n+1}}{\mathrm{d}t}=-\mathrm{i}\lambda\sqrt{n+1}c_{e,n}=-\mathrm{i}\frac{\Omega_n}{2}c_{e,n} \tag{7.29b}$$

其中，$\Omega_n=2\lambda\sqrt{n+1}$，称为**量子 Rabi 频率**。

式(7.29)的解为

$$c_{e,n}(t)=c_{e,n}(0)\cos\left(\frac{\Omega_n}{2}t\right)-\mathrm{i}c_{g,n+1}(0)\sin\left(\frac{\Omega_n}{2}t\right) \tag{7.30a}$$

$$c_{g,n+1}(t)=c_{g,n+1}(0)\cos\left(\frac{\Omega_n}{2}t\right)-\mathrm{i}c_{e,n}(0)\sin\left(\frac{\Omega_n}{2}t\right) \tag{7.30b}$$

设 $c_{e,n}(0)=1$，$c_{g,n+1}(0)=0$，则有

$$c_{e,n}(t)=\cos\left(\frac{\Omega_n}{2}t\right),\quad c_{g,n+1}(t)=-\mathrm{i}\sin\left(\frac{\Omega_n}{2}t\right) \tag{7.31}$$

将式(7.31)代入式(7.28)，则 t 时刻系统的状态为

$$\begin{aligned}|\psi(t)\rangle&=c_{e,n}(t)|e,n\rangle+c_{g,n+1}(t)|g,n+1\rangle\\&=\cos\left(\frac{\Omega_n}{2}t\right)|e,n\rangle-\mathrm{i}\sin\left(\frac{\Omega_n}{2}t\right)|g,n+1\rangle\end{aligned} \tag{7.32}$$

(2) 求解方法 2：时间演化算符法

设系统(原子+光场)初始处于量子态$|\psi(0)\rangle$，则 t 时刻的量子态为

$$|\psi(t)\rangle=U(t)|\psi(0)\rangle \tag{7.33}$$

其中，$U(t)$为时间演化算符，其形式为

$$U(t)=\exp\left(-\frac{\mathrm{i}}{\hbar}H_I t\right)=\exp[-\mathrm{i}\lambda t(\sigma^+a+a^+\sigma)] \tag{7.34}$$

可以证明，上式可用原子态$\{|e\rangle,|g\rangle\}$展开为[①]

$$\begin{aligned}U(t)=&\cos(\lambda t\sqrt{a^+a+1})|e\rangle\langle e|-\mathrm{i}\frac{\sin(\lambda t\sqrt{a^+a+1})}{\sqrt{a^+a+1}}a|e\rangle\langle g|\\&-\mathrm{i}a^+\frac{\sin(\lambda t\sqrt{a^+a+1})}{\sqrt{a^+a+1}}|g\rangle\langle e|+\cos(\lambda t\sqrt{a^+a})|g\rangle\langle g|\end{aligned} \tag{7.35}$$

或者写成矩阵形式

$$U(t)=\begin{bmatrix}\cos(\lambda t\sqrt{a^+a+1}) & -\mathrm{i}\dfrac{\sin(\lambda t\sqrt{a^+a+1})}{\sqrt{a^+a+1}}a\\ -\mathrm{i}a^+\dfrac{\sin(\lambda t\sqrt{a^+a+1})}{\sqrt{a^+a+1}} & \cos(\lambda t\sqrt{a^+a})\end{bmatrix} \tag{7.36}$$

下面考虑几种具体的初态。

① 设初始原子处于上能态$|e\rangle$，光场处于光子数态$|n\rangle$，则系统(原子+光场)的初态为$|\psi(0)\rangle=|e,n\rangle$，$t$ 时刻的状态为

---

① Scully M O，Zubairy M S. Quantum Optics. Cambridge：Cambridge University Press，1997：205.

$$
\begin{aligned}
|\psi(t)\rangle &= \cos\left(\frac{\Omega_n}{2}t\right)|e,n\rangle - \mathrm{i}\sin\left(\frac{\Omega_n}{2}t\right)|g,n+1\rangle \\
&= c_{e,n}(t)|e,n\rangle + c_{g,n+1}(t)|g,n+1\rangle
\end{aligned} \tag{7.37}
$$

这正是式(7.32)，其中 $\Omega_n=2\lambda\sqrt{n+1}$ 为**量子 Rabi 频率**。

系统处于状态 $|e,n\rangle$ 和 $|g,n+1\rangle$ 的概率分别为

$$
P_{e,n}(t)=\cos^2\left(\frac{\Omega_n}{2}t\right)=\frac{1}{2}[1+\cos(\Omega_n t)] \tag{7.38}
$$

$$
P_{g,n+1}(t)=\sin^2\left(\frac{\Omega_n}{2}t\right)=\frac{1}{2}[1-\cos(\Omega_n t)] \tag{7.39}
$$

可见，系统以量子 **Rabi** 频率 Ω_n 在状态 $|e,n\rangle$ 和 $|g,n+1\rangle$ 之间进行 **Rabi 振荡**。特别是，当光场初始处于真空态 $|0\rangle$ 时，原子将在上下能态之间以**真空 Rabi 频率** $\Omega_0=2\lambda$ 进行周期性振荡，即自发辐射呈周期性振荡的形式。这与处于激发态的原子在**自由空间**的自发辐射呈指数性衰减形成鲜明的对照。同时，反映了量子光学中的一个基本问题，即原子自发辐射的性质和自发辐射的速率不只与原子自身的性质有关，而且与原子所处的环境密切相关。具体来说，与环境中电磁场的模密度密切相关。在自由空间，电磁场以连续的多模形式存在，因此原子在自由空间的自发辐射呈指数性衰减。当电磁场处于**有限空间**(广义的“**腔**”)时，原子自发辐射的性质将会发生改变。在不同性质的腔中原子具有不同性质的自发辐射。特别是当腔中只存在一个光场模式(单模腔)时，原子的自发辐射呈周期性振荡。关于原子在不同性质的有限空间中的自发辐射的研究构成**腔量子电动力学**(**cavity QED**)的基本内容。

由式(7.32)可知，当 $\Omega_n t=\pi/2$ 时(称为量子 $\pi/2$ 脉冲)，有

$$
\left|\psi\left(\frac{\pi}{2\Omega_n}\right)\right\rangle=\frac{1}{\sqrt{2}}(|e,n\rangle-\mathrm{i}|g,n+1\rangle) \tag{7.40}
$$

当 $\Omega_n t=\pi$ 时(称为量子 π 脉冲)，有

$$
\left|\psi\left(\frac{\pi}{\Omega_n}\right)\right\rangle=-\mathrm{i}|g,n+1\rangle \tag{7.41}
$$

当 $\Omega_n t=2\pi$ 时(称为量子 2π 脉冲)，有

$$
\left|\psi\left(\frac{2\pi}{\Omega_n}\right)\right\rangle=-|e,n\rangle \tag{7.42}
$$

上述结果表明，当系统初始处于**直积态** $|e,n\rangle$ 时，在一般的时刻 t，系统将处于由式(7.32)描述的**纠缠态**。特别地，在时刻 $t=\pi/(2\Omega_n)$，系统将处于由式(7.40)描述的**最大纠缠态**；在时刻 $t=\pi/\Omega_n$，系统将处于由式(7.41)描述的直积态；在时刻

$t=2\pi/\Omega_n$，系统将返回其初始直积态。这些结果在量子信息处理中有着重要的应用。

② 设初始原子处于上能态$|e\rangle$，光场处于光子数态的某种叠加态$|\psi\rangle=\sum_n c_n|n\rangle$，其相应的光子数概率分布函数为$p_n=|c_n|^2$。例如，对相干态$|\alpha\rangle$，$p_n=e^{-|\alpha|^2}|\alpha|^{2n}/n!$。仿照上面的推导过程，可得$t$时刻原子处于上下能态的概率分别为

$$P_e(t)=\sum_n p_n\cos^2\left(\frac{\Omega_n}{2}t\right)=\frac{1}{2}\left[1+\sum_n p_n\cos(\Omega_n t)\right] \tag{7.43}$$

$$P_g(t)=\sum_n p_n\sin^2\left(\frac{\Omega_n}{2}t\right)=\frac{1}{2}\left[1-\sum_n p_n\cos(\Omega_n t)\right] \tag{7.44}$$

原子的布居数反转为

$$W(t)\equiv P_e(t)-P_g(t)=\sum_n p_n\cos(\Omega_n t) \tag{7.45}$$

上式是以各种量子 Rabi 频率Ω_n振荡的成分的加权求和，求和的结果使得$W(t)$呈现所谓的**崩塌与复苏**(collapse-revival)现象。这种现象反映了电磁场的量子性。图 7.1 给出了一个例子，初始光场处于平均光子数为$\bar{n}=|\alpha|^2=10$的相干态$|\alpha\rangle$。

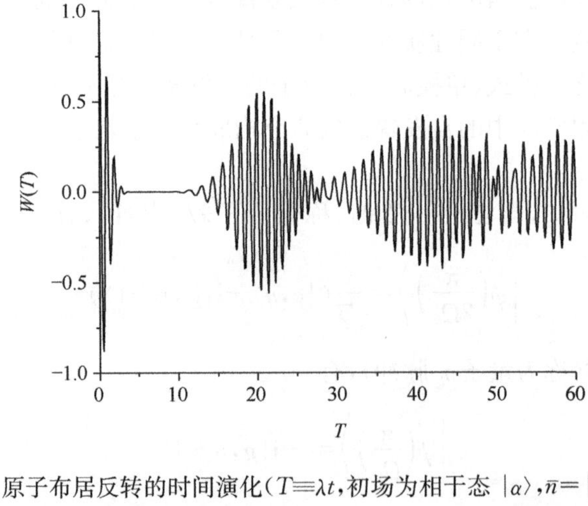

图 7.1　原子布居反转的时间演化($T\equiv\lambda t$，初场为相干态$|\alpha\rangle$，$\bar{n}=|\alpha|^2=10$)

值得强调的是，量子单模场情况下的式(7.45)与经典单模场情况下的对应公式$[W(t)\equiv P_e(t)-P_g(t)=\cos(\Omega_R t)$，$\Omega_R\equiv-\boldsymbol{\mu}\cdot\boldsymbol{E}_0/\hbar]$形成鲜明的对照。经典情况预言原子的布居数反转随时间的演化呈现 **Rabi 振荡**(简谐振荡)，而量子情况下的式(7.45)预言原子的布居数反转随时间的演化呈现**崩塌与复苏现象**。因此，**崩塌与复苏**现象反映了电磁场的量子性。

2. 大失谐情况(色散情况)

在大失谐情况下,具体来说,当 $\Delta \gg \lambda\sqrt{\langle a^{+}a\rangle}$ 时,式(7.26)可化成下列**有效哈密顿量**①,即

$$H_{\text{eff}}=\hbar\chi\left[(a^{+}a+1)|e\rangle\langle e|-a^{+}a|g\rangle\langle g|\right] \tag{7.46}$$

其中,$\chi=\lambda^2/\Delta$。

相应的时间演化算符为

$$U(t)=\exp\left[-\frac{\mathrm{i}}{\hbar}H_{\text{eff}}t\right] \tag{7.47}$$

注意到 $|g,n\rangle$ 和 $|e,n\rangle$ 均为 H_{eff} 的本征态,即

$$H_{\text{eff}}|g,n\rangle=-\hbar\chi n|g,n\rangle \tag{7.48}$$

$$H_{\text{eff}}|e,n\rangle=\hbar\chi(n+1)|e,n\rangle \tag{7.49}$$

于是,当系统(原子+光场)初始处于量子态 $|\psi(0)\rangle=|g,n\rangle$ 时,t 时刻的状态为

$$|\psi(t)\rangle=U(t)|\psi(0)\rangle=\exp\left[-\frac{\mathrm{i}}{\hbar}H_{\text{eff}}t\right]|g,n\rangle=\mathrm{e}^{\mathrm{i}n\chi t}|g,n\rangle \tag{7.50}$$

当系统初始处于量子态 $|\psi(0)\rangle=|e,n\rangle$ 时,则 t 时刻的状态为

$$|\psi(t)\rangle=U(t)|\psi(0)\rangle=\exp\left[-\frac{\mathrm{i}}{\hbar}H_{\text{eff}}t\right]|e,n\rangle=\mathrm{e}^{-\mathrm{i}(n+1)\chi t}|\mathrm{e},n\rangle \tag{7.51}$$

上述结果表明,在大失谐情况下,当原子初始处于其能量本征态 $|g\rangle$ 或 $|e\rangle$,而光场初始处于光子数态 $|n\rangle$ 时,系统在时间演化中将保持其初态不变(只是产生了一个整体的位相因子)。然而,当光场初始处于相干态 $|\alpha\rangle$ 时,情况就不同了,现讨论如下。

当系统初始处于量子态 $|\psi(0)\rangle=|g,\alpha\rangle$ 时,则 t 时刻的状态为

$$\begin{aligned}|\psi(t)\rangle &= \exp\left[-\frac{\mathrm{i}}{\hbar}H_{\text{eff}}t\right]|g,\alpha\rangle\\ &= \exp\left[-\frac{\mathrm{i}}{\hbar}H_{\text{eff}}t\right]|g\rangle\mathrm{e}^{-|\alpha|^2/2}\sum_n\frac{\alpha^n}{\sqrt{n!}}|n\rangle\\ &=|g\rangle\mathrm{e}^{-|\alpha|^2/2}\sum_n\frac{\alpha^n}{\sqrt{n!}}\mathrm{e}^{\mathrm{i}n\chi t}|n\rangle\\ &=|g\rangle|\alpha\mathrm{e}^{\mathrm{i}\chi t}\rangle\end{aligned} \tag{7.52}$$

类似的,当系统初始处于量子态 $|\psi(0)\rangle=|e,\alpha\rangle$ 时,则 t 时刻的状态为

$$|\psi(t)\rangle=\exp\left[-\frac{\mathrm{i}}{\hbar}H_{\text{eff}}t\right]|e,\alpha\rangle=\mathrm{e}^{-\mathrm{i}\chi t}|e\rangle|\alpha\mathrm{e}^{-\mathrm{i}\chi t}\rangle \tag{7.53}$$

---

① 附录 D 和 Gerry G, Knight P. Introductory Quantum Optics. Cambridge: Cambridge University Press, 2005: 308.

我们注意到，对应于原子的初态$|g\rangle$或$|e\rangle$，t时刻相干态$|\alpha\rangle$在相空间分别旋转了角度$\pm\theta(\theta=\chi t)$。

更有趣的是，当光场初始处于相干态$|\alpha\rangle$，而原子初始处于$|g\rangle$和$|e\rangle$的叠加态$(|g\rangle+e^{i\varphi}|e\rangle)/\sqrt{2}$时，系统在$t$时刻的状态为

$$|\psi(t)\rangle=\frac{1}{\sqrt{2}}[|g\rangle|\alpha e^{i\chi t}\rangle+e^{i\varphi}e^{-i\chi t}|e\rangle|\alpha e^{-i\chi t}\rangle] \tag{7.54}$$

这是原子和光场的一种**纠缠态**。

如果我们选择$\varphi=\chi t=\pi/2$，则有

$$\begin{aligned}|\psi\left(\frac{\pi}{2\chi}\right)\rangle&=\frac{1}{\sqrt{2}}[|g\rangle|i\alpha\rangle+|e\rangle|-i\alpha\rangle]\\&=\frac{1}{\sqrt{2}}[|g\rangle|\beta\rangle+|e\rangle|-\beta\rangle]\end{aligned} \tag{7.55}$$

其中，$\beta=i\alpha$。

量子态$|\beta\rangle$和$|-\beta\rangle$在相空间相差180°，它们是可最大程度区分开的相干态。上述结果在量子纠缠态的制备以及量子信息的研究中有着重要的应用。

3. 普遍情况($\Delta\neq0$)

前面已导出

$$H_I=\hbar\lambda(\sigma^+ae^{i\Delta t}+a^+\sigma e^{-i\Delta t})$$

下面利用概率幅方法求解。

(1) 设系统的初态为

$$|\psi(0)\rangle=c_{e,n}(0)|e,n\rangle+c_{g,n+1}(0)|g,n+1\rangle \tag{7.56}$$

则t时刻系统的状态为

$$|\psi(t)\rangle=c_{e,n}(t)|e,n\rangle+c_{g,n+1}(t)|g,n+1\rangle \tag{7.57}$$

下面求$c_{e,n}(t)$和$c_{g,n+1}(t)$，一旦求出$c_{e,n}(t)$和$c_{g,n+1}(t)$，则可讨论原子和光场的各种性质。

将式(7.26)和式(7.57)代入薛定谔方程可得

$$\frac{dc_{e,n}}{dt}=-i\lambda\sqrt{n+1}e^{i\Delta t}c_{g,n+1}=-i\frac{\Omega_n}{2}e^{i\Delta t}c_{g,n+1} \tag{7.58a}$$

$$\frac{dc_{g,n+1}}{dt}=-i\lambda\sqrt{n+1}e^{-i\Delta t}c_{e,n}=-i\frac{\Omega_n}{2}e^{-i\Delta t}c_{e,n} \tag{7.58b}$$

其中，$\Omega_n=2\lambda\sqrt{n+1}$。

在这组方程中，系数含有时间因子。为了消去系数中的时间因子，作下列变量替换，即

$$\tilde{c}_{e,n}(t)=c_{e,n}(t)\mathrm{e}^{-\mathrm{i}\frac{\Delta}{2}t},\quad \tilde{c}_{g,n+1}(t)=c_{g,n+1}(t)\mathrm{e}^{\mathrm{i}\frac{\Delta}{2}t} \tag{7.59}$$

可得

$$\frac{\mathrm{d}}{\mathrm{d}t}\tilde{c}_{e,n}(t)=-\mathrm{i}\frac{\Delta}{2}\tilde{c}_{e,n}(t)-\mathrm{i}\frac{\Omega_n}{2}\tilde{c}_{g,n+1}(t) \tag{7.60a}$$

$$\frac{\mathrm{d}}{\mathrm{d}t}\tilde{c}_{g,n+1}(t)=-\mathrm{i}\frac{\Omega_n}{2}\tilde{c}_{e,n}(t)+\mathrm{i}\frac{\Delta}{2}\tilde{c}_{g,n+1}(t) \tag{7.60b}$$

在这组方程中，系数不含时间。这组方程的解为

$$\begin{aligned}\tilde{c}_{e,n}(t)&=c_{e,n}(0)\cos\left(\frac{1}{2}\tilde{\Omega}_n t\right)-\mathrm{i}\left[\frac{\Delta}{\tilde{\Omega}_n}c_{e,n}(0)+\frac{\Omega_n}{\tilde{\Omega}_n}c_{g,n+1}(0)\right]\sin\left(\frac{1}{2}\tilde{\Omega}_n t\right)\\&=c_{e,n}(0)\left[\cos\left(\frac{1}{2}\tilde{\Omega}_n t\right)-\mathrm{i}\frac{\Delta}{\tilde{\Omega}_n}\sin\left(\frac{1}{2}\tilde{\Omega}_n t\right)\right]-\mathrm{i}c_{g,n+1}(0)\frac{\Omega_n}{\tilde{\Omega}_n}\sin\left(\frac{1}{2}\tilde{\Omega}_n t\right)\end{aligned} \tag{7.61}$$

$$\begin{aligned}\tilde{c}_{g,n+1}(t)=&\frac{1}{-\mathrm{i}\frac{\Omega_n}{2}}\left\{c_{e,n}(0)\left[-\frac{1}{2}\tilde{\Omega}_n\sin\left(\frac{1}{2}\tilde{\Omega}_n t\right)+\mathrm{i}\frac{\Delta}{2}\cos\left(\frac{1}{2}\tilde{\Omega}_n t\right)\right]\right.\\&\left.-\mathrm{i}\left[\frac{\Delta}{\tilde{\Omega}_n}c_{e,n}(0)+\frac{\Omega_n}{\tilde{\Omega}_n}c_{g,n+1}(0)\right]\left[\frac{1}{2}\tilde{\Omega}_n\cos\left(\frac{1}{2}\tilde{\Omega}_n t\right)+\mathrm{i}\frac{\Delta}{2}\sin\left(\frac{1}{2}\tilde{\Omega}_n t\right)\right]\right\}\\=&c_{g,n+1}(0)\left[\cos\left(\frac{1}{2}\tilde{\Omega}_n t\right)+\mathrm{i}\frac{\Delta}{\tilde{\Omega}_n}\sin\left(\frac{1}{2}\tilde{\Omega}_n t\right)\right]-\mathrm{i}c_{e,n}(0)\frac{\Omega_n}{\tilde{\Omega}_n}\sin\left(\frac{1}{2}\tilde{\Omega}_n t\right)\end{aligned} \tag{7.62}$$

代入式(7.59)可得

$$\begin{aligned}c_{e,n}(t)&=\mathrm{e}^{\mathrm{i}\frac{\Delta}{2}t}\left\{c_{e,n}(0)\left[\cos\left(\frac{1}{2}\tilde{\Omega}_n t\right)-\mathrm{i}\frac{\Delta}{\tilde{\Omega}_n}\sin\left(\frac{1}{2}\tilde{\Omega}_n t\right)\right]-\mathrm{i}c_{g,n+1}(0)\frac{\Omega_n}{\tilde{\Omega}_n}\sin\left(\frac{1}{2}\tilde{\Omega}_n t\right)\right\}\\c_{g,n+1}(t)&=\mathrm{e}^{-\mathrm{i}\frac{\Delta}{2}t}\left\{c_{g,n+1}(0)\left[\cos\left(\frac{1}{2}\tilde{\Omega}_n t\right)+\mathrm{i}\frac{\Delta}{\tilde{\Omega}_n}\sin\left(\frac{1}{2}\tilde{\Omega}_n t\right)\right]-\mathrm{i}c_{e,n}(0)\frac{\Omega_n}{\tilde{\Omega}_n}\sin\left(\frac{1}{2}\tilde{\Omega}_n t\right)\right\}\end{aligned} \tag{7.63}$$

其中，$\tilde{\Omega}_n=\sqrt{\Omega_n^2+\Delta^2}$；$\Omega_n=2\lambda\sqrt{n+1}$；$\Delta=\omega_0-\omega$。

由式(7.60)求得式(7.61)和式(7.62)的过程如下，对式(7.60a)再求一次导数可得

$$\begin{aligned}\frac{\mathrm{d}^2}{\mathrm{d}t^2}\tilde{c}_{e,n}(t)&=-\mathrm{i}\frac{\Delta}{2}\frac{\mathrm{d}}{\mathrm{d}t}\tilde{c}_{e,n}(t)-\mathrm{i}\frac{\Omega_n}{2}\frac{\mathrm{d}}{\mathrm{d}t}\tilde{c}_{g,n+1}(t)\\&=-\mathrm{i}\frac{\Delta}{2}\frac{\mathrm{d}}{\mathrm{d}t}\tilde{c}_{e,n}(t)-\mathrm{i}\frac{\Omega_n}{2}\left[-\mathrm{i}\frac{\Omega_n}{2}\tilde{c}_{e,n}(t)+\mathrm{i}\frac{\Delta}{2}\tilde{c}_{g,n+1}(t)\right]\end{aligned} \tag{7.64a}$$

由式(7.60a)还可得

$$\tilde{c}_{g,n+1}(t)=\frac{1}{-\mathrm{i}\frac{\Omega_n}{2}}\left[\frac{\mathrm{d}}{\mathrm{d}t}\tilde{c}_{e,n}(t)+\mathrm{i}\frac{\Delta}{2}\tilde{c}_{e,n}(t)\right] \tag{7.64b}$$

将式(7.64a)代入式(7.64b)可得

$$\frac{d^2}{dt^2}\tilde{c}_{e,n}(t)=-\mathrm{i}\,\frac{\Delta}{2}\frac{d}{dt}\tilde{c}_{e,n}(t)-\mathrm{i}\,\frac{\Omega_n}{2}\left\{-\mathrm{i}\,\frac{\Omega_n}{2}\tilde{c}_{e,n}(t)-\frac{\Delta}{\Omega_n}\left[\frac{d}{dt}\tilde{c}_{e,n}(t)+\mathrm{i}\,\frac{\Delta}{2}\tilde{c}_{e,n}(t)\right]\right\}$$

$$=-\left(\frac{\tilde{\Omega}_n}{2}\right)^2\tilde{c}_{e,n}(t)$$

即

$$\frac{d^2}{dt^2}\tilde{c}_{e,n}(t)+\left(\frac{\tilde{\Omega}_n}{2}\right)^2\tilde{c}_{e,n}(t)=0 \tag{7.64c}$$

其中,$\tilde{\Omega}_n=\sqrt{\Omega_n^2+\Delta^2}$;$\Omega_n=2\lambda\sqrt{n+1}$。

式(7.64c)的通解为

$$\tilde{c}_{e,n}(t)=A\cos\left(\frac{1}{2}\tilde{\Omega}_n t\right)+B\sin\left(\frac{1}{2}\tilde{\Omega}_n t\right) \tag{7.64d}$$

再利用式(7.64b)可求得

$$\tilde{c}_{g,n+1}(t)=\frac{1}{-\mathrm{i}\,\frac{\Omega_n}{2}}\left[\frac{d}{dt}\tilde{c}_{e,n}(t)+\mathrm{i}\,\frac{\Delta}{2}\tilde{c}_{e,n}(t)\right]$$

$$=\frac{1}{-\mathrm{i}\,\frac{\Omega_n}{2}}\left\{\frac{1}{2}\tilde{\Omega}_n\left[-A\sin\left(\frac{1}{2}\tilde{\Omega}_n t\right)+B\cos\left(\frac{1}{2}\tilde{\Omega}_n t\right)\right]\right.$$

$$\left.+\mathrm{i}\,\frac{\Delta}{2}\left[A\cos\left(\frac{1}{2}\tilde{\Omega}_n t\right)+B\sin\left(\frac{1}{2}\tilde{\Omega}_n t\right)\right]\right\}$$

$$=\frac{1}{-\mathrm{i}\,\frac{\Omega_n}{2}}\left\{A\left[-\frac{1}{2}\tilde{\Omega}_n\sin\left(\frac{1}{2}\tilde{\Omega}_n t\right)+\mathrm{i}\,\frac{\Delta}{2}\cos\left(\frac{1}{2}\tilde{\Omega}_n t\right)\right]\right.$$

$$\left.+B\left[\frac{1}{2}\tilde{\Omega}_n\cos\left(\frac{1}{2}\tilde{\Omega}_n t\right)+\mathrm{i}\,\frac{\Delta}{2}\sin\left(\frac{1}{2}\tilde{\Omega}_n t\right)\right]\right\} \tag{7.64e}$$

注意到

$$\tilde{c}_{e,n}(0)=A$$

$$\tilde{c}_{g,n+1}(0)=\frac{1}{-\mathrm{i}\,\frac{\Omega_n}{2}}\left\{A\left[\mathrm{i}\,\frac{\Delta}{2}\right]+B\left[\frac{1}{2}\tilde{\Omega}_n\right]\right\}=-\frac{\Delta}{\Omega_n}A+\mathrm{i}\,\frac{\tilde{\Omega}_n}{\Omega_n}B$$

可定出

$$A=\tilde{c}_{e,n}(0)=c_{e,n}(0) \tag{7.64f}$$

$$B=-\mathrm{i}\,\frac{\Omega_n}{\tilde{\Omega}_n}\left[\tilde{c}_{g,n+1}(0)+\frac{\Delta}{\Omega_n}A\right]=-\mathrm{i}\,\frac{\Omega_n}{\tilde{\Omega}_n}\tilde{c}_{g,n+1}(0)-\mathrm{i}\,\frac{\Delta}{\tilde{\Omega}_n}A$$

$$=-\mathrm{i}\frac{\Omega_n}{\widetilde{\Omega}_n}c_{g,n+1}(0)-\mathrm{i}\frac{\Delta}{\widetilde{\Omega}_n}c_{e,n}(0)$$

$$=-\mathrm{i}\left[\frac{\Delta}{\widetilde{\Omega}_n}c_{e,n}(0)+\frac{\Omega_n}{\widetilde{\Omega}_n}c_{g,n+1}(0)\right] \tag{7.64g}$$

将式(7.64f)和式(7.64g)代入式(7.64d)和式(7.64e)可得式(7.61)和式(7.62)。

(2) 系统初态取更普遍形式的情况

上面考虑的初态为 $|\psi(0)\rangle=c_{e,n}(0)|e,n\rangle+c_{g,n+1}(0)|g,n+1\rangle$，其中$c_{e,n}(0)$和$c_{g,n+1}(0)$为已知。下面考虑更普遍的初态，即

$$|\psi_F(0)\rangle=\sum_n c_n|n\rangle \tag{7.65}$$

$$|\psi_A(0)\rangle=(c_e|e\rangle+c_g|g\rangle) \tag{7.66}$$

$$\begin{aligned}|\psi(0)\rangle&=|\psi_F(0)\rangle|\psi_A(0)\rangle\\&=\sum_n c_n|n\rangle(c_e|e\rangle+c_g|g\rangle)\\&=\sum_n(c_ec_n|e,n\rangle+c_gc_n|g,n\rangle)\end{aligned} \tag{7.67}$$

其中，c_n、c_e 和 c_g 已知；t 时刻系统的状态可表示为

$$|\psi(t)\rangle=\sum_n(c_{e,n}(t)|e,n\rangle+c_{g,n}(t)|g,n\rangle) \tag{7.68}$$

可见，$c_{e,n}(0)=c_ec_n$，$c_{g,n}(0)=c_gc_n$。用与第一类初态类似的方法可求得 $c_{e,n}(t)$和$c_{g,n}(t)$的表达式，结果同上。利用 $c_{e,n}(t)$和 $c_{g,n}(t)$的表达式，可以讨论原子和光场的各种性质。在经典电磁场与原子的相互作用中，量子体系是原子，着重讨论的是原子的量子性质，而在量子电磁场与原子的相互作用中，原子和光场构成量子体系，需要讨论原子和光场的量子性质。

首先注意，t 时刻系统的密度算符为

$$\rho(t)=|\psi(t)\rangle\langle\psi(t)|$$

① 原子的有关性质。

原子的约化密度算符为

$$\rho_A(t)=\mathrm{Tr}_F\rho(t)=\sum_n\langle n|\rho(t)|n\rangle \tag{7.69}$$

原子处于能态$|e\rangle$的概率为

$$\begin{aligned}P_e(t)&=\langle e|\rho_A(t)|e\rangle=\sum_n\langle e,n|\rho(t)|e,n\rangle\\&=\sum_n\langle e,n\|\psi(t)\rangle\langle\psi(t)\|e,n\rangle=\sum_n|c_{e,n}(t)|^2\end{aligned} \tag{7.70}$$

同理，原子处于能态$|g\rangle$的概率为

$$P_g(t)=\langle g|\rho_A(t)|g\rangle=\sum_n|c_{g,n}(t)|^2 \tag{7.71}$$

原子的布居数反转为

$$W(t)=P_e(t)-P_g(t)=\sum_n\left(|c_{e,n}(t)|^2-|c_{g,n}(t)|^2\right) \tag{7.72}$$

在相互作用绘景中，原子的电偶极矩算符为

$$\hat{d}=d_{eg}\mathrm{e}^{\mathrm{i}\omega_0 t}|e\rangle\langle g|+d_{ge}\mathrm{e}^{-\mathrm{i}\omega_0 t}|g\rangle\langle e|=d_{eg}\mathrm{e}^{\mathrm{i}\omega_0 t}|e\rangle\langle g|+\mathrm{H.c.} \tag{7.73a}$$

原子电偶极矩的平均值为

$$\begin{aligned}\langle d\rangle(t)&=\mathrm{Tr}_A[\rho_A(t)\hat{d}]\\&=\mathrm{Tr}_A[\rho_A(t)(d_{eg}\mathrm{e}^{\mathrm{i}\omega_0 t}\mid e\rangle\langle g\mid+\mathrm{H.c.})]\\&=d_{eg}\mathrm{e}^{\mathrm{i}\omega_0 t}\langle g\mid\rho_A(t)\mid e\rangle+\mathrm{C.C.}\\&=d_{eg}\mathrm{e}^{\mathrm{i}\omega_0 t}\langle g\mid\sum_n\langle n\mid\rho(t)\mid n\rangle\mid e\rangle+\mathrm{C.C.}\\&=d_{eg}\mathrm{e}^{\mathrm{i}\omega_0 t}\sum_n\langle g,n\mid\rho(t)\mid e,n\rangle+\mathrm{C.C.}\\&=d_{eg}\mathrm{e}^{\mathrm{i}\omega_0 t}\sum_n\langle g,n\parallel\psi(t)\rangle\langle\psi(t)\parallel e,n\rangle+\mathrm{C.C.}\\&=d_{eg}\mathrm{e}^{\mathrm{i}\omega_0 t}\sum_n c_{g,n}(t)c_{e,n}^*(t)+\mathrm{C.C.}\end{aligned} \tag{7.73b}$$

② 光场的有关性质。

光场的约化密度算符为

$$\rho_F(t)=\mathrm{Tr}_A\rho(t)=\langle \mathrm{e}|\rho(t)|e\rangle+\langle g|\rho(t)|g\rangle \tag{7.74}$$

光场的光子数概率分布函数为

$$\begin{aligned}p_n(t)&=\langle n|\rho_F(t)|n\rangle\\&=\langle n|[\langle e|\rho(t)|e\rangle+\langle g|\rho(t)|g\rangle]|n\rangle\\&=\langle e,n|\rho(t)|e,n\rangle+\langle g,n|\rho(t)|g,n\rangle\\&=\langle e,n\parallel\psi(t)\rangle\langle\psi(t)\parallel e,n\rangle+\langle g,n\parallel\psi(t)\rangle\langle\psi(t)\parallel g,n\rangle\\&=\left(|c_{e,n}(t)|^2+|c_{g,n}(t)|^2\right)\end{aligned} \tag{7.75}$$

利用光子数概率分布函数，可计算光场的平均光子数

$$\langle n\rangle(t)=\sum_n np_n(t) \tag{7.76}$$

和光子数平方的平均值

$$\langle n^2\rangle(t)=\sum_n n^2p_n(t) \tag{7.77}$$

以及光子数的方差

$$V(t)\equiv\langle n^2\rangle(t)-\langle n\rangle^2(t) \tag{7.78}$$

由此可以讨论电磁场的光子统计性质（是否具有亚泊松分布）随时间的演化。此外，还可以讨论电磁场正交分量的平均值和方差（是否具有压缩效应），以及电磁场的量子相干性质（是否具有反群聚效应）等随时间的演化。

7.4 缀 饰 态

前面利用概率幅方法求解了 JC 模型,下面利用所谓的**缀饰态**[1,2](dressed states)方法求解同一问题。

已知系统的哈密顿量为(取$\hbar=1$)

$$H=\frac{1}{2}\omega_0\sigma_z+\omega a^+ a+\lambda(\sigma^+ a+a^+\sigma)=H_0+V \tag{7.79a}$$

$$H_0=\frac{1}{2}\omega_0\sigma_z+\omega a^+ a,\quad V=\lambda(\sigma^+ a+a^+\sigma) \tag{7.79b}$$

该哈密顿量只引起下列**子空间**的跃迁,即

$$|e,n\rangle\leftrightarrow|g,n+1\rangle \tag{7.80}$$

这些态是自由哈密顿量 H_0 的本征态,即

$$\begin{aligned}H_0|e,n\rangle&=\left(\frac{1}{2}\omega_0\sigma_z+\omega a^+ a\right)|e,n\rangle\\&=\left(\frac{1}{2}\omega_0+n\omega\right)|e,n\rangle=\left[\left(n+\frac{1}{2}\right)\omega+\frac{1}{2}\Delta\right]|e,n\rangle\\&=E_{e,n}|e,n\rangle\end{aligned} \tag{7.81}$$

其中,$E_{e,n}=\left[\left(n+\frac{1}{2}\right)\omega+\frac{1}{2}\Delta\right]$,$\Delta=\omega_0-\omega$。

$$\begin{aligned}H_0|g,n+1\rangle&=\left(\frac{1}{2}\omega_0\sigma_z+\omega a^+ a\right)|g,n+1\rangle\\&=\left(-\frac{1}{2}\omega_0+(n+1)\omega\right)|g,n+1\rangle\\&=\left[\left(n+\frac{1}{2}\right)\omega-\frac{1}{2}\Delta\right]|g,n+1\rangle\\&=E_{g,n+1}|g,n+1\rangle\end{aligned} \tag{7.82}$$

其中,$E_{g,n+1}=\left[\left(n+\frac{1}{2}\right)\omega-\frac{1}{2}\Delta\right]$。

H_0 的两个本征值之差为 $E_{e,n}-E_{g,n+1}=\Delta$。可见,当 $\Delta=0$ 时,$|e,n\rangle$和$|g,n+1\rangle$是简并的,即 $E_{e,n}=E_{g,n+1}=\left(n+\frac{1}{2}\right)\omega$。

H_0 的本征态$|e,n\rangle$和$|g,n+1\rangle$称为**裸态**(bare states),是原子状态和光场状态的**直积态**(product states)。在裸态基下(H_0 表象),总哈密顿量 H 的矩阵元为

$$\langle e,n|H|e,n\rangle=\left[\left(n+\frac{1}{2}\right)\omega+\frac{1}{2}\Delta\right]$$

$$\langle e,n|H|g,n+1\rangle=\langle g,n+1|H|e,n\rangle=\lambda\sqrt{n+1}$$

$$\langle g,n+1|H|g,n+1\rangle=\left[\left(n+\frac{1}{2}\right)\omega-\frac{1}{2}\Delta\right] \tag{7.83}$$

写成矩阵形式为

$$H=\begin{bmatrix}\left[\left(n+\frac{1}{2}\right)\omega+\frac{1}{2}\Delta\right] & \lambda\sqrt{n+1}\\ \lambda\sqrt{n+1} & \left[\left(n+\frac{1}{2}\right)\omega-\frac{1}{2}\Delta\right]\end{bmatrix} \tag{7.84}$$

可求得其两个本征值分别为

$$E_{\pm}(n)=\left(n+\frac{1}{2}\right)\omega\pm\frac{1}{2}\Omega_n(\Delta) \tag{7.85}$$

相应的两个本征态分别为

$$|\psi_+(n)\rangle=\cos\left(\frac{\phi_n}{2}\right)|e,n\rangle+\sin\left(\frac{\phi_n}{2}\right)|g,n+1\rangle \tag{7.86a}$$

$$|\psi_-(n)\rangle=-\sin\left(\frac{\phi_n}{2}\right)|e,n\rangle+\cos\left(\frac{\phi_n}{2}\right)|g,n+1\rangle \tag{7.86b}$$

其中

$$\cos\left(\frac{\phi_n}{2}\right)=\sqrt{\frac{\Omega_n(\Delta)+\Delta}{2\Omega_n(\Delta)}},\quad \sin\left(\frac{\phi_n}{2}\right)=\sqrt{\frac{\Omega_n(\Delta)-\Delta}{2\Omega_n(\Delta)}} \tag{7.87}$$

式中，$\Omega_n(\Delta)=\sqrt{\Delta^2+4\lambda^2(n+1)}$ 是 **Rabi** 频率。

可见，H 的两个本征值之差为 $E_+(n)-E_-(n)=\Omega_n(\Delta)$，即使 $\Delta=0$，H 的两个本征态也不是简并的。

总**哈密顿量** H 的本征态 $|\psi_\pm(n)\rangle$ 称为**缀饰态** (dressed states)，是原子状态和光场状态的**纠缠态**(entangled states)。

在共振情况下，$\Delta=0$，自由哈密顿量 H_0 的两个本征态(裸态) $|e,n\rangle$ 和 $|g,n+1\rangle$ 是简并的，即 $E_{e,n}=E_{g,n+1}=\left(n+\frac{1}{2}\right)\omega$，而总哈密顿量 H 的两个本征态(**缀饰态**) $|\psi_\pm(n)\rangle$ 简化为

$$|\psi_+(n)\rangle=\frac{1}{\sqrt{2}}[|e,n\rangle+|g,n+1\rangle] \tag{7.88a}$$

$$|\psi_-(n)\rangle=\frac{1}{\sqrt{2}}[-|e,n\rangle+|g,n+1\rangle] \tag{7.88b}$$

它们是非简并的，两个本征值之差为

$$E_+(n)-E_-(n)=\Omega_n(\Delta=0)=2\lambda\sqrt{n+1}$$

为了直观，图 7.2 画出了能级图，取 $n=4$，能量和失谐量均以 λ 为单位。图中各能级分别为

$$E_e \equiv E_{e,n} - \left(n+\frac{1}{2}\right)\omega = \frac{1}{2}\Delta \tag{7.89a}$$

$$E_g \equiv E_{g,n+1} - \left(n+\frac{1}{2}\right)\omega = -\frac{1}{2}\Delta \tag{7.89b}$$

$$E_p \equiv E_+(n) - \left(n+\frac{1}{2}\right)\omega = \frac{1}{2}\Omega_n(\Delta) \tag{7.89c}$$

$$E_m \equiv E_-(n) - \left(n+\frac{1}{2}\right)\omega = -\frac{1}{2}\Omega_n(\Delta) \tag{7.89d}$$

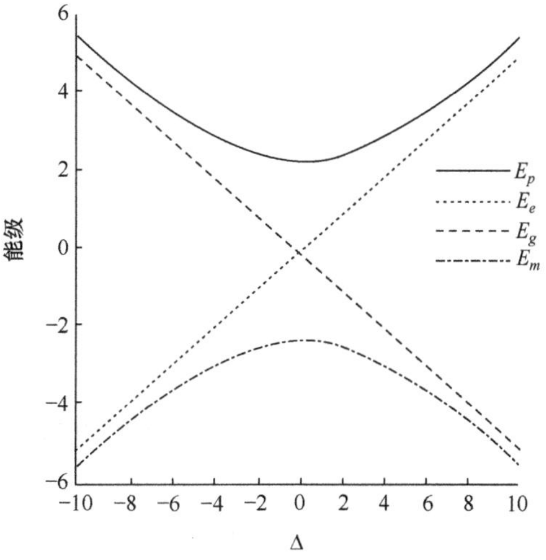

图 7.2　缀饰态的能级图

可见，当 $\Delta\to+\infty$ 时，$E_p\to E_e$，$E_m\to E_g$；当 $\Delta\to-\infty$ 时，$E_p\to E_g$，$E_m\to E_e$。

下面讨论量子态的**时间演化**。由于总哈密顿量 H 不含时间，因此时间演化算符为 $U(t)=\mathrm{e}^{-\mathrm{i}Ht}$。设原子－光场系统初始处于某个状态 $|\psi(0)\rangle$，则 t 时刻的状态为

$$|\psi(t)\rangle = U(t)|\psi(0)\rangle = \mathrm{e}^{-\mathrm{i}Ht}|\psi(0)\rangle \tag{7.90}$$

具体地，设初始原子处于状态 $|e\rangle$，光场处于状态 $\sum_n c_n|n\rangle$，即

$$|\psi(0)\rangle = |e\rangle \sum_n c_n |n\rangle = \sum_n c_n |e,n\rangle$$

由于时间演化算符中出现的是总哈密顿量 H，我们希望将初态用 H 的本征态表示。由式(7.86)得

$$|e,n\rangle = \cos\left(\frac{\phi_n}{2}\right)|\psi_+(n)\rangle - \sin\left(\frac{\phi_n}{2}\right)|\psi_-(n)\rangle \tag{7.91}$$

则初态为

$$|\psi(0)\rangle=\sum_n c_n|e,n\rangle=\sum_n c_n\left[\cos\left(\frac{\phi_n}{2}\right)|\psi_+(n)\rangle-\sin\left(\frac{\phi_n}{2}\right)|\psi_-(n)\rangle\right] \tag{7.92}$$

t 时刻的状态为

$$\begin{aligned}|\psi(t)\rangle&=U(t)|\psi(0)\rangle\\&=e^{-iHt}\sum_n c_n\left[\cos\left(\frac{\phi_n}{2}\right)|\psi_+(n)\rangle-\sin\left(\frac{\phi_n}{2}\right)|\psi_-(n)\rangle\right]\\&=\sum_n c_n\left[\cos\left(\frac{\phi_n}{2}\right)e^{-iE_+(n)t}|\psi_+(n)\rangle-\sin\left(\frac{\phi_n}{2}\right)e^{-iE_-(n)t}|\psi_-(n)\rangle\right]\end{aligned} \tag{7.93}$$

由于物理意义比较明确的是**裸态**$|e,n\rangle$和$|g,n+1\rangle$，我们希望将最终结果用裸态表示。因此，我们将**缀饰态**$|\psi_\pm(n)\rangle$的表达式代入上式，就可以将$|\psi(t)\rangle$用**裸态**$|e,n\rangle$和$|g,n+1\rangle$表示出来，得到与概率幅方法相同的结果，即

$$|\psi(t)\rangle=\sum_n c_n[C_{e,n}(t)|e,n\rangle+C_{g,n+1}(t)|g,n+1\rangle] \tag{7.94}$$

可以看出，采用**缀饰态**方法的优点之一是在求得 $C_{e,n}(t)$和 $C_{g,n+1}(t)$的过程中，不用求解微分方程。

JC 模型描述单个二能级原子与单模量子电磁场的相互作用，是原子与电磁场相互作用的最简单模型。人们对此模型作了各种各样的推广。在原子方面，可推广到多能级原子和多个原子的情况；在电磁场方面，可推广到多模光场，并可考虑光场的各种量子态；在原子与电磁场的耦合方式上，可推广到多光子跃迁过程、耦合常数与光场强度有关的情况等。最常见的推广形式是三能级原子与双模光场的相互作用。

7.5 原子在自由空间的自发辐射：Weisskopf-Wigner 理论[13]

在 JC 模型中，自发辐射呈现**周期振荡**的形式，这是因为在该模型中，原子只与一个场模相互作用而交换能量，系统在$|e,0\rangle\leftrightarrow|g,1\rangle$之间作 Rabi 振荡。前面提到，在自由空间中原子的自发辐射呈**指数衰减**形式，导致原子激发态有一定的寿命，这是因为在自由空间中存在许多光场模式，需要考虑原子与多模场的相互作用。

7.5.1 电磁场的模密度

为了进行下面的讨论，我们引入电磁场的模密度的概念。

考虑在边长为 L 的立方体空腔中存在的电磁场。先考虑一维情况。设 $E_x=$

$E_{x,0}\sin(k_x x)$，由 $\sin(k_x L)=0$，可得 $k_x=n_x\dfrac{\pi}{L}(n_x=1,2,\cdots)$。相邻模之间的间隔为 $\Delta k_x=\dfrac{\pi}{L}$，这也是每个模在 k 空间所占的“体积”。推广到三维，则每个模在 k 空间所占的“体积”为 $\left(\dfrac{\pi}{L}\right)^3$。于是，在“体积” $\mathrm{d}k_x\mathrm{d}k_y\mathrm{d}k_z$ 中包含的模的数目为

$$N=2\left(\frac{L}{\pi}\right)^3\mathrm{d}k_x\mathrm{d}k_y\mathrm{d}k_z \tag{7.95}$$

其中，因子 2 是考虑到对应于一个传播方向有 2 个独立的偏振方向。

在第一卦限的模数为（k_x、k_y、k_z 不能取负值，而只有第一卦限满足此条件）

$$N'=\frac{1}{8}N=2\left(\frac{L}{2\pi}\right)^3\mathrm{d}k_x\mathrm{d}k_y\mathrm{d}k_z=2\frac{V}{(2\pi)^3}\mathrm{d}^3k \tag{7.96}$$

其中，$V=L^3$ 是空腔的体积。

于是，在 k 空间单位“体积”内的模数（模密度）为

$$\rho(k)=2\frac{V}{(2\pi)^3} \tag{7.97}$$

更常用到的是以频率表示的模密度，利用 $k=\dfrac{\omega}{c}$，则可得

$$N'=2\frac{V}{(2\pi)^3}\mathrm{d}k_x\mathrm{d}k_y\mathrm{d}k_z=2\frac{V}{(2\pi)^3}4\pi k^2\mathrm{d}k=\frac{V}{\pi^2}k^2\mathrm{d}k=\frac{V}{\pi^2c^3}\omega^2\mathrm{d}\omega \tag{7.98}$$

于是，单位体积单位频率间隔中的模数（模密度）为

$$\rho(\omega)=\frac{\omega^2}{\pi^2c^3}\propto\omega^2 \tag{7.99}$$

这就是在**自由空间中的模密度**。值得指出的是，在不同的环境中，如光学谐振腔、光子晶体等，电磁场具有不同形式的模密度，从而导致在不同环境中的原子具有不同的辐射性质。

7.5.2　二能级原子的自发辐射

下面讨论二能级原子（上能级 $|e\rangle$、下能级 $|g\rangle$、跃迁频率 ω_0）在自由空间的自发辐射。

在**电偶极近似**下，电磁场与原子的相互作用哈密顿量为

$$V=-\boldsymbol{d}\cdot\boldsymbol{E} \tag{7.100}$$

在**相互作用绘景**中，原子的电偶极矩为

$$\begin{aligned}\hat{\boldsymbol{d}}&=\boldsymbol{d}_{eg}\mathrm{e}^{\mathrm{i}\omega_0t}|e\rangle\langle g|+\boldsymbol{d}_{ge}\mathrm{e}^{-\mathrm{i}\omega_0t}|g\rangle\langle e|\\&=\boldsymbol{d}_{eg}\mathrm{e}^{\mathrm{i}\omega_0t}\sigma^++\boldsymbol{d}_{ge}\mathrm{e}^{-\mathrm{i}\omega_0t}\sigma\\&=\boldsymbol{d}_{eg}(\mathrm{e}^{\mathrm{i}\omega_0t}\sigma^++\mathrm{e}^{-\mathrm{i}\omega_0t}\sigma)\end{aligned} \tag{7.101}$$

对自由空间的多模电磁场，我们采用行波形式

$$\boldsymbol{E}(\boldsymbol{r},t)=\sum_j \boldsymbol{e}_j E_j^{(r)}\{a_j \mathrm{e}^{-\mathrm{i}(\omega_j t-\boldsymbol{k}_j\cdot\boldsymbol{r})}+a_j^{+}\mathrm{e}^{\mathrm{i}(\omega_j t-\boldsymbol{k}_j\cdot\boldsymbol{r})}\} \tag{7.102}$$

其中，$E_j^{(r)}=\sqrt{\dfrac{\hbar\omega_j}{2V\varepsilon_0}}$。

于是有

$$\begin{aligned}V&=-\boldsymbol{d}\cdot\boldsymbol{E}\\&=-\boldsymbol{d}_{eg}(\mathrm{e}^{\mathrm{i}\omega_0 t}\sigma^{+}+\mathrm{e}^{-\mathrm{i}\omega_0 t}\sigma)\cdot\sum_j \boldsymbol{e}_j E_j^{(r)}\{a_j \mathrm{e}^{-\mathrm{i}(\omega_j t-\boldsymbol{k}_j\cdot\boldsymbol{r})}+a_j^{+}\mathrm{e}^{\mathrm{i}(\omega_j t-\boldsymbol{k}_j\cdot\boldsymbol{r})}\}\\&=-\sum_j \boldsymbol{d}_{eg}\cdot\boldsymbol{e}_j E_j^{(r)}\{a_j \mathrm{e}^{-\mathrm{i}(\omega_j t-\boldsymbol{k}_j\cdot\boldsymbol{r})}+a_j^{+}\mathrm{e}^{\mathrm{i}(\omega_j t-\boldsymbol{k}_j\cdot\boldsymbol{r})}\}(\mathrm{e}^{\mathrm{i}\omega_0 t}\sigma^{+}+\mathrm{e}^{-\mathrm{i}\omega_0 t}\sigma)\end{aligned} \tag{7.103}$$

其中，$\boldsymbol{r}$ 为原子的位置。

在**旋转波近似**下，有

$$\begin{aligned}V&=-\sum_j \boldsymbol{d}_{eg}\cdot\boldsymbol{e}_j E_j^{(r)}\{\mathrm{e}^{\mathrm{i}\boldsymbol{k}_j\cdot\boldsymbol{r}}\sigma^{+}a_j \mathrm{e}^{\mathrm{i}(\omega_0-\omega_j)t}+\mathrm{H.c.}\}\\&=-\sum_j \boldsymbol{d}_{eg}\cdot\boldsymbol{e}_j E_j^{(r)}\mathrm{e}^{\mathrm{i}\boldsymbol{k}_j\cdot\boldsymbol{r}}\sigma^{+}a_j \mathrm{e}^{\mathrm{i}(\omega_0-\omega_j)t}+\mathrm{H.c.}\\&=\hbar\sum_j g_j^{*}(\boldsymbol{r})\sigma^{+}a_j \mathrm{e}^{\mathrm{i}(\omega_0-\omega_j)t}+\mathrm{H.c.}\\&=\hbar\sum_j g_j^{*}(\boldsymbol{r})\sigma^{+}a_j \mathrm{e}^{\mathrm{i}\Delta_j t}+\mathrm{H.c.}\end{aligned} \tag{7.104}$$

其中，耦合系数 $g_j^{*}(\boldsymbol{r})=-\dfrac{\boldsymbol{d}_{eg}\cdot\boldsymbol{e}_j E_j^{(r)}}{\hbar}\mathrm{e}^{\mathrm{i}\boldsymbol{k}_j\cdot\boldsymbol{r}}$；失谐量 $\Delta_j=\omega_0-\omega_j$。

设初始原子处于上能态$|e\rangle$，光场的所有模式均处于真空态$|0\rangle$（自发辐射），则 t 时刻系统的状态为

$$|\psi(t)\rangle=c_{e,0}(t)\,|e,0\rangle+\sum_j c_{g,j}(t)\,|g,1_j\rangle \tag{7.105}$$

显然，$c_{e,0}(0)=1$；$c_{g,j}(0)=0$。

将上面的哈密顿量 V 和态矢量$|\psi(t)\rangle$代入薛定谔方程，可得

$$\frac{\mathrm{d}}{\mathrm{d}t}c_{e,0}(t)=-\mathrm{i}\sum_j g_j^{*}(\boldsymbol{r})\mathrm{e}^{\mathrm{i}\Delta_j t}c_{g,j}(t) \tag{7.106}$$

$$\frac{\mathrm{d}}{\mathrm{d}t}c_{g,j}(t)=-\mathrm{i}g_j(\boldsymbol{r})\mathrm{e}^{-\mathrm{i}\Delta_j t}c_{e,0}(t) \tag{7.107}$$

为了得到只含 $c_{e,0}(t)$的方程，我们将 $c_{g,j}(t)$的方程在形式上积分得

$$c_{g,j}(t)=c_{g,j}(0)-\mathrm{i}g_j(\boldsymbol{r})\int_0^t \mathrm{d}t'\mathrm{e}^{-\mathrm{i}\Delta_j t'}c_{e,0}(t')=-\mathrm{i}g_j(\boldsymbol{r})\int_0^t \mathrm{d}t'\mathrm{e}^{-\mathrm{i}\Delta_j t'}c_{e,0}(t') \tag{7.108}$$

再代入 $c_{e,0}(t)$的方程得

$$\frac{\mathrm{d}}{\mathrm{d}t}c_{e,0}(t)=-\sum_j |g_j^{*}(\boldsymbol{r})|^2\int_0^t \mathrm{d}t'\mathrm{e}^{\mathrm{i}\Delta_j(t-t')}c_{e,0}(t') \tag{7.109}$$

这样,我们就把两个一阶微分方程化成一个微分-积分方程,到此方程仍然是精确的。下面作一些近似(**Weisskopf-Wigner 近似**)。

① 假设场模很密集,将上式对模的求和变成积分。

前面我们已经求得,在 k 空间"体积元"d^3k 中所含的模数为 $2\dfrac{V}{(2\pi)^3}\mathrm{d}^3k$。对式(7.109)求和变作积分得

$$\begin{aligned}\sum_j &\to 2\frac{V}{(2\pi)^3}\iiint \mathrm{d}^3k\\ &= 2\frac{V}{(2\pi)^3}\int_0^{2\pi}\mathrm{d}\varphi\int_0^{\pi}\mathrm{d}\theta\sin\theta\int_0^{\infty}\mathrm{d}kk^2\\ &= 2\frac{V}{(2\pi c)^3}\int_0^{2\pi}\mathrm{d}\varphi\int_0^{\pi}\mathrm{d}\theta\sin\theta\int_0^{\infty}\mathrm{d}\omega\omega^2\end{aligned}\tag{7.110}$$

由定义

$$g_j^*(\boldsymbol{r})=-\frac{\boldsymbol{d}_{eg}\cdot\boldsymbol{e}_j}{\hbar}E_j^{(r)}\mathrm{e}^{\mathrm{i}\boldsymbol{k}_j\cdot\boldsymbol{r}}=-\frac{d_{eg}\cos\theta_j}{\hbar}\sqrt{\frac{\hbar\omega_j}{2V\varepsilon_0}}\mathrm{e}^{\mathrm{i}\boldsymbol{k}_j\cdot\boldsymbol{r}}\to-\frac{d_{eg}\cos\theta}{\hbar}\sqrt{\frac{\hbar\omega}{2V\varepsilon_0}}\mathrm{e}^{\mathrm{i}\boldsymbol{k}\cdot\boldsymbol{r}}$$

可得

$$|g_k^*(\boldsymbol{r})|^2\to\frac{d_{eg}^2\cos^2\theta}{\hbar}\frac{\omega}{2V\varepsilon_0}=\frac{\omega d_{eg}^2\cos^2\theta}{2V\varepsilon_0\hbar}$$

于是有

$$\begin{aligned}\frac{\mathrm{d}}{\mathrm{d}t}c_{e,0}(t)&=-2\frac{V}{(2\pi c)^3}\int_0^{2\pi}\mathrm{d}\varphi\int_0^{\pi}\mathrm{d}\theta\sin\theta\int_0^{\infty}\mathrm{d}\omega\omega^2\,\frac{\omega d_{eg}^2\cos^2\theta}{2V\varepsilon_0\hbar}\int_0^t\mathrm{d}t'\mathrm{e}^{\mathrm{i}\Delta(t-t')}c_{e,0}(t')\\ &=-\frac{d_{eg}^2}{\varepsilon_0\hbar(2\pi c)^3}\int_0^{2\pi}\mathrm{d}\varphi\int_0^{\pi}\mathrm{d}\theta\sin\theta\cos^2\theta\int_0^{\infty}\mathrm{d}\omega\omega^3\int_0^t\mathrm{d}t'\mathrm{e}^{\mathrm{i}\Delta(t-t')}c_{e,0}(t')\\ &=-\frac{d_{eg}^2}{\varepsilon_0\hbar(2\pi c)^3}\cdot2\pi\cdot\frac{2}{3}\cdot\int_0^{\infty}\mathrm{d}\omega\omega^3\int_0^t\mathrm{d}t'\mathrm{e}^{\mathrm{i}\Delta(t-t')}c_{e,0}(t')\\ &=-\frac{2d_{eg}^2}{3\varepsilon_0\hbar(2\pi)^2c^3}\int_0^{\infty}\mathrm{d}\omega\omega^3\int_0^t\mathrm{d}t'\mathrm{e}^{\mathrm{i}(\omega_0-\omega)(t-t')}c_{e,0}(t')\\ &=-\frac{2d_{eg}^2}{3\varepsilon_0\hbar(2\pi)^2c^3}\int_0^t\mathrm{d}t'c_{e,0}(t')\int_0^{\infty}\mathrm{d}\omega\omega^3\mathrm{e}^{-\mathrm{i}(\omega-\omega_0)(t-t')}\end{aligned}\tag{7.111}$$

② 可以设想,原子发射光的光谱以原子跃迁频率 ω_0 为中心。在上式对频率的积分中作替换 $\omega^3\to\omega_0^3$,并将 ω_0^3 从积分中提出,于是对频率的积分变为

$$\int_0^{\infty}\mathrm{d}\omega\omega^3\mathrm{e}^{-\mathrm{i}(\omega-\omega_0)(t-t')}\approx\omega_0^3\int_{-\omega_0}^{\infty}\mathrm{d}\omega'\mathrm{e}^{-\mathrm{i}\omega'(t-t')}\to\omega_0^3\int_{-\infty}^{\infty}\mathrm{d}\omega'\mathrm{e}^{-\mathrm{i}\omega'(t-t')}=\omega_0^3 2\pi\delta(t-t')$$

代入式(7.111)可得

$$\frac{\mathrm{d}}{\mathrm{d}t}c_{e,0}(t)=-\frac{2d_{eg}^2\omega_0^3}{3\varepsilon_0\hbar(2\pi)^2c^3}\int_0^t\mathrm{d}t'c_{e,0}(t')2\pi\delta(t-t')$$

$$
\begin{aligned}
&=-\frac{d_{eg}^2\omega_0^3}{3\pi\varepsilon_0\hbar c^3}\cdot\int_0^t \mathrm{d}t' c_{e,0}(t')\delta(t-t') \\
&=-\frac{d_{eg}^2\omega_0^3}{3\pi\varepsilon_0\hbar c^3}\cdot\frac{1}{2}c_{e,0}(t) \\
&\equiv-\frac{\Gamma}{2}c_{e,0}(t)
\end{aligned}
\tag{7.112}
$$

其中,衰减常数(自发辐射速率)

$$
\Gamma=\frac{d_{eg}^2\omega_0^3}{3\pi\varepsilon_0\hbar c^3}=\frac{1}{4\pi\varepsilon_0}\frac{4d_{eg}^2\omega_0^3}{3\hbar c^3}
\tag{7.113}
$$

值得注意的是,**自发辐射速率与频率的 3 次方成正比**。这是传统的激光器难以产生高频激光的原因之一,因为传统的激光器要产生激光,要求受激辐射速率要远远大于自发辐射速率。另外,**自发辐射速率与 d_{eg}^2 成正比**。若 $d_{eg}=0$,则 $\Gamma=0$(**偶极禁戒**)。

式(7.112)的解为

$$
c_{e,0}(t)=c_{e,0}(0)\mathrm{e}^{-\frac{\Gamma}{2}t}=\mathrm{e}^{-\frac{\Gamma}{2}t}
\tag{7.114}
$$

原子处于上能态的概率为

$$
P_e(t)=|c_{e,0}(t)|^2=\mathrm{e}^{-\Gamma t}=\mathrm{e}^{-\frac{t}{\tau}}
\tag{7.115}
$$

这表明处于上能态的原子以指数形式自发辐射,处于上能态的原子的寿命为 $\tau=1/\Gamma$。

将式(7.114)代入式(7.108),得

$$
\begin{aligned}
c_{g,j}(t)&=-\mathrm{i}g_j(\boldsymbol{r})\int_0^t \mathrm{d}t'\mathrm{e}^{-\mathrm{i}\Delta_j t'}\mathrm{e}^{-\frac{\Gamma}{2}t'} \\
&=-\mathrm{i}g_j(\boldsymbol{r})\int_0^t \mathrm{d}t'\mathrm{e}^{-\left(\mathrm{i}\Delta_j+\frac{\Gamma}{2}\right)t'} \\
&=-\mathrm{i}g_j(\boldsymbol{r})\frac{1-\mathrm{e}^{-\left(\mathrm{i}\Delta_j+\frac{\Gamma}{2}\right)t}}{\left(\mathrm{i}\Delta_j+\frac{\Gamma}{2}\right)}
\end{aligned}
\tag{7.116}
$$

于是得

$$
\begin{aligned}
|\psi(t)\rangle&=c_{e,0}(t)|e,0\rangle+\sum_j c_{g,j}(t)|g,1_j\rangle \\
&=\mathrm{e}^{-\frac{\Gamma}{2}t}|e,0\rangle-\mathrm{i}|g\rangle\sum_j g_j(\boldsymbol{r})\frac{1-\mathrm{e}^{-\left(\mathrm{i}\Delta_j+\frac{\Gamma}{2}\right)t}}{\left(\mathrm{i}\Delta_j+\frac{\Gamma}{2}\right)}|1_j\rangle
\end{aligned}
\tag{7.117}
$$

当 $\Gamma t\gg1$,即 $t\gg1/\Gamma=\tau$ 时,有

$$|\psi(t)\rangle \to |\psi(\infty)\rangle = \sum_j c_{g,j}(\infty)\;|g,1_j\rangle = |g\rangle \sum_j \frac{-\mathrm{i}g_j(\boldsymbol{r})}{\left(\mathrm{i}\Delta_j + \dfrac{\Gamma}{2}\right)}\;|1_j\rangle \equiv |g\rangle\;|\gamma_1\rangle \tag{7.118}$$

其中

$$|\gamma_1\rangle \equiv \sum_j c_{g,j}(\infty)\;|1_j\rangle = \sum_j \frac{-\mathrm{i}g_j(\boldsymbol{r})}{\left(\mathrm{i}\Delta_j + \dfrac{\Gamma}{2}\right)}\;|1_j\rangle \tag{7.119}$$

是不同场模的单光子态的线性叠加态。原子跃迁到$|g\rangle$态、向场模 j 发射一个光子的概率为

$$P_{g,j} = |c_{g,j}(\infty)|^2 = \frac{|g_j(\boldsymbol{r})|^2}{(\Delta_j)^2 + \left(\dfrac{\Gamma}{2}\right)^2} \tag{7.120}$$

注意到，若某模的失谐量 Δ_j 越大，则向该模的发射概率越小。

7.5.3　三能级原子的双光子级联发射

下面考虑三能级原子（三个能级的能量满足 $E_a > E_b > E_c$）的**双光子级联发射**，在电偶极近似和旋转波近似下，系统的哈密顿量为

$$\begin{aligned} V &= \hbar\sum_k g^*_{ab,k}\;|a\rangle\langle b|\;a_k \mathrm{e}^{\mathrm{i}(\omega_{ab}-\omega_k)t} + \mathrm{H.c.} \\ &\quad + \hbar\sum_q g^*_{bc,q}\;|b\rangle\langle c|\;a_q \mathrm{e}^{\mathrm{i}(\omega_{bc}-\omega_q)t} + \mathrm{H.c.} \end{aligned} \tag{7.121}$$

其中，$g^*_{ab,k}(\boldsymbol{r}) = -\dfrac{\boldsymbol{d}_{ab}\cdot\boldsymbol{e}_k E_k^{(r)}}{\hbar}\mathrm{e}^{\mathrm{i}\boldsymbol{k}_k\cdot\boldsymbol{r}}$；$g^*_{bc,q}(\boldsymbol{r}) = -\dfrac{\boldsymbol{d}_{bc}\cdot\boldsymbol{e}_q E_q^{(r)}}{\hbar}\mathrm{e}^{\mathrm{i}\boldsymbol{k}_q\cdot\boldsymbol{r}}$。

原子-光场系统的状态可表示为

$$|\psi(t)\rangle = c_{a,0}(t)\;|a,0\rangle + \sum_k c_{b,k}(t)\;|b,1_k\rangle + \sum_{k,q} c_{c,k,q}(t)\;|c,1_k,1_q\rangle \tag{7.122}$$

将上面的哈密顿量 V 和态矢量$|\psi(t)\rangle$代入薛定谔方程可得

$$\frac{\mathrm{d}}{\mathrm{d}t}c_{a,0}(t) = -\mathrm{i}\sum_j g^*_{ab.k}\mathrm{e}^{\mathrm{i}(\omega_{ab}-\omega_k)t}c_{b,k}(t) \tag{7.123}$$

$$\frac{\mathrm{d}}{\mathrm{d}t}c_{b,k}(t) = -\mathrm{i}g_{ab,k}\mathrm{e}^{-\mathrm{i}(\omega_{ab}-\omega_k)t}c_{a,0}(t) - \mathrm{i}\sum_q g^*_{bc,q}\mathrm{e}^{\mathrm{i}(\omega_{bc}-\omega_q)t}c_{c,k,q}(t) \tag{7.124}$$

$$\frac{\mathrm{d}}{\mathrm{d}t}c_{c,k,q}(t) = -\mathrm{i}g_{bc,q}\mathrm{e}^{-\mathrm{i}(\omega_{bc}-\omega_q)t}c_{b,k}(t) \tag{7.125}$$

初始条件为 $c_{a,0}(0)=1$，$c_{b,k}(0)=c_{c,k,q}(0)=0$。

根据前面的讨论，在 **Weisskopf-Wigner** 近似下，有

$$\frac{\mathrm{d}}{\mathrm{d}t}c_{a,0}(t)=-\mathrm{i}\sum_j g_{ab,k}^* \mathrm{e}^{\mathrm{i}(\omega_{ab}-\omega_k)t}c_{b,k}(t)=-\frac{\Gamma_a}{2}c_{a,0}(t) \tag{7.126}$$

即

$$-\mathrm{i}\sum_j g_{ab,k}^* \mathrm{e}^{\mathrm{i}(\omega_{ab}-\omega_k)t}c_{b,k}(t)=-\frac{\Gamma_a}{2}c_{a,0}(t) \tag{7.127}$$

类似的，有

$$-\mathrm{i}\sum_j g_{bc,q}^* \mathrm{e}^{\mathrm{i}(\omega_{bc}-\omega_q)t}c_{c,k,q}(t)=-\frac{\Gamma_b}{2}c_{b,k}(t) \tag{7.128}$$

于是，上面的方程组(7.123)～(7.125)变为

$$\frac{\mathrm{d}}{\mathrm{d}t}c_{a,0}(t)=-\frac{\Gamma_a}{2}c_{a,0}(t) \tag{7.129}$$

$$\begin{aligned}\frac{\mathrm{d}}{\mathrm{d}t}c_{b,k}(t)&=-\mathrm{i}g_{ab,k}\mathrm{e}^{-\mathrm{i}(\omega_{ab}-\omega_k)t}c_{a,0}(t)-\frac{\Gamma_b}{2}c_{b,k}(t)\\&=-\mathrm{i}g_{ab,k}\mathrm{e}^{-\mathrm{i}(\omega_{ab}-\omega_k)t-\frac{\Gamma_a}{2}t}-\frac{\Gamma_b}{2}c_{b,k}(t)\end{aligned} \tag{7.130}$$

$$\frac{\mathrm{d}}{\mathrm{d}t}c_{c,k,q}(t)=-\mathrm{i}g_{bc,q}\mathrm{e}^{-\mathrm{i}(\omega_{bc}-\omega_q)t}c_{b,k}(t) \tag{7.131}$$

显然，当 $t\to\infty$ 时，$c_{a,0}(\infty)=c_{b,k}(\infty)\to 0$。我们感兴趣的是 $c_{c,k,q}(\infty)$，将$\frac{\mathrm{d}}{\mathrm{d}t}c_{b,k}(t)$的方程(7.130)积分，可得

$$c_{b,k}(t)=-\mathrm{i}g_{ab,k}\frac{\mathrm{e}^{-\mathrm{i}(\omega_{ab}-\omega_k)t-\frac{\Gamma_a}{2}t}-\mathrm{e}^{-\frac{\Gamma_b}{2}t}}{-\mathrm{i}(\omega_{ab}-\omega_k)-\frac{1}{2}(\Gamma_a-\Gamma_b)}=\mathrm{i}g_{ab,k}\frac{\mathrm{e}^{-\mathrm{i}(\omega_{ab}-\omega_k)t-\frac{\Gamma_a}{2}t}-\mathrm{e}^{-\frac{\Gamma_b}{2}t}}{\mathrm{i}(\omega_{ab}-\omega_k)+\frac{1}{2}(\Gamma_a-\Gamma_b)}$$

代入$\frac{\mathrm{d}}{\mathrm{d}t}c_{c,k,q}(t)$的方程(7.131)，积分可得

$$\begin{aligned}c_{c,k,q}(t)=&\frac{g_{ab,k}g_{bc,q}}{\mathrm{i}(\omega_{ab}-\omega_k)+\frac{1}{2}(\Gamma_a-\Gamma_b)}\\&\times\left\{\frac{\mathrm{e}^{-\mathrm{i}(\omega_{ac}-\omega_k-\omega_q)t-\frac{\Gamma_a}{2}t}-1}{-\mathrm{i}(\omega_{ac}-\omega_k-\omega_q)-\frac{\Gamma_a}{2}}-\frac{\mathrm{e}^{-\mathrm{i}(\omega_{bc}-\omega_q)t-\frac{\Gamma_b}{2}t}-1}{-\mathrm{i}(\omega_{bc}-\omega_q)-\frac{\Gamma_b}{2}}\right\}\end{aligned} \tag{7.132}$$

当 $t\to\infty$ 时，有

$$c_{c,k,q}(\infty)=\frac{g_{ab,k}g_{bc,q}}{\mathrm{i}(\omega_{ab}-\omega_k)+\frac{1}{2}(\Gamma_a-\Gamma_b)}\left\{\frac{1}{\mathrm{i}(\omega_{ac}-\omega_k-\omega_q)+\frac{\Gamma_a}{2}}-\frac{1}{\mathrm{i}(\omega_{bc}-\omega_q)+\frac{\Gamma_b}{2}}\right\}$$

$$=\frac{-g_{ab,k}g_{bc,q}}{\left[\mathrm{i}(\omega_{ac}-\omega_k-\omega_q)+\frac{\Gamma_a}{2}\right]\left[\mathrm{i}(\omega_{bc}-\omega_q)+\frac{\Gamma_b}{2}\right]} \tag{7.133}$$

终态是

$$|\psi(\infty)\rangle=|c\rangle\sum_{k,q}c_{c,k,q}(\infty)|1_k,1_q\rangle\equiv|c\rangle|\gamma_2\rangle \tag{7.134}$$

其中

$$|\gamma_2\rangle\equiv\sum_{k,q}c_{c,k,q}(\infty)|1_k,1_q\rangle \tag{7.135}$$

是不同场模的双光子态的线性叠加态。原子跃迁到$|c\rangle$态，向场模 k,q 分别发射一个光子的概率为

$$P_{c,k,q}=|c_{c,k,q}(\infty)|^2=\frac{|g_{ab,k}g_{bc,q}|^2}{\left[(\omega_{ac}-\omega_k-\omega_q)^2+\left(\frac{\Gamma_a}{2}\right)^2\right]\left[(\omega_{bc}-\omega_q)^2+\left(\frac{\Gamma_b}{2}\right)^2\right]} \tag{7.136}$$

注意到，失谐量越大，则发射概率越小。

参考文献

[1] Cohen-Tannoudji C, Dupont-Roc J, Grynberg G. Photons and Atoms. New York: Wiley, 1989.
[2] Cohen-Tannoudji C, Dupont-Roc J, Grynberg G. Atom-Photon Interaction. New York: Wiley, 1992.
[3] Gardiner C W, Zoller P. Quantum Noise. Berlin: Springer, 2000.
[4] Gerry G, Knight P. Introductory Quantum Optics. Cambridge: Cambridge University Press, 2005.
[5] Haken H. Light: Volume1: Waves, Photons, and Atoms. Amsterdam: North Holland, 1981.
[6] Louisell W H. Quantum Statistical Properties of Radiation. New York: Wiley, 1989.
[7] Loudon R. The Quantum Theory of Light(3rd ed). Oxford: Oxford University Press, 2000.
[8] Mandel L, Wolf E. Optical Coherence and Quantum Optics. Cambridge: Cambridge University Press, 1995.
[9] Meystre P, Sargent I I I M. Elements of Quantum Optics(3rd ed). Berlin: Springer, 1999.
[10] Orszag M. Quantum Optics: Including Noise, Trapped Ions, Quantum Trajectories, and Decoherence. Berlin: Springer, 2000.
[11] Puri R R. Mathematical Methods of Quantum Optics. Berlin: Springer, 2001.
[12] Schleich W P. Quantum Optics in Phase Space. Berlin: Wiley, 2001.
[13] Scully M O, Zubairy M S. Quantum Optics. Cambridge: Cambridge University Press, 1997.

[14] Vogel W, Welsch D G, Wallentowitz S. Quantum Optics: an Introduction. Berlin: Wiley, 2001.
[15] Walls D F, Milburn G J. Quantum Optics. Berlin: Springer, 1994.
[16] Yamamoto Y, Imamoglu A. Mesoscopic Quantum Optics. New York: Wiley, 1999.
[17] 郭光灿. 量子光学. 北京:高等教育出版社,1990.
[18] 李福利. 高等激光物理学. 合肥:中国科学技术大学出版社,1992.
[19] 彭金生,李高翔. 近代量子光学导论. 北京:科学出版社,1996.
[20] 谭维翰. 量子光学导论. 北京:科学出版社,2009.

第 8 章　耗散和退相干的量子理论[1-20]

在前面的讨论中我们较少考虑耗散(或损耗)对量子体系演化的影响。换句话说,我们考虑的大多是孤立系统。在实际问题中,我们感兴趣的系统不可避免地要与周围环境发生相互作用,从而导致系统**能量的耗散**和**相干性的消退**,如**原子的自发辐射**、**腔场的损耗**等。因此,要使理论预言能正确解释实验结果,就有必要在理论中计及耗散的影响。耗散的量子理论在量子光学中占有相当大的篇幅,处理耗散的量子理论有多种,包括**密度算符方法**、Fokker-Planck **方程方法**、Heisenberg-Langevin **方程方法**、**量子跳跃**(quantum jump),也称为**量子轨道**(quantum trajectory)方法、腔场耗散的**输入-输出形式**等。

8.1　量子跳跃理论

这里首先介绍一种较简单的方法-**量子跳跃**理论[21],又称**量子轨道**理论,然后再介绍其他方法。

8.1.1　量子跳跃与非幺正演化

考虑处于单模腔中的光子,光子可以被腔壁吸收,为简单起见,假设腔壁处于绝对零度,即 $T=0$。量子跳跃理论的基本步骤可叙述如下。

① 假设跳跃前腔场处于量子态$|\psi\rangle$。显然在时间间隔 δt 内一个光子被吸收的概率 δP 应正比于 δt 的大小,以及在$|\psi\rangle$中的平均光子数$\langle\psi|a^+a|\psi\rangle$,即

$$\delta P=\gamma\langle\psi|a^+a|\psi\rangle\delta t \tag{8.1a}$$

其中,比例系数 γ 表示腔场光子的损耗速率,即

$$\gamma=\frac{1}{\langle\psi|a^+a|\psi\rangle}\frac{\delta P}{\delta t} \tag{8.1b}$$

② 当一个光子被吸收后(称发生了跳跃),腔场**跳跃**到如下归一化量子态$|\psi_{\text{jump}}\rangle$,即

$$|\psi\rangle\rightarrow|\psi_{\text{jump}}\rangle=\frac{a|\psi\rangle}{[\langle\psi|a^+a|\psi\rangle]^{1/2}}=\sqrt{\frac{\gamma\delta t}{\delta P}}a|\psi\rangle \tag{8.2}$$

③ 在时间间隔 δt 内一个光子不被吸收的概率为$(1-\delta P)$(δt 要取的足够小,使得在时间间隔 δt 内最多只可以发生一次跳跃,即最多只有一个光子被吸收)。

设描述腔场**非幺正演化的有效哈密顿量**为 $H_{\text{eff}}=H-\mathrm{i}\dfrac{\gamma}{2}a^{+}a$(取$\hbar=1$),其中第二项表示腔场能量的耗散,则当光子不被吸收(即不发生跳跃)时,腔场**演化**到如下归一化量子态$|\psi_{\text{no jump}}\rangle$,即

$$|\psi\rangle\rightarrow|\psi_{\text{no jump}}\rangle=\frac{\mathrm{e}^{-\mathrm{i}H_{\text{eff}}\delta t}|\psi\rangle}{[\langle\psi|\mathrm{e}^{\mathrm{i}H_{\text{eff}}^{+}\delta t}\mathrm{e}^{-\mathrm{i}H_{\text{eff}}\delta t}|\psi\rangle]^{1/2}}=\frac{\mathrm{e}^{-\mathrm{i}H_{\text{eff}}\delta t}|\psi\rangle}{[\langle\psi|\mathrm{e}^{-a^{+}a\gamma\delta t}|\psi\rangle]^{1/2}}$$

$$\approx\frac{(1-\mathrm{i}H_{\text{eff}}\delta t)|\psi\rangle}{[\langle\psi|(1-a^{+}a\gamma\delta t)|\psi\rangle]^{1/2}}=\frac{[1-\mathrm{i}H\delta t-a^{+}a(\gamma/2)\delta t]|\psi\rangle}{(1-\delta P)^{1/2}} \tag{8.3}$$

④ 注意到$|\psi\rangle\rightarrow|\psi_{\text{jump}}\rangle$的概率为$\delta P$,$|\psi\rangle\rightarrow|\psi_{\text{no jump}}\rangle$的概率为$(1-\delta P)$,则有

$$\begin{aligned}&|\psi(t)\rangle\langle\psi(t)|\rightarrow|\psi(t+\delta t)\rangle\langle\psi(t+\delta t)|\\&=\delta P|\psi_{\text{jump}}\rangle\langle\psi_{\text{jump}}|+(1-\delta P)|\psi_{\text{no jump}}\rangle\langle\psi_{\text{no jump}}|\\&=\gamma\delta t a|\psi(t)\rangle\langle\psi(t)|a^{+}\\&\quad+[1-\mathrm{i}H\delta t-a^{+}a(\gamma/2)\delta t]|\psi(t)\rangle\langle\psi(t)|[1+\mathrm{i}H\delta t-a^{+}a(\gamma/2)\delta t]\\&\approx|\psi(t)\rangle\langle\psi(t)|-\mathrm{i}\delta t[H,|\psi(t)\rangle\langle\psi(t)|]\\&\quad+\frac{\gamma}{2}\delta t\{2a|\psi(t)\rangle\langle\psi(t)|a^{+}-a^{+}a|\psi(t)\rangle\langle\psi(t)|-|\psi(t)(t)\rangle\langle\psi(t)|a^{+}a\}\end{aligned} \tag{8.4}$$

式中保留到δt的一次项。

⑤ 记$\rho(t)=|\psi(t)\rangle\langle\psi(t)|$, $\rho(t+\delta t)=|\psi(t+\delta t)\rangle\langle\psi(t+\delta t)|$,则可以得到

$$\begin{aligned}\rho(t+\delta t)=&\rho(t)-\mathrm{i}\delta t[H,\rho(t)]\\&+\frac{\gamma}{2}\delta t\{2a\rho(t)a^{+}-a^{+}a\rho(t)-\rho(t)a^{+}a\}\end{aligned} \tag{8.5}$$

当$\delta t\rightarrow0$时,有

$$\frac{\mathrm{d}\rho}{\mathrm{d}t}=-\mathrm{i}[H,\rho]+\frac{\gamma}{2}\{2a\rho a^{+}-a^{+}a\rho-\rho a^{+}a\} \tag{8.6}$$

上式称为**量子力学主方程(master equation)**,描述了有损耗存在时,在绝对零度情况下,单模腔中光场随时间的演化。

为了加深对量子跳跃理论的理解,下面举几个例子。假设除了能量耗散外,再无别的相互作用,即$H=0$。

假设腔场初始制备在相干态$|\alpha\rangle$,当光子被吸收时(发生跳跃时),有

$$|\alpha\rangle\rightarrow|\psi_{\text{jump}}\rangle=\frac{a|\alpha\rangle}{[\langle\alpha|a^{+}a|\alpha\rangle]^{1/2}}=\frac{\alpha}{|\alpha|}|\alpha\rangle=\mathrm{e}^{\mathrm{i}\phi}|\alpha\rangle,\quad\alpha=|\alpha|\mathrm{e}^{\mathrm{i}\phi} \tag{8.7}$$

可见,跳跃前后腔场的状态不变,即**在相干态中吸收光子后状态不变**。

当光子不被吸收时(不发生跳跃时),腔场演化为

$$|\alpha\rangle\rightarrow|\psi_{\text{no jump}}\rangle=\frac{\mathrm{e}^{-a^{+}a(\gamma/2)\delta t}|\alpha\rangle}{[\langle\alpha|\mathrm{e}^{-a^{+}a\gamma\delta t}|\alpha\rangle]^{1/2}}=|\alpha\mathrm{e}^{-(\gamma/2)\delta t}\rangle \tag{8.8}$$

即腔场仍保持为相干态，不过其振幅按指数规律衰减。经过一系列的跳跃-非跳跃演化-跳跃-非跳跃演化…，当时间 $t\to\infty$ 时，腔场最终衰减到真空态 $|0\rangle$。

假设腔场初始制备在**偶、奇相干态**，即

$$|\psi_e\rangle = N_e(|\alpha\rangle + |-\alpha\rangle) \tag{8.9}$$

$$|\psi_o\rangle = N_o(|\alpha\rangle - |-\alpha\rangle) \tag{8.10}$$

其中，N_e 和 N_o 为归一化常数，"e"和"o"分别表示偶(even)和奇(odd)。

偶、奇相干态可统称为**薛定鄂猫态**。注意到

$$a(|\alpha\rangle \pm |-\alpha\rangle) = \alpha(|\alpha\rangle \mp |-\alpha\rangle) \tag{8.11}$$

则当发生跳跃时，腔场的状态由偶(奇)相干态变到奇(偶)相干态。再注意到

$$e^{-a^+a(\gamma/2)\delta t}(|\alpha\rangle \pm |-\alpha\rangle) \to |\alpha e^{-(\gamma/2)\delta t}\rangle \pm |-\alpha e^{-(\gamma/2)\delta t}\rangle \tag{8.12}$$

则当不发生跳跃时，腔场状态的偶奇性不变。不过发生"收缩"，即两个组分相干态的振幅都按指数规律衰减。经过一系列的跳跃(偶↔奇)-非跳跃演化(收缩)-跳跃(奇↔偶)-非跳跃演化(收缩)…，当时间 $t\to\infty$ 时，腔场最终也衰减到真空态 $|0\rangle$。

8.1.2　退相干

体系由于与环境的相互作用，在其随时间的演化过程中，除了能量要损失外，还将从量子**相干叠加态**(纯态)变到**非相干叠加态**(统计混合态)，这种现象称为**退相干(decoherence)**，或称**消相干**。作为一个简单例子，考虑腔场(体系)初始处于偶相干态，环境初始处于状态 $|\varepsilon\rangle$，则复合系统(腔场+环境)的初态为

$$|\psi(0)\rangle \propto (|\alpha\rangle + |-\alpha\rangle)|\varepsilon\rangle \tag{8.13}$$

根据前面的讨论，t 时刻复合系统状态将变为

$$|\psi(t)\rangle \propto (|\beta(t)\rangle|\varepsilon_1\rangle + |-\beta(t)\rangle|\varepsilon_2\rangle) \tag{8.14}$$

其中，$\beta(t) = \alpha e^{-\gamma t/2}$。

可见，腔场与环境产生了纠缠。复合系统的密度算符为

$$\rho = |\psi(t)\rangle\langle\psi(t)| \tag{8.15}$$

对环境变量求迹，并假设 $\langle\varepsilon_j|\varepsilon_k\rangle = \delta_{jk}$，可得腔场的约化密度算符，即

$$\begin{aligned}\rho_F &= \mathrm{Tr}_e\rho \\ &= \sum_j \langle\varepsilon_j \mid \psi(t)\rangle\langle\psi(t) \mid \varepsilon_j\rangle \\ &\propto |\beta(t)\rangle\langle\beta(t)| + |-\beta(t)\rangle\langle-\beta(t)|\end{aligned} \tag{8.16}$$

可见，尽管腔场初始处于纯态(相干态的相干叠加态)，但由于与环境的相互作用，在以后的时刻，腔场将处于统计混合态(相干态的非相干叠加态)，即发生了**退相干**。值得注意的是，当 $t\to\infty$ 时，腔场最终衰减到真空态 $|0\rangle$。

下面从量子力学主方程式(8.6)进行讨论。当 $H=0$ 时,式(8.6)变为

$$\frac{\mathrm{d}\rho}{\mathrm{d}t}=\frac{\gamma}{2}\{2a\rho a^{+}-a^{+}a\rho-\rho a^{+}a\} \tag{8.17}$$

① 假设腔场初始处于相干态 $\rho(0)=|\alpha\rangle\langle\alpha|$,利用

$$|\alpha \mathrm{e}^{-(\gamma/2)t}\rangle \propto \mathrm{e}^{-a^{+}a(\gamma/2)t}|\alpha\rangle$$

可以验证,t 时刻腔场的状态为

$$\rho(t)=|\alpha \mathrm{e}^{-\gamma t/2}\rangle\langle\alpha \mathrm{e}^{-\gamma t/2}| \tag{8.18}$$

这表明尽管有损耗存在,初始处于相干态的腔场将保持在相干态,只是其振幅按指数规律衰减。这个衰减了的相干态的平均光子数为

$$\bar{n}=|\alpha|^{2}\mathrm{e}^{-\gamma t} \tag{8.19}$$

可见,腔场能量(对应于平均光子数)的衰减速率为 γ,衰减时间为 $T_{\mathrm{decay}}=1/\gamma$。

② 考虑腔场初始处于偶相干态,其密度算符为

$$\begin{aligned}\rho(0)&=|\psi_{e}\rangle\langle\psi_{e}|\\&=N_{e}^{2}(|\alpha\rangle+|-\alpha\rangle)(\langle\alpha|+\langle-\alpha|)\\&=N_{e}^{2}(|\alpha\rangle\langle\alpha|+|-\alpha\rangle\langle-\alpha|+|\alpha\rangle\langle-\alpha|+|-\alpha\rangle\langle\alpha|)\end{aligned} \tag{8.20}$$

可以求得,t 时刻腔场的状态为

$$\begin{aligned}\rho(t)=&N_{e}^{2}(|\beta(t)\rangle\langle\beta(t)|+|-\beta(t)\rangle\langle-\beta(t)|)\\&+N_{e}^{2}\exp[-2|\alpha|^{2}(1-\mathrm{e}^{-\gamma t})](|\beta(t)\rangle\langle-\beta(t)|+|-\beta(t)\rangle\langle\beta(t)|)\end{aligned} \tag{8.21}$$

其中,$\beta(t)=\alpha \mathrm{e}^{-\gamma t/2}$。

腔场能量的衰减速率与腔场初始处于相干态的情况相同,仍为 γ。现在,密度算符存在相干项(非对角元),其前面有衰减因子 $\exp[-2|\alpha|^{2}(1-\mathrm{e}^{-\gamma t})]$。当 t 较小时,$\exp[-2|\alpha|^{2}(1-\mathrm{e}^{-\gamma t})]\approx\exp[-2|\alpha|^{2}\gamma t]$,即相干项的衰减速率(**退相干**速率)为 $\gamma_{\mathrm{decoh}}=2|\alpha|^{2}\gamma$。可见,腔场初态越强($|\alpha|$越大),相干性消失得越快。在大多数情况下$|\alpha|^{2}\gg1$,因此 $\gamma_{\mathrm{decoh}}\gg\gamma$。**退相干**时间(相干性保持的时间)为 $T_{\mathrm{decoh}}=1/(2|\alpha|^{2}\gamma)=T_{\mathrm{decay}}/2|\alpha|^{2}$

当$|\alpha|^{2}\gg1$ 时,$T_{\mathrm{decoh}}\ll T_{\mathrm{decay}}$,即相干性存在的时间要远远短于能量存在的时间。当 $t\approx T_{\mathrm{decoh}}$ 时,相干性已基本上完全消失,而能量尚未完全消失,这时式(8.21)变为

$$\rho(t)=\frac{1}{2}(|\beta(t)\rangle\langle\beta(t)|+|-\beta(t)\rangle\langle-\beta(t)|) \tag{8.22}$$

即腔场从式(8.20)表示的纯态演化到式(8.22)表示的混合态。当然,当 $t\to\infty$时,腔场最终演化到真空态(纯态)。

在实际问题中,特别是在量子态制备和量子信息处理中,如何减小**退相干**速率有着非常重要的意义。

8.2　密度算符方程和 Fokker-Planck 方程

8.2.1　密度算符方程的一般形式

考虑一个**体系**与一个**库**(reservoir 或 bath)的相互作用。一般来说,对相互作用系统,在**相互作用绘景**中讨论比较有利。设整个系统(体系+库)的密度算符为 $\rho_{SR}(t)$,由于我们通常只对体系的性质感兴趣,因此将 $\rho_{SR}(t)$对库的变量求迹,得到体系的约化密度算符,即

$$\rho_S(t)=\mathrm{Tr}_R[\rho_{SR}(t)] \tag{8.23}$$

下面从总系统(体系+库)密度算符 $\rho_{SR}(t)$满足的方程出发,导出体系的约化密度算符 $\rho_S(t)$满足的运动方程。

设在**相互作用绘景**中,体系与库的相互作用哈密顿量为 $V(t)$,则总系统(体系+库)的密度算符方程为

$$\frac{\mathrm{d}}{\mathrm{d}t}\rho_{SR}(t)=-\frac{\mathrm{i}}{\hbar}[V(t),\rho_{SR}(t)] \tag{8.24}$$

对上式作形式上的积分得

$$\rho_{SR}(t)=\rho_{SR}(t_i)-\frac{\mathrm{i}}{\hbar}\int_{t_i}^{t}\mathrm{d}t'[V(t'),\rho_{SR}(t')] \tag{8.25}$$

代入式(8.24)得

$$\frac{\mathrm{d}}{\mathrm{d}t}\rho_{SR}(t)=-\frac{\mathrm{i}}{\hbar}[V(t),\rho_{SR}(t_i)]-\frac{1}{\hbar^2}\int_{t_i}^{t}\mathrm{d}t'[V(t),[V(t'),\rho_{SR}(t')]] \tag{8.26}$$

设初始时刻 t_i 体系与库无耦合,则 $\rho_{SR}(t_i)=\rho_S(t_i)\otimes\rho_R(t_i)$,其中 $\rho_S(t_i)$和 $\rho_R(t_i)$分别为体系和库的初始密度矩阵。由于库很大,与体系的相互作用不会引起库状态的明显改变,即认为库始终处于状态 $\rho_R(t_i)$,因此 $\rho_{SR}(t)=\rho_S(t)\otimes\rho_R(t_i)$(称为 **Born** 近似),从而

$$\frac{\mathrm{d}}{\mathrm{d}t}\rho_{SR}(t)=-\frac{\mathrm{i}}{\hbar}[V(t),\rho_S(t_i)\otimes\rho_R(t_i)]-\frac{1}{\hbar^2}\int_{t_i}^{t}\mathrm{d}t'[V(t),[V(t'),\rho_S(t')\otimes\rho_R(t_i)]] \tag{8.27}$$

将式(8.27)对库变量求迹,可得体系约化密度算符 $\rho_S(t)$满足的运动方程,即

$$\begin{aligned}\frac{\mathrm{d}}{\mathrm{d}t}\rho_S(t)=&-\frac{\mathrm{i}}{\hbar}\mathrm{Tr}_R[V(t),\rho_S(t_i)\otimes\rho_R(t_i)]\\&-\frac{1}{\hbar^2}\mathrm{Tr}_R\int_{t_i}^{t}\mathrm{d}t'[V(t),[V(t'),\rho_S(t')\otimes\rho_R(t_i)]]\end{aligned} \tag{8.28}$$

可见体系的当前状态 $\rho_S(t)$与其历史状态 $\rho_S(t')$有关,即具有记忆效应。取 **Markov** 近似,即将积分中的 $\rho_S(t')$用 $\rho_S(t)$代替(**抹去了记忆效应**),可得

$$\frac{\mathrm{d}}{\mathrm{d}t}\rho_S(t) = -\frac{\mathrm{i}}{\hbar}\mathrm{Tr}_R[V(t),\rho_S(t_i)\otimes\rho_R(t_i)] \\ -\frac{1}{\hbar^2}\mathrm{Tr}_R\int_{t_i}^{t}\mathrm{d}t'[V(t),[V(t'),\rho_S(t)\otimes\rho_R(t_i)]] \tag{8.29}$$

取 $\hbar=1$，略去符号 $\otimes$，记 $\rho_R(t_i)=\rho_R$，则上式可简化为

$$\frac{\mathrm{d}}{\mathrm{d}t}\rho_S(t) = -\mathrm{i}\mathrm{Tr}_R[V(t),\rho_S(t_i)\rho_R] \\ -\mathrm{Tr}_R\int_{t_i}^{t}\mathrm{d}t'[V(t),[V(t'),\rho_S(t)\rho_R]] \tag{8.30}$$

进一步的计算需要知道相互作用哈密顿量 $V(t)$ 的具体形式。在量子光学中，经常遇到的 $V(t)$ 具有下列形式(取 $\hbar=1$)，即

$$V(t) = \sum_k g_k(s^+ b_k \mathrm{e}^{\mathrm{i}\Delta_k t} + s b_k^+ \mathrm{e}^{-\mathrm{i}\Delta_k t}) = \sum_k g_k(s^+ b_k \mathrm{e}^{\mathrm{i}\Delta_k t} + \mathrm{H.c.}) \tag{8.31}$$

其中，b_k 是库(看作大量量子谐振子的集合)中模 k 的光子湮灭算符；$\Delta_k=\omega_0-\omega_k$，$\omega_0$ 是体系的频率，ω_k 是库中模 k 的频率；g_k 是库中模 k 与系统的耦合常数；s 是**体系**的算符，对二能级原子 $s=\sigma$；对单模光场 $s=a$。

将式(8.31)代入式(8.30)，可得

$$\frac{\mathrm{d}}{\mathrm{d}t}\rho_S(t) = -\mathrm{i}\sum_k g_k\langle b_k\rangle \mathrm{e}^{\mathrm{i}\Delta_k t}[s^+,\rho_s(t_i)] - \int_{t_i}^{t}\mathrm{d}t'\sum_j\sum_k g_j g_k \\ \{\langle b_j b_k\rangle \mathrm{e}^{\mathrm{i}(\Delta_j t+\Delta_k t')}[s^+ s^+\rho_S(t)+\rho_S(t)s^+ s^+ - 2s^+\rho_S(t)s^+] \\ +\langle b_j b_k^+\rangle \mathrm{e}^{\mathrm{i}(\Delta_j t-\Delta_k t')}[s^+ s\rho_S(t) - s\rho_S(t)s^+] \\ +\langle b_j^+ b_k\rangle \mathrm{e}^{-\mathrm{i}(\Delta_j t-\Delta_k t')}[ss^+\rho_S(t) - s^+\rho_S(t)s]\} + \mathrm{H.c.} \tag{8.32}$$

其中，$\langle b_k\rangle=\mathrm{Tr}_R(b_k\rho_R)$ 和 $\langle b_j b_k\rangle=\mathrm{Tr}_R(b_j b_k\rho_R)$ 分别是库算符的平均值和关联函数。

进一步的计算必须明确库所处的状态 ρ_R。下面分别讨论库处于多模热光场态(**热库**)和多模压缩真空态(**压缩真空库**)两种情况。

从式(8.30)～式(8.32)的推导过程较为繁琐，但建议初学者最好能仔细推导一遍。

1. 热库情况下的密度算符方程

假设库处于多模热态(第 4 章)，即

$$\rho_R = \prod_j \rho_j \tag{8.33a}$$

$$\rho_j = (1-\mathrm{e}^{-x_j})\mathrm{e}^{-x_j b_j^+ b_j} = \sum_{n_j} P_{n_j}\,|n_j\rangle\langle n_j| \tag{8.33b}$$

其中，$x_j=\dfrac{\hbar\omega_j}{k_B T}$。

计算可得

$$\langle b_j\rangle=\mathrm{Tr}_R(\rho_R b_j)=\mathrm{Tr}_j(\rho_j b_j)=0 \tag{8.34a}$$

$$\langle b_j b_k\rangle=\mathrm{Tr}_R(\rho_R b_j b_k)=\mathrm{Tr}_{j,k}(\rho_j\rho_k b_j b_k)=0 \tag{8.34b}$$

$$\langle b_j^+ b_k\rangle=\mathrm{Tr}_R(\rho_R b_j^+ b_k)=\mathrm{Tr}_{j,k}(\rho_j\rho_k b_j^+ b_k)=\delta_{jk}\bar{n}_j \tag{8.34c}$$

$$\langle b_j b_k^+\rangle=\mathrm{Tr}_R(\rho_R b_j b_k^+)=\mathrm{Tr}_{j,k}(\rho_j\rho_k b_j b_k^+)=\delta_{jk}(\bar{n}_j+1) \tag{8.34d}$$

其中，$\bar{n}_j$ 为热库中模式 j 的平均光子数，即

$$\bar{n}_j=\frac{1}{\mathrm{e}^{x_j}-1} \tag{8.35}$$

于是式(8.32)变为

$$\begin{aligned}\frac{\mathrm{d}}{\mathrm{d}t}\rho_S(t)=&-\int_{t_i}^{t}\mathrm{d}t'\sum_j g_j^2\{\bar{n}_j\mathrm{e}^{-\mathrm{i}\Delta_j(t-t')}[ss^+\rho_S(t)-s^+\rho_S(t)s]\\&+(\bar{n}_j+1)\mathrm{e}^{\mathrm{i}\Delta_j(t-t')}[s^+s\rho_S(t)-s\rho_S(t)s^+]\}+\mathrm{H.c.}\end{aligned} \tag{8.36}$$

注意到上式中出现下列形式的积分-求和(取 $t_i=0$)，即

$$\int_0^t\mathrm{d}t'\sum_j g_j^2\bar{n}_j\mathrm{e}^{\pm\mathrm{i}\Delta_j(t-t')} \tag{8.37}$$

我们在原子自发辐射的 Weisskopf-Wigner 理论（WW 理论）中曾遇到过类似的问题，并知道在效果上相当于

$$\int_0^t\mathrm{d}t'\sum_j g_j^2\mathrm{e}^{\pm\mathrm{i}\Delta_j(t-t')}\rightarrow\frac{\Gamma}{2},\quad\int_0^t\mathrm{d}t'\sum_j g_j^2\bar{n}_j\mathrm{e}^{\pm\mathrm{i}\Delta_j(t-t')}\rightarrow\frac{\Gamma}{2}\bar{n}(\omega_0) \tag{8.38}$$

其中，Γ 的具体形式取决于相互作用常数 g_j 和态(模)密度的具体形式；$\bar{n}(\omega_0)$ 为库中频率等于体系频率的那个模式的平均光子数，即

$$\bar{n}(\omega_0)=\frac{1}{\exp\left(\dfrac{\hbar\omega_0}{k_BT}\right)-1} \tag{8.39}$$

于是得到

$$\begin{aligned}\frac{\mathrm{d}}{\mathrm{d}t}\rho_S(t)=&-\frac{\Gamma}{2}\bar{n}(\omega_0)[ss^+\rho_S(t)-s^+\rho_S(t)s]\\&-\frac{\Gamma}{2}[\bar{n}(\omega_0)+1][s^+s\rho_S(t)-s\rho_S(t)s^+]+\mathrm{H.c.}\end{aligned} \tag{8.40}$$

当温度等于零，即 $T=0$ 时，$\bar{n}(\omega_0)=0$，则

$$\frac{\mathrm{d}}{\mathrm{d}t}\rho_S(t)=-\frac{\Gamma}{2}[s^+s\rho_S(t)-s\rho_S(t)s^+]+\mathrm{H.c.} \tag{8.41}$$

上面谈到，Γ 的具体形式取决于相互作用常数 g_j 和态(模)密度的具体形式。一般情况下，有

$$\sum_j g_j^2\rightarrow 2\frac{V}{(2\pi)^3}\iiint\mathrm{d}^3kg^2(\boldsymbol{k})=2\frac{V}{(2\pi)^3}\int_0^{2\pi}\mathrm{d}\varphi\int_0^{\pi}\mathrm{d}\theta\sin\theta\int_0^{\infty}\mathrm{d}kk^2g^2(\boldsymbol{k}) \tag{8.42}$$

其中,V 为量子化体积。

在 $g^2(\boldsymbol{k})$ 中不含 (φ,θ) 的特殊情况下,则在上式可先完成对 (φ,θ) 的积分,再利用 $k=\omega/c$,上式可变为

$$\begin{aligned}\sum_j g_j^2 &\to 2\frac{V}{(2\pi c)^3}2\pi\cdot 2\cdot\int_0^\infty \mathrm{d}\omega\omega^2 g^2(\omega)\\ &=\int_0^\infty \mathrm{d}\omega\frac{V\omega^2}{\pi^2c^3}g^2(\omega)\\ &=\int_0^\infty \mathrm{d}\omega D(\omega)g^2(\omega)\end{aligned}\tag{8.43}$$

其中

$$D(\omega)=V\rho(\omega)=V\frac{\omega^2}{\pi^2c^3}\tag{8.44}$$

式中,$\rho(\omega)=\dfrac{\omega^2}{\pi^2c^3}$ 为自由空间的模密度(自由空间可看作体积很大的空腔)。

2. 压缩真空库情况下的密度算符方程

假设库处于多模压缩真空态(第 4 章),即

$$\rho_R=\prod_k(\rho_R)_k\tag{8.45}$$

$$(\rho_R)_k=S_k(\xi)|0_k\rangle\langle 0_k|S_k^+(\xi)\tag{8.46}$$

其中

$$S_k(\xi)=\exp(\xi^* b_{k_0+k}b_{k_0-k}-\xi b_{k_0+k}^+b_{k_0-k}^+)\tag{8.47}$$

是压缩算符;$\xi=r\mathrm{e}^{i\theta}$ 是压缩参数;$k_0=\omega_0/c$,ω_0 是中心频率;$|0_k\rangle$ 表示模 $(k_0\pm k)$ 的**双模真空态**。

$S_k(\xi)$ 具有下列性质(其证明类似于第 4 章单模压缩算符),即

$$S_{k-k_0}^+(\xi)b_kS_{k-k_0}=\cosh(r)b_k-\sinh(r)\mathrm{e}^{i\theta}b_{2k_0-k}^+\tag{8.48a}$$

$$S_{k-k_0}^+(\xi)b_k^+S_{k-k_0}=\cosh(r)b_k^+-\sinh(r)\mathrm{e}^{-i\theta}b_{2k_0-k}\tag{8.48b}$$

利用上面两个公式,可求得在**压缩真空库**情况下,即

$$\langle b_k\rangle=\langle b_k^+\rangle=0\tag{8.49a}$$

$$\langle b_k^+b_{k'}\rangle=N\delta_{kk'}\tag{8.49b}$$

$$\langle b_kb_{k'}^+\rangle=(N+1)\delta_{kk'}\tag{8.49c}$$

$$\langle b_kb_{k'}\rangle=-M^*\delta_{k',2k_0-k}\tag{8.49d}$$

$$\langle b_k^+b_{k'}^+\rangle=-M\delta_{k',2k_0-k}\tag{8.49e}$$

其中

$$N=\sinh^2(r)\tag{8.50a}$$

$$M=\cosh(r)\sinh(r)\mathrm{e}^{-i\theta}\tag{8.50b}$$

$$|M|=\sqrt{N(N+1)} \tag{8.50c}$$

将式(8.50)代入式(8.32)，作类似于热库情况的运算，可得**压缩真空库**情况下的密度算符方程，即

$$\begin{aligned}\frac{\mathrm{d}}{\mathrm{d}t}\rho_S(t)=&-\frac{\Gamma}{2}N[ss^+\rho_S(t)-2s^+\rho_S(t)s+\rho_S(t)ss^+]\\&-\frac{\Gamma}{2}(N+1)[s^+s\rho_S(t)-2s\rho_S(t)s^++\rho_S(t)s^+s]\\&+\frac{\Gamma}{2}M[ss\rho_S(t)-2s\rho_S(t)s+\rho_S(t)ss]\\&+\frac{\Gamma}{2}M^*[s^+s^+\rho_S(t)-2s^+\rho_S(t)s^++\rho_S(t)s^+s^+]\end{aligned} \tag{8.51a}$$

当 $r=0$(无压缩，真空库)时，$N=0$，$M=0$，上式简化为

$$\frac{\mathrm{d}}{\mathrm{d}t}\rho_S(t)=-\frac{\Gamma}{2}[s^+s\rho_S(t)-2s\rho_S(t)s^++\rho_S(t)s^+s] \tag{8.51b}$$

这对应于**普通真空库**的情况。下面分别讨论在热库和压缩真空库中二能级原子的辐射和单模腔场的衰减。

8.2.2　二能级原子的辐射

1. 二能级原子的自发辐射速率

对二能级原子与多模量子电磁场的相互作用，哈密顿量为

$$V(t)=\sum_k g_k(\sigma^+b_k\mathrm{e}^{\mathrm{i}\Delta_k t}+\sigma b_k^+\mathrm{e}^{-\mathrm{i}\Delta_k t}) \tag{8.52}$$

其中，耦合常数为

$$g_j^*(\boldsymbol{r})=-\frac{\boldsymbol{d}_{eg}\cdot\boldsymbol{e}_j}{\hbar}E_j^{(r)}\mathrm{e}^{\mathrm{i}\boldsymbol{k}_j\cdot\boldsymbol{r}}=-\frac{d_{eg}\cos\theta_j}{\hbar}\sqrt{\frac{\hbar\omega_j}{2V\varepsilon_0}}\mathrm{e}^{\mathrm{i}\boldsymbol{k}_j\cdot\boldsymbol{r}}\to g^*(\omega)=-\frac{\mathrm{d}_{eg}\cos\theta}{\hbar}\sqrt{\frac{\hbar\omega}{2V\varepsilon_0}}\mathrm{e}^{\mathrm{i}\boldsymbol{k}\cdot\boldsymbol{r}}$$

$$|g_k^*(\boldsymbol{r})|^2\to|g(\omega,\theta)|^2=\frac{\mathrm{d}_{eg}^2\cos^2\theta}{\hbar}\frac{\omega}{2V\varepsilon_0}=\frac{\omega\mathrm{d}_{eg}^2\cos^2\theta}{2V\varepsilon_0}=g^2(\omega,\theta)$$

可见 $g^2(\omega,\theta)$与 θ 有关，于是

$$\begin{aligned}\sum_j g_j^2&\to 2\frac{V}{(2\pi)^3}\iiint\mathrm{d}^3kg^2(\boldsymbol{k})\\&=2\frac{V}{(2\pi c)^3}\int_0^{2\pi}\mathrm{d}\varphi\int_0^{\pi}\mathrm{d}\theta\sin\theta\int_0^{\infty}\mathrm{d}\omega\omega^2\frac{\omega\mathrm{d}_{eg}^2\cos^2\theta}{2V\varepsilon_0\hbar}\\&=2\frac{V}{(2\pi c)^3}\int_0^{2\pi}\mathrm{d}\varphi\int_0^{\pi}\mathrm{d}\theta\sin\theta\cos^2\theta\int_0^{\infty}\mathrm{d}\omega\omega^2\frac{\omega\mathrm{d}_{eg}^2}{2V\varepsilon_0\hbar}\\&=2\frac{V}{(2\pi c)^3}\cdot 2\pi\cdot\frac{2}{3}\cdot\int_0^{\infty}\mathrm{d}\omega\omega^3\frac{\mathrm{d}_{eg}^2}{2V\varepsilon_0\hbar}\end{aligned}$$

$$= \frac{d_{eg}^2}{6\pi^2 \varepsilon_0 \hbar c^3} \int_0^\infty d\omega \omega^3$$

$$\int_0^t dt' \sum_j g_j^2 \bar{n}_j e^{-i\Delta_j (t-t')} \to \int_0^t dt' \frac{d_{eg}^2}{6\pi^2 \varepsilon_0 \hbar c^3} \int_0^\infty d\omega \omega^3 \bar{n}(\omega) e^{i(\omega-\omega_0)(t-t')}$$

$$\approx \frac{d_{eg}^2 \omega_0^3 \bar{n}(\omega_0)}{6\pi^2 \varepsilon_0 \hbar c^3} \int_0^t dt' \int_0^\infty d\omega e^{i(\omega-\omega_0)(t-t')}$$

$$= \frac{d_{eg}^2 \omega_0^3 \bar{n}(\omega_0)}{6\pi^2 \varepsilon_0 \hbar c^3} \int_0^t dt' 2\pi\delta(t-t')$$

$$= \frac{d_{eg}^2 \omega_0^3 \bar{n}(\omega_0)}{3\pi \varepsilon_0 \hbar c^3} \cdot \frac{1}{2}$$

$$\equiv \frac{\Gamma}{2} \bar{n}(\omega_0)$$

其中

$$\Gamma = \frac{d_{eg}^2 \omega_0^3}{3\pi \varepsilon_0 \hbar c^3} = \frac{1}{4\pi\varepsilon_0} \frac{4 d_{eg}^2 \omega_0^3}{3 \hbar c^3} \tag{8.53}$$

为原子的自发辐射速率。

2. 二能级原子在热库中的辐射

对热库情况，在式(8.40)中作替换 $\rho_S(t) = \rho_A(t)$，$s = \sigma$，则得

$$\begin{aligned}
\frac{d}{dt}\rho_A(t) = & -\frac{\Gamma}{2}\bar{n}(\omega_0)[\sigma\sigma^+ \rho_A(t) - \sigma^+ \rho_A(t)\sigma] \\
& -\frac{\Gamma}{2}(\bar{n}(\omega_0)+1)[\sigma^+\sigma\rho_A(t) - \sigma\rho_A(t)\sigma^+] + \text{H. c.} \\
= & -\frac{\Gamma}{2}\bar{n}(\omega_0)[\sigma\sigma^+ \rho_A(t) - 2\sigma^+ \rho_A(t)\sigma + \rho_A(t)\sigma\sigma^+] \\
& -\frac{\Gamma}{2}(\bar{n}(\omega_0)+1)[\sigma^+\sigma\rho_A(t) - 2\sigma\rho_A(t)\sigma^+ + \rho_A(t)\sigma^+\sigma]
\end{aligned} \tag{8.54a}$$

利用 $\sigma = |g\rangle\langle e|$，$\sigma^+ = |e\rangle\langle g|$，可得

$$\begin{aligned}
\frac{d}{dt}\rho_A(t) = & -\frac{\Gamma}{2}\bar{n}(\omega_0)[|g\rangle\langle g|\rho_A(t) - 2|e\rangle\langle g|\rho_A(t)|g\rangle\langle e| + \rho_A(t)|g\rangle\langle g|] \\
& -\frac{\Gamma}{2}(\bar{n}(\omega_0)+1)[|e\rangle\langle e|\rho_A(t) - 2|g\rangle\langle e|\rho_A(t)|e\rangle\langle g| + \rho_A(t)|e\rangle\langle e|]
\end{aligned} \tag{8.54b}$$

原子密度矩阵元的方程为(略去 ρ_A 的下标 A)

$$\frac{d}{dt}\rho_{ee} = \langle e|\frac{d}{dt}\rho|e\rangle = -\Gamma(\bar{n}+1)\rho_{ee} + \Gamma\bar{n}\rho_{gg} \tag{8.55a}$$

$$\frac{\mathrm{d}}{\mathrm{d}t}\rho_{gg}=\langle g|\frac{\mathrm{d}}{\mathrm{d}t}\rho|g\rangle=-\Gamma\bar{n}\rho_{gg}+\Gamma(\bar{n}+1)\rho_{ee} \tag{8.55b}$$

$$\frac{\mathrm{d}}{\mathrm{d}t}\rho_{eg}=\langle e|\frac{\mathrm{d}}{\mathrm{d}t}\rho|g\rangle=-\frac{\Gamma}{2}(2\bar{n}+1)\rho_{eg} \tag{8.55c}$$

$$\frac{\mathrm{d}}{\mathrm{d}t}\rho_{ge}=\frac{\mathrm{d}}{\mathrm{d}t}\rho_{eg}^{*} \tag{8.55d}$$

我们注意到，$\frac{\mathrm{d}}{\mathrm{d}t}\rho_{ee}+\frac{\mathrm{d}}{\mathrm{d}t}\rho_{gg}=0$，由于只考虑从上能级$|e\rangle$到下能级$|g\rangle$的衰减，因此$\rho_{ee}+\rho_{gg}=1$。

当温度等于零，即 $T=0$ 时，$\bar{n}(\omega_0)=0$，则

$$\frac{\mathrm{d}}{\mathrm{d}t}\rho_{ee}=-\Gamma\rho_{ee} \tag{8.56a}$$

$$\frac{\mathrm{d}}{\mathrm{d}t}\rho_{gg}=\Gamma\rho_{ee} \tag{8.56b}$$

$$\frac{\mathrm{d}}{\mathrm{d}t}\rho_{eg}=-\frac{\Gamma}{2}\rho_{eg} \tag{8.56c}$$

可见，激发态的布居数以自发辐射速率 Γ 作指数形式衰减，这与 Weisskopf-Wigner 理论的结果一致。

3. 二能级原子在压缩真空库中的辐射

对压缩真空库情况，在式(8.51)中作替换 $\rho_S(t)=\rho_A(t)$，$s=\sigma$，则得

$$\begin{aligned}\frac{\mathrm{d}}{\mathrm{d}t}\rho_A(t)=&-\frac{\Gamma}{2}N[\sigma\sigma^{+}\rho_A(t)-2\sigma^{+}\rho_A(t)\sigma+\rho_A(t)\sigma\sigma^{+}]\\&-\frac{\Gamma}{2}(N+1)[\sigma^{+}\sigma\rho_A(t)-2\sigma\rho_A(t)\sigma^{+}+\rho_A(t)\sigma^{+}\sigma]\\&-\Gamma M\sigma\rho_A(t)\sigma-\Gamma M^{*}\sigma^{+}\rho_A(t)\sigma^{+}\end{aligned} \tag{8.57}$$

其中，$\sigma\sigma=0$；$\sigma^{+}\sigma^{+}=0$。

利用式(8.57)可导出下列泡利算符期待值的时间演化方程，即

$$\sigma_x=(\sigma+\sigma^{+}),\quad \langle\sigma_x\rangle=(\langle\sigma\rangle+\langle\sigma^{+}\rangle) \tag{8.58a}$$

$$\sigma_y=\mathrm{i}(\sigma-\sigma^{+}),\quad \langle\sigma_y\rangle=\mathrm{i}(\langle\sigma\rangle-\langle\sigma^{+}\rangle) \tag{8.58b}$$

$$\sigma_z=(2\sigma^{+}\sigma-1),\quad \langle\sigma_z\rangle=(2\langle\sigma^{+}\sigma\rangle-1) \tag{8.58c}$$

对任意算符 A，期待值及其时间演化为

$$\langle A\rangle=\mathrm{Tr}(A\rho) \tag{8.59}$$

$$\frac{\mathrm{d}}{\mathrm{d}t}\langle A\rangle=\mathrm{Tr}\left(A\,\frac{\mathrm{d}}{\mathrm{d}t}\rho\right) \tag{8.60}$$

利用式(8.57)可求得(取 M 中 $\theta=0$)

$$\frac{\mathrm{d}}{\mathrm{d}t}\langle\sigma_x\rangle=-\frac{\Gamma}{2}\mathrm{e}^{2r}\langle\sigma_x\rangle$$

$$\frac{\mathrm{d}}{\mathrm{d}t}\langle\sigma_y\rangle=-\frac{\Gamma}{2}\mathrm{e}^{-2r}\langle\sigma_y\rangle$$

$$\frac{\mathrm{d}}{\mathrm{d}t}\langle\sigma_z\rangle=-\Gamma[2\sinh^2(r)+1]\langle\sigma_z\rangle-\Gamma=-\Gamma_z\langle\sigma_z\rangle-\Gamma$$

其中，$\Gamma_z\equiv\Gamma[2\sinh^2(r)+1]$。

可见，在压缩真空库中，原子电偶极矩的两个正交分量$\langle\sigma_x\rangle$和$\langle\sigma_y\rangle$以不同的速率衰减，称原子的衰减是位相敏感的。在普通真空库中，$(r=0)$，$\langle\sigma_x\rangle$和$\langle\sigma_y\rangle$以相同的速率衰减。另外，相对于普通真空库，在压缩真空库中，原子布居数反转$\langle\sigma_z\rangle$的衰减速率Γ_z变大。

8.2.3 单模腔场的衰减

1. 单模腔场的衰减速率

频率为ω_0的单模腔场与库的相互作用哈密顿量为

$$V(t)=\sum_k g_k(a^+b_k\mathrm{e}^{\mathrm{i}\Delta_k t}+ab_k^+\mathrm{e}^{-\mathrm{i}\Delta_k t})\tag{8.61}$$

假设$g^2(\boldsymbol{k})$中不含(φ,θ)，则可利用前面导出的式(8.43)

$$\sum_j g_j^2\rightarrow\int_0^\infty \mathrm{d}\omega D(\omega)g^2(\omega)$$

得到

$$\int_0^t \mathrm{d}t'\sum_j g_j^2\bar{n}_j\mathrm{e}^{-\mathrm{i}\Delta_j(t-t')}\rightarrow\int_0^t\mathrm{d}t'\int_0^\infty\mathrm{d}\omega D(\omega)g^2(\omega)\bar{n}(\omega)\mathrm{e}^{\mathrm{i}(\omega-\omega_0)(t-t')}$$

$$\approx D(\omega_0)g^2(\omega_0)\bar{n}(\omega_0)\int_0^t\mathrm{d}t'\int_0^\infty\mathrm{d}\omega\mathrm{e}^{\mathrm{i}(\omega-\omega_0)(t-t')}$$

$$=D(\omega_0)g^2(\omega_0)\bar{n}(\omega_0)\int_0^t\mathrm{d}t'2\pi\delta(t-t')$$

$$=2\pi D(\omega_0)g^2(\omega_0)\bar{n}(\omega_0)\frac{1}{2}$$

$$\equiv\frac{\gamma}{2}\bar{n}(\omega_0)\tag{8.62}$$

其中

$$\gamma\equiv2\pi D(\omega_0)g^2(\omega_0)\tag{8.63}$$

为单模腔场的衰减速率。

2. 单模腔场在热库中的衰减

在热库情况，对频率为ω_0的单模腔场的衰减，在式(8.40)中作替换$\rho_S(t)=\rho_F$

(t)，$s=a$，$\Gamma\to\gamma$，可得

$$\frac{\mathrm{d}}{\mathrm{d}t}\rho_F(t)=-\frac{\gamma}{2}(\bar{n}(\omega_0)+1)[a^+a\rho_F(t)-a\rho_F(t)a^+]$$
$$-\frac{\gamma}{2}\bar{n}(\omega_0)[aa^+\rho_F(t)-a^+\rho_F(t)a]+\mathrm{H.c.} \tag{8.64}$$

当温度等于零，即 $T=0$ 时，$\bar{n}(\omega_0)=0$，则

$$\frac{\mathrm{d}}{\mathrm{d}t}\rho_F(t)=-\frac{\gamma}{2}[a^+a\rho_F(t)-a\rho_F(t)a^+]+\mathrm{H.c.}$$
$$=-\frac{\gamma}{2}[a^+a\rho_F(t)+\rho_F(t)a^+a-2a\rho_F(t)a^+] \tag{8.65}$$

这与由量子跳跃方法得到的**量子力学主方程**式(8.17)相同。

式(8.64)描述了单模腔场在热库(库处于热光场态)中的衰减，可以用来计算光场算符平均值、光子数概率分布函数、准概率分布函数等的时间演化。下面分别讨论，为了书写方便，将 $\rho_F(t)$ 简写成 ρ，$\bar{n}(\omega_0)$ 简写成 $\bar{n}$。

(1) 光场的**平均光子数**的时间演化

光场的平均光子数为

$$\langle a^+a\rangle=\mathrm{Tr}(a^+a\rho) \tag{8.66}$$

其时间演化为

$$\frac{\mathrm{d}}{\mathrm{d}t}\langle a^+a\rangle=\mathrm{Tr}\left(a^+a\frac{\mathrm{d}}{\mathrm{d}t}\rho\right) \tag{8.67}$$

将式(8.64)代入式(8.67)运算可得

$$\frac{\mathrm{d}}{\mathrm{d}t}\langle a^+a\rangle=-\gamma\langle a^+a\rangle+\gamma\bar{n} \tag{8.68}$$

解为

$$\langle a^+a\rangle(t)=\langle a^+a\rangle(0)\mathrm{e}^{-\gamma t}+\bar{n}(1-\mathrm{e}^{-\gamma t}) \tag{8.69}$$

当 $t\to\infty$ 时，得**稳态解**为

$$\langle a^+a\rangle_s\equiv\langle a^+a\rangle(\infty)=\bar{n} \tag{8.70}$$

其实，在式(8.68)中令 $\frac{\mathrm{d}}{\mathrm{d}t}\langle a^+a\rangle=0$，就可以立即得到此**稳态解**。

(2) **光子数概率分布函数**的时间演化

光子数概率分布函数为

$$p_n=\rho_{nn}=\langle n|\rho|n\rangle \tag{8.71}$$

其时间演化为

$$\frac{\mathrm{d}}{\mathrm{d}t}p_n=\frac{\mathrm{d}}{\mathrm{d}t}\rho_{nn}=\langle n|\frac{\mathrm{d}}{\mathrm{d}t}\rho|n\rangle \tag{8.72}$$

将式(8.64)代入式(8.72)运算可得

$$\frac{\mathrm{d}}{\mathrm{d}t}p_n=-\gamma(\bar{n}+1)[np_n-(n+1)p_{n+1}]-\gamma\bar{n}[(n+1)p_n-np_{n-1}] \quad (8.73)$$

式(8.73)中的四项**概率流**如图 8.1 所示。一般来说，上式的含时解不太容易求出。当满足下列**细致平衡条件**时，可以求得上式的稳态解，得到稳态光子数概率分布函数。

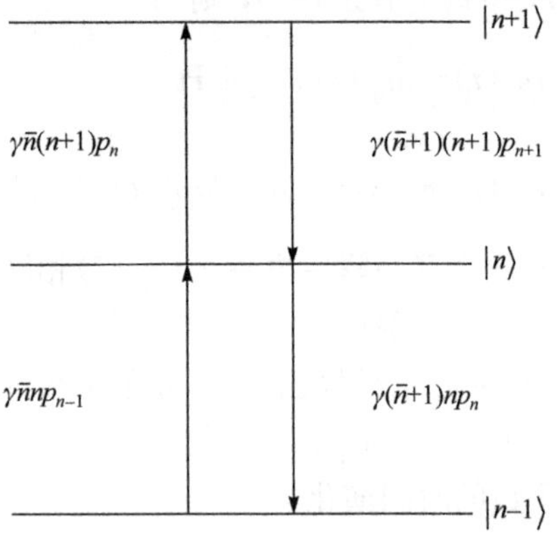

图 8.1　概率流

细致平衡条件表示，对每对能级来说，发射和吸收光子的概率流相等，其表达式为(参考图 8.1)

$$\gamma(\bar{n}+1)np_n=\gamma\bar{n}np_{n-1} \quad (8.74a)$$

即

$$(\bar{n}+1)p_n=\bar{n}p_{n-1} \quad (8.74b)$$

由式(8.74b)可得

$$p_n=\frac{\bar{n}}{\bar{n}+1}p_{n-1}=\left(\frac{\bar{n}}{\bar{n}+1}\right)^n p_0 \quad (8.75)$$

注意到

$$\bar{n}\equiv\bar{n}(\omega_0)=\frac{1}{\mathrm{e}^x-1} \quad (8.76)$$

其中，$x=\frac{\hbar\omega_0}{k_BT}$，故有

$$p_n=\mathrm{e}^{-nx}p_0 \quad (8.77)$$

由归一化条件 $\sum_{n=0}^{\infty}p_n=1$，可得 $p_0=(1-\mathrm{e}^{-x})$，最后得

$$p_n=\mathrm{e}^{-nx}(1-\mathrm{e}^{-x}) \quad (8.78)$$

这正是熟知的热光场态的光子数概率分布函数。上述讨论表明，无论腔场初始处于什么状态，当其由于在热库中衰减而达到稳态时，一定处于热光场态。

密度矩阵非对角元的时间演化方程为

$$\begin{aligned}\frac{\mathrm{d}}{\mathrm{d}t}\rho_{mn}&=\langle m|\frac{\mathrm{d}}{\mathrm{d}t}\rho|n\rangle\\&=-\frac{\gamma}{2}(\bar{n}+1)\left[(m+n)\rho_{mn}-2\sqrt{(m+1)(n+1)}\rho_{m+1,n+1}\right]\\&\quad-\frac{\gamma}{2}\bar{n}\left[(m+n+2)\rho_{mn}-2\sqrt{mn}\rho_{m-1,n-1}\right]\end{aligned}\tag{8.79}$$

(3) **Fokker-Planck** 方程和准概率分布函数[13]

下面我们将式(8.64)在相干态表象的形式写出来，得到所谓的 Fokker-Planck 方程。我们知道

$$\rho=\int\mathrm{d}^2\alpha P(\alpha)\,|\,\alpha\rangle\langle\alpha\,|\tag{8.80}$$

$$\begin{aligned}&\int\mathrm{d}^2\alpha\,\frac{\partial}{\partial t}P(\alpha,t)\,|\,\alpha\rangle\langle\alpha\,|\\&=\frac{\mathrm{d}}{\mathrm{d}t}\rho(t)\\&=-\frac{\gamma}{2}(\bar{n}+1)\int\mathrm{d}^2\alpha P(\alpha,t)\left[a^+a\,|\,\alpha\rangle\langle\alpha\,|-a\,|\,\alpha\rangle\langle\alpha\,|\,a^+\right]\\&\quad-\frac{\gamma}{2}\bar{n}\int\mathrm{d}^2\alpha P(\alpha,t)\left[aa^+\,|\,\alpha\rangle\langle\alpha\,|-a^+\,|\,\alpha\rangle\langle\alpha\,|\,a\right]+\mathrm{H.c.}\end{aligned}\tag{8.81}$$

为了进一步计算，我们需要知道 $a|\alpha\rangle\langle\alpha|=?$，$a^+|\alpha\rangle\langle\alpha|=?$，$|\alpha\rangle\langle\alpha|a=?$，$|\alpha\rangle\langle\alpha|a^+=?$。我们已经知道

$$a|\alpha\rangle\langle\alpha|=\alpha|\alpha\rangle\langle\alpha|\tag{8.82}$$

$$|\alpha\rangle\langle\alpha|a^+=\alpha^*|\alpha\rangle\langle\alpha|\tag{8.83}$$

下面来推导 $|\alpha\rangle\langle\alpha|a=?$ $a^+|\alpha\rangle\langle\alpha|=?$。

由

$$|\alpha\rangle=\mathrm{e}^{-\frac{1}{2}\alpha^*\alpha}\mathrm{e}^{\alpha a^+}|0\rangle\tag{8.84}$$

可得

$$|\alpha\rangle\langle\alpha|=\mathrm{e}^{-\alpha^*\alpha}\mathrm{e}^{\alpha a^+}|0\rangle\langle0|\mathrm{e}^{\alpha^*a}\tag{8.85}$$

由式(8.85)可得

$$\frac{\partial}{\partial\alpha^*}|\alpha\rangle\langle\alpha|=|\alpha\rangle\langle\alpha|(-\alpha+a)\tag{8.86}$$

$$\frac{\partial}{\partial\alpha}|\alpha\rangle\langle\alpha|=(-\alpha^*+a^+)|\alpha\rangle\langle\alpha|\tag{8.87}$$

由式(8.86)和式(8.87)分别得

$$|\alpha\rangle\langle\alpha|a=\left(\frac{\partial}{\partial\alpha^*}+\alpha\right)|\alpha\rangle\langle\alpha| \tag{8.88}$$

$$a^+|\alpha\rangle\langle\alpha|=\left(\frac{\partial}{\partial\alpha}+\alpha^*\right)|\alpha\rangle\langle\alpha| \tag{8.89}$$

将式(8.82)、式(8.83)、式(8.88)、式(8.89)代入式(8.81)，可得

$$\begin{aligned}&\int d^2\alpha\frac{\partial}{\partial t}P(\alpha,t)\ |\ \alpha\rangle\langle\alpha\ |\\&=-\frac{\gamma}{2}(\bar{n}+1)\int d^2\alpha P(\alpha,t)\alpha\frac{\partial}{\partial\alpha}\ |\ \alpha\rangle\langle\alpha\ |\\&\quad+\frac{\gamma}{2}\bar{n}\int d^2\alpha P(\alpha,t)\left(\alpha\frac{\partial}{\partial\alpha}+\frac{\partial^2}{\partial\alpha\partial\alpha^*}\right)|\ \alpha\rangle\langle\alpha\ |+\text{H. c.}\end{aligned} \tag{8.90}$$

对上式等号右端进行分部积分，注意到当 $\alpha\to\infty$ 时，$P(\alpha)\to 0$，有

$$\int d^2\alpha P(\alpha,t)\alpha\frac{\partial}{\partial\alpha}\ |\ \alpha\rangle\langle\alpha\ |=-\int d^2\alpha\frac{\partial}{\partial\alpha}[\alpha P(\alpha,t)]\ |\ \alpha\rangle\langle\alpha\ | \tag{8.91}$$

$$\int d^2\alpha P(\alpha,t)\frac{\partial^2}{\partial\alpha\partial\alpha^*}\ |\ \alpha\rangle\langle\alpha\ |=\int d^2\alpha\left[\frac{\partial^2}{\partial\alpha\partial\alpha^*}P(\alpha,t)\right]|\ \alpha\rangle\langle\alpha\ | \tag{8.92}$$

将式(8.91)和式(8.92)代入式(8.90)，并令被积函数中 $|\alpha\rangle\langle\alpha|$ 前面的系数相等，则得

$$\frac{\partial}{\partial t}P(\alpha,t)=\frac{\gamma}{2}\left\{\frac{\partial}{\partial\alpha}[\alpha P(\alpha,t)]+\text{C. C.}\right\}+\gamma\bar{n}\frac{\partial^2}{\partial\alpha\partial\alpha^*}P(\alpha,t) \tag{8.93}$$

这就是描述腔场在热库中耗散的 **Fokker-Planck** 方程，等号右端的一阶导数项称为**漂移项**，二阶导数项称为**扩散项**。

一般来说，Fokker-Planck 方程(8.93)的含时解不太容易求出。不过，我们可以求出其稳态解。令 $\frac{\partial}{\partial t}P(\alpha,t)=0$，可求得稳态解为

$$P(\alpha)=\frac{1}{\pi\bar{n}}e^{-\frac{|\alpha|^2}{\bar{n}}} \tag{8.94}$$

这正是热光场态的 $P(\alpha)$ 函数式(5.25)。这再一次表明，当腔场由于在热库中衰减而达到稳态时，处于热光场态。

另外，由式(8.93)还可以导出腔场算符平均值的时间演化方程。例如，用 $P(\alpha)$ 函数计算腔场光子数平均值的公式为

$$\langle a^+a\rangle=\int d^2\alpha(\alpha^*\alpha)P(\alpha,t) \tag{8.95}$$

其时间演化为

$$\frac{d}{dt}\langle a^+a\rangle=\int d^2\alpha(\alpha^*\alpha)\frac{\partial}{\partial t}P(\alpha,t) \tag{8.96}$$

将式(8.93)代入式(8.96),并利用下列两式

$$\int d^2\alpha(\alpha^*\alpha)\frac{\partial}{\partial\alpha}[\alpha P(\alpha,t)]=-\int d^2\alpha[\alpha P(\alpha,t)]\frac{\partial}{\partial\alpha}(\alpha^*\alpha)=-\langle a^+a\rangle \tag{8.97}$$

$$\int d^2\alpha(\alpha^*\alpha)\frac{\partial^2}{\partial\alpha\partial\alpha^*}P(\alpha,t)=\int d^2\alpha P(\alpha,t)\left[\frac{\partial^2}{\partial\alpha\partial\alpha^*}(\alpha^*\alpha)\right]=1 \tag{8.98}$$

可得

$$\frac{d}{dt}\langle a^+a\rangle=-\gamma\langle a^+a\rangle+\gamma\bar{n}$$

这正是式(8.68)。

3. 单模腔场在压缩真空库中的衰减

对于压缩真空库情况,在式(8.51)中作替换 $\rho_S(t)=\rho_F(t)$, $s=a$, $\Gamma\to\gamma$, 可得

$$\begin{aligned}\frac{d}{dt}\rho_F(t)=&-\frac{\gamma}{2}N[aa^+\rho_F(t)-2a^+\rho_F(t)a+\rho_F(t)aa^+]\\&-\frac{\gamma}{2}(N+1)[a^+a\rho_F(t)-2a\rho_F(t)a^++\rho_F(t)a^+a]\\&+\frac{\gamma}{2}M[aa\rho_F(t)-2a\rho_F(t)a+\rho_F(t)aa]\\&+\frac{\gamma}{2}M^*[a^+a^+\rho_F(t)-2a^+\rho_F(t)a^++\rho_F(t)a^+a^+]\end{aligned} \tag{8.99}$$

可以描述腔场通过部分透射镜与外加压缩真空场耦合的情况。当 $r=0$(无压缩,真空库)时,$N=0$,$M=0$,式(8.99)过渡到式(8.65),这对应于普通真空库的情况。

8.3 Heisenberg-Langevin 方程

前面在相互作用绘景中,用态函数(密度算符)方法讨论了耗散问题。下面在海森堡绘景中,用力学量算符方法讨论耗散问题。这种方法在计算**双时关联函数**(与**光谱**的计算密切相关)时非常有用。

下面分别讨论单模腔场的衰减与涨落、场量的平均值、双时关联函数和光谱线型等。

8.3.1 单模腔场的衰减与涨落

设单模腔场的光子湮灭算符和产生算符分别为 a 和 a^+,频率为 ω_0,库由谐振子集合构成,其光子湮灭算符和产生算符分别为 $\{b_j\}$ 和 $\{b_j^+\}$,频率为 $\{\omega_j\}$,则总系统(体系+库)的哈密顿量为(取 $\hbar=1$)

$$H = H_0 + H_I \tag{8.100a}$$

$$H_0 = \omega_0 a^+ a + \sum_j \omega_j b_j^+ b_j \tag{8.100b}$$

$$H_I = \sum_j g_j (b_j^+ a + a^+ b_j) \tag{8.100c}$$

在海森堡绘景中，算符的时间演化方程服从海森堡方程，即

$$\frac{\mathrm{d}}{\mathrm{d}t} A_H(t) = \mathrm{i}[H, A_H(t)] \tag{8.101}$$

可求得

$$\frac{\mathrm{d}}{\mathrm{d}t} a = -\mathrm{i}\omega_0 a - \mathrm{i}\sum_j g_j b_j \tag{8.102}$$

$$\frac{\mathrm{d}}{\mathrm{d}t} b_j = -\mathrm{i}\omega_j b_j - \mathrm{i} g_j a \tag{8.103}$$

我们希望得到只含体系算符 a 的方程，为此将 b_j 的方程(8.103)在形式上积分得

$$b_j(t) = b_j(0)\mathrm{e}^{-\mathrm{i}\omega_j t} - \mathrm{i}\int_0^t \mathrm{d}t' g_j a(t') \mathrm{e}^{-\mathrm{i}\omega_j (t-t')} \tag{8.104}$$

其中，第一项描述库算符的自由演化；第二项来自库与体系的相互作用。

将式(8.104)代入体系算符的方程(8.102)，得

$$\frac{\mathrm{d}}{\mathrm{d}t} a(t) = -\mathrm{i}\omega_0 a(t) - \int_0^t \mathrm{d}t' \sum_j g_j^2 a(t') \mathrm{e}^{-\mathrm{i}\omega_j (t-t')} + f_a(t) \tag{8.105}$$

其中

$$f_a(t) = -\mathrm{i}\sum_j g_j b_j(0) \mathrm{e}^{-\mathrm{i}\omega_j t} \tag{8.106}$$

称为**噪声算符**，因为它依赖于以各种频率振荡的库算符 $b_j(0)\mathrm{e}^{-\mathrm{i}\omega_j t}$。

为了消去 $a(t)$ 方程中的快变部分，引入

$$\tilde{a}(t) = a(t)\mathrm{e}^{\mathrm{i}\omega_0 t} \tag{8.107}$$

则有

$$\frac{\mathrm{d}}{\mathrm{d}t} \tilde{a}(t) = -\int_0^t \mathrm{d}t' \sum_j g_j^2 \tilde{a}(t') \mathrm{e}^{-\mathrm{i}(\omega_j - \omega_0)(t-t')} + F_{\tilde{a}}(t) \tag{8.108}$$

其中，**噪声算符**

$$F_{\tilde{a}}(t) = f_a(t)\mathrm{e}^{\mathrm{i}\omega_0 t} = -\mathrm{i}\sum_j g_j b_j(0) \mathrm{e}^{-\mathrm{i}(\omega_j - \omega_0)t} \tag{8.109}$$

利用

$$\int_0^t \mathrm{d}t' \sum_j g_j^2 \tilde{a}(t') \mathrm{e}^{-\mathrm{i}(\omega_j - \omega_0)(t-t')} \rightarrow \frac{\gamma}{2}\tilde{a}(t), \quad \gamma = 2\pi D(\omega_0) g^2(\omega_0) \tag{8.110}$$

则得到 Langevin 方程，即

$$\frac{\mathrm{d}}{\mathrm{d}t} \tilde{a}(t) = -\frac{\gamma}{2}\tilde{a}(t) + F_{\tilde{a}}(t) \tag{8.111}$$

其中,等号右端的第一项描述**耗散**;第二项描述涨落(**起伏、噪声**)。

耗散和涨落二者同时出现,这是统计物理中**涨落-耗散定理**的表现。涨落项是必须考虑的,如果不考虑涨落项,则上式的解为

$$\tilde{a}(t)=\tilde{a}(0)\mathrm{e}^{-\gamma t/2},\quad \tilde{a}^+(t)=\tilde{a}^+(0)\mathrm{e}^{-\gamma t/2}$$

从而$[\tilde{a}(t),\tilde{a}^+(t)]=[\tilde{a}(0),\tilde{a}^+(0)]\mathrm{e}^{-\gamma t}$。

设$[\tilde{a}(0),\tilde{a}^+(0)]=1$,则$[\tilde{a}(t),\tilde{a}^+(t)]=\mathrm{e}^{-\gamma t}$。可见,若不考虑涨落项,则不能保持算符的对易关系,因此涨落项是必须考虑的。

1. 涨落力的性质

假设**库处于热态**,则有

$$\langle b_j(0)\rangle_R=0 \tag{8.112a}$$

$$\langle b_j(0)b_k(0)\rangle_R=0 \tag{8.112b}$$

$$\langle b_j^+(0)b_k(0)\rangle_R=\delta_{jk}\bar{n}_j \tag{8.112c}$$

$$\langle b_j(0)b_k^+(0)\rangle_R=\delta_{jk}(\bar{n}_j+1) \tag{8.112d}$$

利用式(8.112)和式(8.109),可以得到涨落力的平均值和关联函数,即

$$\langle F_{\tilde{a}}(t)\rangle_R=0 \tag{8.113a}$$

$$\langle F_{\tilde{a}}(t)F_{\tilde{a}}(t')\rangle_R=0 \tag{8.113b}$$

$$\begin{aligned}\langle F_{\tilde{a}}^+(t)F_{\tilde{a}}(t')\rangle_R &= \sum_{j,k}g_jg_k\langle b_j^+(0)b_k(0)\rangle_R\mathrm{e}^{\mathrm{i}(\omega_j-\omega_0)t-\mathrm{i}(\omega_k-\omega_0)t'}\\ &= \sum_j g_j^2\bar{n}_j\mathrm{e}^{\mathrm{i}(\omega_j-\omega_0)(t-t')}\\ &\to \int_0^\infty \mathrm{d}\omega D(\omega)g^2(\omega)\bar{n}(\omega)\mathrm{e}^{\mathrm{i}(\omega-\omega_0)(t-t')}\\ &\approx D(\omega_0)g^2(\omega_0)\bar{n}(\omega_0)\int_0^\infty \mathrm{d}\omega\mathrm{e}^{\mathrm{i}(\omega-\omega_0)(t-t')}\\ &= D(\omega_0)g^2(\omega_0)\bar{n}(\omega_0)2\pi\delta(t-t')\\ &= \gamma\bar{n}(\omega_0)\delta(t-t')\end{aligned} \tag{8.113c}$$

$$\langle F_{\tilde{a}}(t)F_{\tilde{a}}^+(t')\rangle_R=\gamma[\bar{n}(\omega_0)+1]\delta(t-t') \tag{8.113d}$$

2. 腔场有关物理量的平均值

(1) $a(t)$平均值的时间演化

$$\frac{\mathrm{d}}{\mathrm{d}t}\tilde{a}(t)=-\frac{\gamma}{2}\tilde{a}(t)+F_{\tilde{a}}(t),\quad \frac{\mathrm{d}}{\mathrm{d}t}\tilde{a}^+(t)=-\frac{\gamma}{2}\tilde{a}^+(t)+F_{\tilde{a}}^+(t)$$

$$\frac{\mathrm{d}}{\mathrm{d}t}\langle\tilde{a}(t)\rangle_R=-\frac{\gamma}{2}\langle\tilde{a}(t)\rangle_R+\langle F_{\tilde{a}}(t)\rangle_R=-\frac{\gamma}{2}\langle\tilde{a}(t)\rangle_R$$

$$\langle\tilde{a}(t)\rangle_R=\langle\tilde{a}(0)\rangle_R\mathrm{e}^{-\gamma t/2}$$

$$\langle a(t)\rangle_R=\langle\tilde{a}(t)\rangle_R\mathrm{e}^{-\mathrm{i}\omega_0 t}=\langle a(0)\rangle_R\mathrm{e}^{-\gamma t/2-\mathrm{i}\omega_0 t} \tag{8.114}$$

(2) 腔场平均光子数的时间演化

$$\frac{\mathrm{d}}{\mathrm{d}t}\langle\tilde{a}^+(t)\tilde{a}(t)\rangle_R=\left\langle\frac{\mathrm{d}\tilde{a}^+(t)}{\mathrm{d}t}\tilde{a}(t)\right\rangle_R+\left\langle\tilde{a}^+(t)\frac{\mathrm{d}\tilde{a}(t)}{\mathrm{d}t}\right\rangle_R$$
$$=\left\langle\left[-\frac{\gamma}{2}\tilde{a}^+(t)+F_{\tilde{a}}{}^+(t)\right]\tilde{a}(t)\right\rangle_R$$
$$+\left\langle\tilde{a}^+(t)\left[-\frac{\gamma}{2}\tilde{a}(t)+F_{\tilde{a}}(t)\right]\right\rangle_R$$
$$=-\gamma\langle\tilde{a}^+(t)\tilde{a}(t)\rangle_R+\langle F_{\tilde{a}}{}^+(t)\tilde{a}(t)\rangle_R$$
$$+\langle\tilde{a}^+(t)F_{\tilde{a}}(t)\rangle_R \tag{8.115}$$

为了继续计算,需要先计算$\langle F_{\tilde{a}}{}^+(t)\tilde{a}(t)\rangle_R$。

$$\frac{\mathrm{d}}{\mathrm{d}t}\tilde{a}(t)=-\frac{\gamma}{2}\tilde{a}(t)+F_{\tilde{a}}(t),\quad \frac{\mathrm{d}}{\mathrm{d}t}\tilde{a}(t)+\frac{\gamma}{2}\tilde{a}(t)=F_{\tilde{a}}(t)$$

$$\frac{\mathrm{d}}{\mathrm{d}t}[\tilde{a}(t)\mathrm{e}^{\gamma t/2}]=F_{\tilde{a}}(t)\mathrm{e}^{\gamma t/2}$$

$$\tilde{a}(t)=\tilde{a}(0)\mathrm{e}^{-\gamma t/2}+\int_0^t\mathrm{d}t'F_{\tilde{a}}(t')\mathrm{e}^{-\frac{\gamma}{2}(t-t')}$$

$$\langle F_{\tilde{a}}^+(t)\tilde{a}(t)\rangle_R=\langle F_{\tilde{a}}^+(t)\tilde{a}(0)\rangle_R\mathrm{e}^{-\gamma t/2}+\int_0^t\mathrm{d}t'\langle F_{\tilde{a}}^+(t)F_{\tilde{a}}(t')\rangle_R\mathrm{e}^{-\frac{\gamma}{2}(t-t')}$$

假设 $F_{\tilde{a}}^+(t)$和 $\tilde{a}(0)$是统计独立的,则 $\langle F_{\tilde{a}}^+(t)\tilde{a}(0)\rangle_R=0$。利用式(8.113c),则有

$$\langle F_{\tilde{a}}^+(t)\tilde{a}(t)\rangle_R=\int_0^t\mathrm{d}t'\gamma\bar{n}(\omega_0)\delta(t-t')\mathrm{e}^{-\frac{\gamma}{2}(t-t')}$$
$$=\gamma\bar{n}(\omega_0)\int_0^t\mathrm{d}t'\delta(t-t')\mathrm{e}^{-\frac{\gamma}{2}(t-t')}$$
$$=\frac{1}{2}\gamma\bar{n}(\omega_0) \tag{8.116}$$

类似的,有

$$\langle\tilde{a}^+(t)F_{\tilde{a}}(t)\rangle_R=\frac{1}{2}\gamma\bar{n}(\omega_0) \tag{8.117}$$

将式(8.116)和式(8.117)代入式(8.115)得

$$\frac{\mathrm{d}}{\mathrm{d}t}\langle\tilde{a}^+(t)\tilde{a}(t)\rangle_R=-\gamma\langle\tilde{a}^+(t)\tilde{a}(t)\rangle_R+\gamma\bar{n}(\omega_0) \tag{8.118}$$

其解为

$$\langle\tilde{a}^+(t)\tilde{a}(t)\rangle_R=\bar{n}(\omega_0)[1-\mathrm{e}^{-\gamma t}]+\langle\tilde{a}^+(0)\tilde{a}(0)\rangle_R\mathrm{e}^{-\gamma t} \tag{8.119}$$

利用式(8.107),得

$$\langle a^+(t)a(t)\rangle_R=\bar{n}(\omega_0)[1-\mathrm{e}^{-\gamma t}]+\langle a^+(0)a(0)\rangle_R\mathrm{e}^{-\gamma t} \tag{8.120}$$

从上式可以看出:

① 若库处于绝对零度，或库处于真空态，$\bar{n}(\omega_0)=0$，则腔场平均光子数作指数衰减。

② 当 $\gamma t\gg 1$，或 $t\to\infty$ 时，有

$$\langle a^+(\infty)a(\infty)\rangle_R\to\bar{n}(\omega_0) \tag{8.121}$$

即当 $\gamma t\gg 1$，或 $t\to\infty$ 时，腔场的平均光子数趋于库中与腔场频率相等的那个模的平均光子数。这一结果也可由式(8.118)求稳态解得到。

与导出式(8.118)的过程类似，可导出

$$\frac{\mathrm{d}}{\mathrm{d}t}\langle\tilde{a}(t)\tilde{a}^+(t)\rangle_R=-\gamma\langle\tilde{a}(t)\tilde{a}^+(t)\rangle_R+\gamma[\bar{n}(\omega_0)+1] \tag{8.122}$$

将式(8.122)与式(8.118)相减，可见考虑涨落项后，对易关系$[\tilde{a}(t),\tilde{a}^+(t)]=1$ 得到保持。

8.3.2　腔场的双时关联函数和光谱线型

腔场的光谱函数定义为双时关联函数的**傅里叶变换**，即

$$S(\omega)=\frac{1}{\pi}Re\int_0^{\infty}\mathrm{d}\tau\,\langle a^+(t)a(t+\tau)\rangle_R\mathrm{e}^{\mathrm{i}\omega\tau} \tag{8.123}$$

因此，我们需要首先计算双时关联函数 $\langle a^+(t)a(t+\tau)\rangle_R$。利用 $\tilde{a}(t)=a(t)\mathrm{e}^{\mathrm{i}\omega_0 t}$，$a(t)=\tilde{a}(t)\mathrm{e}^{-\mathrm{i}\omega_0 t}$，$a^+(t)=\tilde{a}^+(t)\mathrm{e}^{\mathrm{i}\omega_0 t}$，有

$$\langle a^+(t)a(t+\tau)\rangle_R=\langle\tilde{a}^+(t)\tilde{a}(t+\tau)\rangle_R\mathrm{e}^{-\mathrm{i}\omega_0\tau} \tag{8.124}$$

因此，先计算$\langle\tilde{a}^+(t)\tilde{a}(t+\tau)\rangle_R$。

前面已有

$$\frac{\mathrm{d}}{\mathrm{d}t}\tilde{a}(t)=-\frac{\gamma}{2}\tilde{a}(t)+F_{\tilde{a}}(t),\quad \frac{\mathrm{d}}{\mathrm{d}t}\tilde{a}(t)+\frac{\gamma}{2}\tilde{a}(t)=F_{\tilde{a}}(t)$$

$$\frac{\mathrm{d}}{\mathrm{d}t}[\tilde{a}(t)\mathrm{e}^{\gamma t/2}]=F_{\tilde{a}}(t)\mathrm{e}^{\gamma t/2}$$

积分得

$$\tilde{a}(t_i+\tau)=\tilde{a}(t_i)\mathrm{e}^{-\gamma\tau/2}+\int_{t_i}^{t_i+\tau}\mathrm{d}t'F_{\tilde{a}}(t')\mathrm{e}^{-\frac{\gamma}{2}(t_i+\tau-t')}$$

$$\langle\tilde{a}^+(t_i)\tilde{a}(t_i+\tau)\rangle_R=\langle\tilde{a}^+(t_i)\tilde{a}(t_i)\rangle_R\mathrm{e}^{-\gamma\tau/2}+\int_{t_i}^{t_i+\tau}\mathrm{d}t'\,\langle\tilde{a}^+(t_i)F_{\tilde{a}}(t')\rangle_R\mathrm{e}^{-\frac{\gamma}{2}(t_i+\tau-t')}$$

利用 $\langle\tilde{a}^+(t_i)F_{\tilde{a}}(t')\rangle_R=0$，则

$$\langle\tilde{a}^+(t_i)\tilde{a}(t_i+\tau)\rangle_R=\langle\tilde{a}^+(t_i)\tilde{a}(t_i)\rangle_R\mathrm{e}^{-\gamma\tau/2}=\langle n\rangle\mathrm{e}^{-\gamma\tau/2}$$

$$\langle a^+(t)a(t+\tau)\rangle_R=\langle\tilde{a}^+(t)\tilde{a}(t+\tau)\rangle_R\mathrm{e}^{-\mathrm{i}\omega_0\tau}=\langle n\rangle\mathrm{e}^{-\gamma\tau/2-\mathrm{i}\omega_0\tau} \tag{8.125}$$

其中，$\langle n\rangle=\langle\tilde{a}^+(t_i)\tilde{a}(t_i)\rangle_R=\langle a^+(t_i)a(t_i)\rangle_R$是腔场初始时刻的平均光子数。

将式(8.125)代入式(8.123)得

$$S(\omega)=\frac{1}{\pi}\mathrm{Re}\int_0^{\infty}\mathrm{d}\tau\,\langle a^+(t)a(t+\tau)\rangle_R \mathrm{e}^{\mathrm{i}\omega\tau}$$
$$=\frac{1}{\pi}\mathrm{Re}\int_0^{\infty}\mathrm{d}\tau\langle n\rangle \mathrm{e}^{-\gamma\tau/2+\mathrm{i}(\omega-\omega_0)\tau} \tag{8.126}$$

完成积分后得

$$S(\omega)=\frac{\langle n\rangle}{\pi}\frac{\gamma/2}{(\omega-\omega_0)^2+(\gamma/2)^2} \tag{8.127}$$

这是以 $\omega=\omega_0$ 为中心频率、半宽度为 $\gamma/2$ 的 **Lorentzian** 线型。换句话说，在考虑耗散以后，腔场不再是频率为 ω_0 的单色场，而是具有一定**线型**(Lorentzian 线型)和**线宽**(半宽度为 $\gamma/2$)的多频场。

8.4 腔场耗散的输入-输出形式[5,16]

在前面两节关于腔场耗散问题的讨论中，我们将库(reservoir，又称为 bath)用频率不连续变化的谐振子集合描述，然后利用 Weisskopf-Wigner 近似，将求和变作积分(将频率不连续变化变作连续变化)，导出了腔场的衰减速率。下面我们直接将库看作频率连续变化的谐振子集合，将库对腔场的影响用等效的输入场和输出场的形式表示出来。

系统(腔场+库)的总哈密顿量为(取$\hbar=1$)

$$H=H_S+H_B+H_{\mathrm{Int}} \tag{8.128}$$

其中

$$H_S=\omega_0 a^+a \tag{8.129}$$

$$H_B=\int_{-\infty}^{\infty}\mathrm{d}\omega\omega b^+(\omega)b(\omega) \tag{8.130}$$

$$H_{\mathrm{Int}}=\mathrm{i}\int_{-\infty}^{\infty}\mathrm{d}\omega\kappa(\omega)[ab^+(\omega)-a^+b(\omega)] \tag{8.131}$$

其中，H_S 和 H_B 分别是腔场体系(system)和库(bath)的自由哈密顿量；H_{Int} 是体系和库的相互作用哈密顿量；$\kappa(\omega)$为耦合系数，其他符号的意义是显而易见的。

体系算符和库算符分别满足下列对易关系，即

$$[a,a^+]=1 \tag{8.132}$$

$$[b(\omega),b^+(\omega')]=\delta(\omega-\omega') \tag{8.133}$$

在写出式(8.131)时已取了旋转波近似，即略去了含 $ab(\omega)$ 和 $a^+b^+(\omega)$ 的项。另外，读者可能已经注意到，在式(8.130)和式(8.131)中的积分下限为$-\infty$，而我们知道频率不能为负值。这样做的原因是，最初对频率积分的下限为 0，将公式变换到以腔场频率 ω_0 旋转的坐标系后，作积分变量代换，积分的下限变为$-\omega_0$，一般来说 ω_0 很大，故有$-\omega_0\to-\infty$。下面导出算符 a 和$b(\omega)$的时间演化方程。

根据海森堡方程，即

$$\frac{\mathrm{d}}{\mathrm{d}t}A(t)=\mathrm{i}[H,A(t)] \tag{8.134}$$

可以导出

$$\frac{\mathrm{d}}{\mathrm{d}t}a=-\mathrm{i}\omega_0 a-\int_{-\infty}^{\infty}\mathrm{d}\omega\kappa(\omega)b(\omega) \tag{8.135}$$

$$\frac{\mathrm{d}}{\mathrm{d}t}b(\omega)=-\mathrm{i}\omega b(\omega)+\kappa(\omega)a \tag{8.136}$$

根据采用初始时刻 $t_0<t$ 还是末了时刻 $t_1>t$，方程(8.136)的解可写成两种形式。

若采用初始时刻 $t_0<t$，则有

$$b(\omega)=b_0(\omega)\mathrm{e}^{-\mathrm{i}\omega(t-t_0)}+\kappa(\omega)\int_{t_0}^{t}\mathrm{d}t'a(t')\mathrm{e}^{-\mathrm{i}\omega(t-t')} \tag{8.137}$$

其中，$b_0(\omega)$为初始时刻 t_0 的 $b(\omega)$。

若采用末了时刻 $t_1>t$，则有

$$b(\omega)=b_1(\omega)\mathrm{e}^{-\mathrm{i}\omega(t-t_1)}-\kappa(\omega)\int_{t}^{t_1}\mathrm{d}t'a(t')\mathrm{e}^{-\mathrm{i}\omega(t-t')} \tag{8.138}$$

其中，$b_1(\omega)$为末了时刻 t_1 的 $b(\omega)$。

将式(8.137)代入式(8.135)，得

$$\frac{\mathrm{d}}{\mathrm{d}t}a=-\mathrm{i}\omega_0 a-\int_{-\infty}^{\infty}\mathrm{d}\omega\kappa(\omega)b_0(\omega)\mathrm{e}^{-\mathrm{i}\omega(t-t_0)}-\int_{-\infty}^{\infty}\mathrm{d}\omega\kappa^2(\omega)\int_{t_0}^{t}\mathrm{d}t'a(t')\mathrm{e}^{-\mathrm{i}\omega(t-t')} \tag{8.139}$$

假设 $\kappa(\omega)$不依赖于频率，令

$$\kappa^2(\omega)=\frac{\gamma}{2\pi} \tag{8.140}$$

并引入

$$a_{\mathrm{In}}(t)=\frac{-1}{\sqrt{2\pi}}\int_{-\infty}^{\infty}\mathrm{d}\omega b_0(\omega)\mathrm{e}^{-\mathrm{i}\omega(t-t_0)} \tag{8.141}$$

其中，$a_{\mathrm{In}}(t)$由初始时刻 t_0 的库算符 $b_0(\omega)$决定，因此称为输入场(对应于**涨落项**)。

容易证明**输入场算符**满足下列对易关系，即

$$[a_{\mathrm{In}}(t),a_{\mathrm{In}}^{+}(t')]=\delta(t-t') \tag{8.142}$$

利用式(8.140)、式(8.141)，以及下列两式，即

$$\frac{1}{2\pi}\int_{-\infty}^{\infty}\mathrm{d}\omega\mathrm{e}^{-\mathrm{i}\omega(t-t_0)}=\delta(t-t') \tag{8.143}$$

$$\int_{t_0}^{t}\mathrm{d}t'f(t')\delta(t-t')=\frac{1}{2}f(t) \tag{8.144}$$

可以得到

$$\frac{\mathrm{d}}{\mathrm{d}t}a(t)=-\mathrm{i}\omega_0 a(t)-\frac{\gamma}{2}a(t)+\sqrt{\gamma}a_{\mathrm{In}}(t) \tag{8.145}$$

其中，等号右端的三项分别对应**自由振荡项**、**耗散项**和**涨落项**。

将式(8.138)代入式(8.135)进行类似计算，可得

$$\frac{\mathrm{d}}{\mathrm{d}t}a(t)=-\mathrm{i}\omega_0 a(t)+\frac{\gamma}{2}a(t)-\sqrt{\gamma}a_{\mathrm{Out}}(t) \tag{8.146}$$

其中

$$a_{\mathrm{Out}}(t)=\frac{1}{\sqrt{2\pi}}\int_{-\infty}^{\infty}\mathrm{d}\omega b_1(\omega)\mathrm{e}^{-\mathrm{i}\omega(t-t_1)} \tag{8.147}$$

注意到，$a_{\mathrm{Out}}(t)$由末了时刻 t_1 的库算符 $b_1(\omega)$决定，因此称为**输出场**。

容易证明**输出场算符**满足下列对易关系，即

$$[a_{\mathrm{Out}}(t),a_{\mathrm{Out}}^{+}(t')]=\delta(t-t') \tag{8.148}$$

将式(8.145)和式(8.146)相减，可得

$$a_{\mathrm{Out}}(t)+a_{\mathrm{In}}(t)=\sqrt{\gamma}a(t) \tag{8.149}$$

上式建立了**腔内场** $a(t)$与**输入场** $a_{\mathrm{In}}(t)$和**输出场** $a_{\mathrm{Out}}(t)$之间的关系，可称为边界条件(或输入-输出关系)。

注意到，**输入场**的定义式(8.141)和**输出场**的定义式(8.147)前面相差一个负号，这是因为我们规定向右传播的场取正号，向左传播的场取负号，如图 8.2 所示。

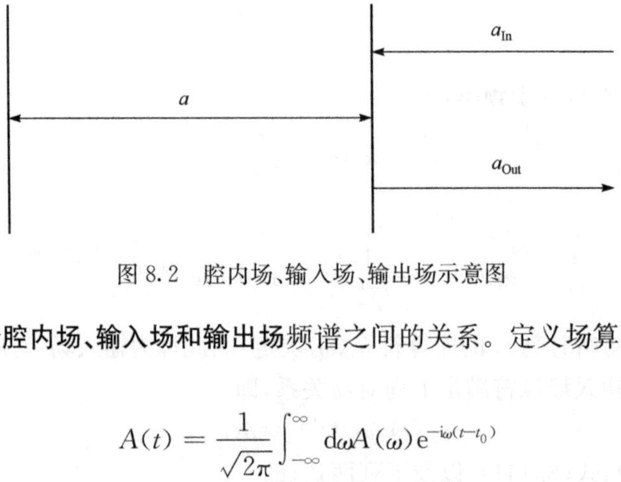

图 8.2 腔内场、输入场、输出场示意图

下面讨论**腔内场**、**输入场**和**输出场**频谱之间的关系。定义场算符的傅里叶变换，即

$$A(t)=\frac{1}{\sqrt{2\pi}}\int_{-\infty}^{\infty}\mathrm{d}\omega A(\omega)\mathrm{e}^{-\mathrm{i}\omega(t-t_0)} \tag{8.150}$$

代入式(8.145)，可得

$$\left[\frac{\gamma}{2}-\mathrm{i}(\omega-\omega_0)\right]a(\omega)=\sqrt{\gamma}a_{\mathrm{In}}(\omega) \tag{8.151}$$

或

$$a(\omega)=\frac{\sqrt{\gamma}}{\left[\frac{\gamma}{2}-\mathrm{i}(\omega-\omega_0)\right]}a_{\mathrm{In}}(\omega) \tag{8.152}$$

上式导致一个半宽度为 $\gamma/2$ 的 **Lorentzian** 型的传输函数。

由式(8.149)有

$$a_{\mathrm{Out}}(\omega)+a_{\mathrm{In}}(\omega)=\sqrt{\gamma}a(\omega) \tag{8.153}$$

再利用式(8.152)可得

$$a_{\mathrm{Out}}(\omega)=\frac{\left[\frac{\gamma}{2}+\mathrm{i}(\omega-\omega_0)\right]}{\left[\frac{\gamma}{2}-\mathrm{i}(\omega-\omega_0)\right]}a_{\mathrm{In}}(\omega) \tag{8.154a}$$

设 $z\equiv\frac{\gamma}{2}+\mathrm{i}(\omega-\omega_0)=|z|\mathrm{e}^{\mathrm{i}\varphi}$，则 $z^*\equiv\frac{\gamma}{2}-\mathrm{i}(\omega-\omega_0)=|z|\mathrm{e}^{-\mathrm{i}\varphi}$，其中 $|z|=\sqrt{\left(\frac{\gamma}{2}\right)^2+(\omega-\omega_0)^2}$，$\varphi=\tan^{-1}\left(\frac{(\omega-\omega_0)}{\gamma/2}\right)$。

于是式(8.154a)变为

$$a_{\mathrm{Out}}(\omega)=\mathrm{e}^{\mathrm{i}2\varphi}a_{\mathrm{In}}(\omega) \tag{8.154b}$$

可见，输出场与输入场之间存在一个与频率和衰减常数有关的相位移动。

对满足($\omega=\omega_0$)的共振模，有

$$a_{\mathrm{Out}}(\omega)=a_{\mathrm{In}}(\omega) \tag{8.155}$$

而对满足 $|\omega-\omega_0|\gg\frac{\gamma}{2}$ 的大失谐模，则有

$$a_{\mathrm{Out}}(\omega)=-a_{\mathrm{In}}(\omega) \tag{8.156}$$

上述情况可推广到腔的两端均有输入场和输出场的情况，如图 8.3 所示。

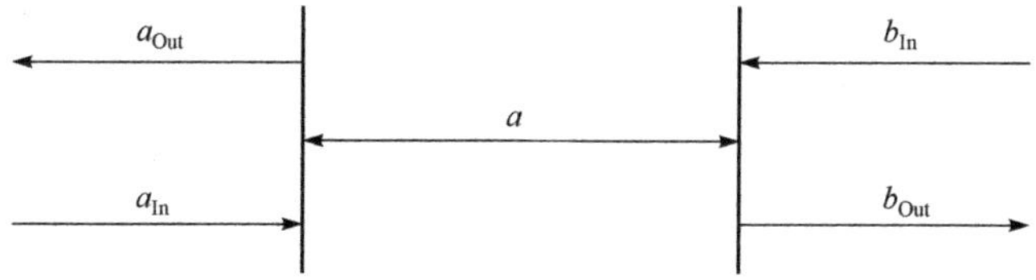

图 8.3　腔两端均有输入场和输出场的情况

在这种情况下，式(8.145)可推广为

$$\frac{\mathrm{d}}{\mathrm{d}t}a(t)=-\mathrm{i}\omega_0 a(t)-\frac{1}{2}(\gamma_1+\gamma_2)a(t)+\sqrt{\gamma_1}a_{\mathrm{In}}(t)+\sqrt{\gamma_2}b_{\mathrm{In}}(t) \tag{8.157}$$

其中，γ_1 和 γ_2 分别为两个腔镜的损耗系数。

边界条件式(8.149)可推广为

$$a_{\mathrm{Out}}(t)+a_{\mathrm{In}}(t)=\sqrt{\gamma_1}a(t) \tag{8.158a}$$

$$b_{\mathrm{Out}}(t)+b_{\mathrm{In}}(t)=\sqrt{\gamma_2}a(t) \tag{8.158b}$$

可以求得，腔内场和输入场的频率分量之间的关系为

$$a(\omega)=\frac{\sqrt{\gamma_1}a_{\mathrm{In}}(\omega)+\sqrt{\gamma_2}b_{\mathrm{In}}(\omega)}{\left[\frac{1}{2}(\gamma_1+\gamma_2)-\mathrm{i}(\omega-\omega_0)\right]} \tag{8.159}$$

输出场和输入场的频率分量之间的关系为

$$a_{\mathrm{Out}}(\omega)=\frac{\left[\frac{1}{2}(\gamma_1-\gamma_2)+\mathrm{i}(\omega-\omega_0)\right]a_{\mathrm{In}}(\omega)+\sqrt{\gamma_1\gamma_2}b_{\mathrm{In}}(\omega)}{\left[\frac{1}{2}(\gamma_1+\gamma_2)-\mathrm{i}(\omega-\omega_0)\right]} \tag{8.160}$$

当 $\gamma_1=\gamma_2=\gamma$ 时，上式简化为

$$a_{\mathrm{Out}}(\omega)=\frac{\mathrm{i}(\omega-\omega_0)a_{\mathrm{In}}(\omega)+\gamma b_{\mathrm{In}}(\omega)}{[\gamma-\mathrm{i}(\omega-\omega_0)]} \tag{8.161}$$

对共振的频率分量($\omega=\omega_0$)，有

$$a_{\mathrm{Out}}(\omega)=b_{\mathrm{In}}(\omega) \tag{8.162}$$

这表示完全透射。

对接近共振的频率分量，有

$$a_{\mathrm{Out}}(\omega)\approx\frac{\gamma}{[\gamma-\mathrm{i}(\omega-\omega_0)]}b_{\mathrm{In}}(\omega) \tag{8.163}$$

这近似为一个洛伦兹型滤波器。

对远离共振的频率分量($|\omega-\omega_0|\gg\gamma$)，有

$$a_{\mathrm{Out}}(\omega)=-a_{\mathrm{In}}(\omega) \tag{8.164}$$

表示完全反射。

8.5 本章小结

本章我们系统地介绍了**耗散**和**退相干**的量子理论，包括**量子**跳跃理论(也称**量子轨道**理论)、**密度算符方程**理论、**Fokker-Planck** 方程理论、**Heisenberg-Langevin** 方程理论、腔场耗散的**输入-输出形式**等。在量子跳跃理论部分，我们导出了**量子力学主方程**，讨论了若干量子态的**耗散**和**退相干**。在密度算符方程理论部分，我们分别导出了在**热库**和**压缩真空库**情况下的密度算符方程，然后具体讨论了二能级原子在**热库**和**压缩真空库**中的辐射和单模腔场在**热库**和**压缩真空库**中的衰减。对单模腔场在热库中的衰减，我们分别导出并求解了密度算符方程在光子数态表象

和相干态表象中的形式，其在相干态表象中的形式就是 Fokker-Planck 方程。在 Heisenberg-Langevin 方程理论部分，我们从总系统（体系+库）的哈密顿量出发，首先导出体系算符和库算符所服从的海森堡方程，然后将其化为体系算符服从的 Langevin 方程，最后用 Langevin 方程讨论腔场的有关物理性质。特别是，计算了腔场的**双时关联函数**和**光谱线型**；在腔场耗散的输入-输出形式部分，我们分别就单端透射腔和双端透射腔情况，讨论了**腔内场、输入场和输出场**之间的关系。

参考文献

[1] Barnett S M, Radmore P M. Methods in Theoretical Quantum Optics. Oxford: Oxford University Press, 1997.

[2] Carmichael H. An Open Systems Approach to Quantum Optics. Berlin: Springer, 1993.

[3] Cohen-Tannoudji C, Dupont-Roc J, Grynberg G. Photons and Atoms. New York: Wiley, 1989.

[4] Cohen-Tannoudji C, Dupont-Roc J, Grynberg G. Atom-Photon Interaction. New York: Wiley, 1992.

[5] Gardiner C W, Zoller P. Quantum Noise. Berlin: Springer, 2000.

[6] Gerry G, Knight P. Introductory Quantum Optics. Cambridge: Cambridge University Press, 2005.

[7] Haken H. Light: Volume1: Waves, Photons, and Atoms. Amsterdam: North Holland, 1981.

[8] Louisell W H. Quantum Statistical Properties of Radiation. New York: Wiley, 1989.

[9] Loudon R. The Quantum Theory of Light(3rd ed). Oxford: Oxford University Press, 2000.

[10] Meystre P, Sargent I I I M. Elements of Quantum Optics(3rd ed). Berlin: Springer, 1999.

[11] Orszag M. Quantum Optics: Including Noise, Trapped Ions, Quantum Trajectories, and Decoherence. Berlin: Springer, 2000.

[12] Puri R R. Mathematical Methods of Quantum Optics. Berlin: Springer, 2001.

[13] Risken H. The Fokker-Planck Equation. Berlin: Springer, 1984.

[14] Scully M O, Zubairy M S. Quantum Optics. Cambridge: Cambridge University Press, 1997.

[15] Vogel W, Welsch D G, Wallentowitz S. Quantum Optics: An Introduction. Berlin: Wiley, 2001.

[16] Walls D F, Milburn G J. Quantum Optics. Berlin: Springer, 1994.

[17] Yamamoto Y, Imamoglu A. Mesoscopic Quantum Optics. New York: Wiley, 1999.

[18] 郭光灿. 量子光学. 北京：高等教育出版社，1990.

[19] 彭金生，李高翔. 近代量子光学导论. 北京：科学出版社，1996.

[20] 谭维翰. 量子光学导论. 北京：科学出版社，2009.

[21] Plenio M B, Knight P L. The quantum jump approach to dissipative dynamics in quantum optics. Reviews of Modern Physics, 1998, 70(1): 101-144.

第 9 章　量子光学实验中常用的物理系统

在量子光学理论研究和实验中，人们尝试了各种各样的物理系统。例如，**腔量子电动力学系统、囚禁离子系统、线性和非线性光学系统、核磁共振系统、半导体量子点系统、超导约瑟夫森结电路系统、超冷原子系统**等。本章将选择若干物理系统进行介绍。

9.1　腔量子电动力学系统[1-11]

所谓**腔量子电动力学**(**cavity QED，CQED**)，狭义地讲，指的是在**光学谐振腔**或**微波谐振腔**中原子与光场的相互作用；广义地讲，指的是在各种**有限空间**(相对于**自由空间**)中原子与光场的相互作用。这里介绍狭义情况中微波谐振腔的情况。

前面介绍了单个二能级原子与单模电磁场的相互作用(JC 模型)，特别是在 JC 模型的研究中预言了“崩塌一复苏”现象。那么，怎样在实验中观测这一现象？

1. 实现单个原子与单模电磁场的相互作用需要满足的条件

下面讨论怎样从实验上实现单个原子与单模电磁场的相互作用及观测理论上预言的物理现象。首先分析实现单个原子与单模电磁场的相互作用需要满足的条件。

① 在谐振腔中电磁场形成驻波，要满足如下条件，即

$$L=n\frac{\lambda_n}{2},\quad n=1,2,\cdots$$

其中，L 是谐振腔的腔长；λ_n 是波长。

例如，要制作产生波长为 $\lambda_1=2L$ 的单模电磁场的谐振腔，从技术的角度来讲，产生波长较长的单模电磁场的谐振腔较易制作，因此实验往往利用微波谐振腔。此外，也有用光学谐振腔的。

② 要观测单个原子与单模电磁场相互作用过程中的物理效应，显然要求原子与电磁场之间的耦合常数要大，即满足所谓的“**强耦合**”条件($\lambda\gg\gamma,\kappa$)，这里 λ 是原子与电磁场之间的耦合常数，γ 是原子的自发辐射速率($1/\gamma$ 是原子激发态的寿命)，κ 是腔场的衰减速率(描述腔的损耗)。为了得到大的 λ 和小的 γ，通常利用处于**里德堡态**(主量子数很大的量子态)的原子(**里德堡原子**)；为了得到小的 κ，腔的损耗要小(**品质因子 Q** 要大)。强耦合条件 $\lambda\gg\gamma,\kappa$ 的物理意义是在原子和腔场还没有明显衰减时，二者已交换了多次能量(Rabi 频率反映了二者交换能量的频率，

它正比于耦合常数 λ)。

综上所述,这类实验最主要的组成部分是处于**里德堡态**的原子和具有**高品质因子**(低损耗)的**微波谐振腔**。为了探测实验结果,还需要具有选择性电离的**原子状态探测器**。

2. 里德堡原子的有关性质

所谓里德堡态指的是主量子数 n 很大的态(n 表示原子的主量子数,在前面我们曾用它表示光场的光子数,不要将二者相混淆)。对一定的主量子数 n,角动量量子数 l 和磁量子数 m 分别取其最大值 $l=n-1$ 和 $|m|=n-1$ 的量子态称为所谓的**圆态**。实验常用的是主量子数 $n\approx50$ 的**圆里德堡态**。里德堡原子具有下列性质。

① 构成一个有效的二能级系统。

根据电偶极跃迁的选择定则,$\Delta l=\pm1$, $\Delta m=0,\pm1$, 即跃迁只能发生在两个相邻能级之间,从而构成一个有效的二能级系统。

② 当原子在相邻能级之间跃迁时,辐射或吸收的电磁波处于**微波**波段,与**微波谐振腔**相匹配。主量子数为 n 的量子态的能量为

$$E_n\approx-\frac{R}{n^2} \tag{9.1}$$

其中,"$\approx$"的含义是忽略了由原子实引起的量子亏损;$R=13.6\text{eV}$ 为**里德堡常数**。

相邻能级之间的跃迁产生的电磁辐射的频率为

$$\nu_0=\frac{E_n-E_{n-1}}{h}\approx\frac{2R}{hn^3}\propto\frac{1}{n^3} \tag{9.2}$$

对 $n\approx50$,可得 $\nu_0\approx53\text{GHz}$,相应的波长为 $\lambda_0=\nu_0/c\approx6\text{mm}$,处于微波波段。

③ 具有大的电偶极跃迁矩阵元,从而与电磁场的耦合强,即

$$\mu\equiv d_{n,n-1}=\langle n|d|n-1\rangle\propto\langle n|er|n-1\rangle\propto n^2ea_0\propto n^2 \tag{9.3}$$

其中,e 为电子电荷;a_0 为**玻尔半径**。

二能级原子与单模电磁场相互作用的耦合常数 $\lambda\propto\mu\propto n^2$,因此 n 越大,原子与电磁场的耦合越强。

④ 具有长的**能级寿命**。原子在**自由空间**中的**自发辐射速率**为

$$\Gamma_{\text{free}}=\frac{\mu^2\omega_0^3}{3\pi\varepsilon_0\hbar c^3}\propto\mu^2\omega_0^3\propto(n^2)^2\ (n^{-3})^3\propto n^{-5},\quad \Gamma_{\text{free}}=\Gamma_0 n^{-5} \tag{9.4}$$

其中,$\Gamma_0\approx10^9\text{s}^{-1}$ 为低激发态的自发辐射速率,相应的低激发态的寿命为 $\tau_0=1/\Gamma_0\sim10^{-9}\text{s}$;对 $n\approx50$ 的里德堡态,其寿命 $\tau=1/\Gamma_{\text{free}}=n^5\tau_0\sim10^{-1}s$。对相关实验来说,这已经是一个相当长的时间。

⑤ 里德堡原子具有较小的**电离能**,而相邻能级具有不同的电离能,因此可以

利用**选择性电离**方法探测并区分原子的两个状态。

3. 耗散腔中二能级原子与单模腔场的相互作用

前面讨论了二能级原子与单模腔场的共振相互作用，在相互作用绘景中的相互作用哈密顿量为(取 $\hbar=1$)

$$H=\lambda(\sigma^{+}a+a^{+}\sigma) \tag{9.5}$$

其中，λ 为原子与腔场的耦合常数。

当不考虑损耗、且初始原子处于上能态 $|e\rangle$，腔场处于真空态 $|0\rangle$ 时，在随后的时刻，系统将在状态 $|e,0\rangle$ 和 $|g,1\rangle$ 之间以真空 Rabi 频率 $\Omega_0=2\lambda$ 进行 Rabi 振荡，即

$$|\psi(t)\rangle=\cos\left(\frac{\Omega_0}{2}t\right)|e,0\rangle-\mathrm{i}\sin\left(\frac{\Omega_0}{2}t\right)|g,1\rangle \tag{9.6}$$

其中，$\Omega_0=2\lambda$ 为真空 Rabi 振荡频率。

前面讨论了在有损耗的谐振腔中单模腔场的时间演化，其密度算符满足的量子力学主方程为

$$\begin{aligned}\frac{\mathrm{d}\rho}{\mathrm{d}t}&=\mathrm{i}[\rho,H]+\frac{\gamma}{2}\{2a\rho a^{+}-a^{+}a\rho-\rho a^{+}a\}\\&=\left(\frac{\mathrm{d}\rho}{\mathrm{d}t}\right)_{\mathrm{coh}}+\left(\frac{\mathrm{d}\rho}{\mathrm{d}t}\right)_{\text{field-decay}}\end{aligned} \tag{9.7}$$

其中，γ 为腔场光子的衰减速率。

现在讨论在有损耗的谐振腔中二能级原子与单模腔场的相互作用。引入 $|1\rangle\equiv|e,0\rangle$ 和 $|2\rangle\equiv|g,1\rangle$，由上两式可得如下的密度矩阵元方程，即

$$\frac{\mathrm{d}}{\mathrm{d}t}\rho_{11}=\mathrm{i}\lambda V \tag{9.8}$$

$$\frac{\mathrm{d}}{\mathrm{d}t}\rho_{22}=-\gamma\rho_{22}-\mathrm{i}\lambda V \tag{9.9}$$

$$\frac{\mathrm{d}}{\mathrm{d}t}V=\mathrm{i}2\lambda(\rho_{11}-\rho_{22})-\frac{\gamma}{2}V \tag{9.10}$$

其中，$V\equiv\rho_{12}-\rho_{21}$。

上式可以写成如下的矩阵形式

$$\frac{\mathrm{d}}{\mathrm{d}t}\begin{bmatrix}\rho_{11}\\\rho_{22}\\V\end{bmatrix}=\begin{bmatrix}0&0&\mathrm{i}\lambda\\0&-\gamma&-\mathrm{i}\lambda\\\mathrm{i}2\lambda&-\mathrm{i}2\lambda&-\gamma/2\end{bmatrix}\begin{bmatrix}\rho_{11}\\\rho_{22}\\V\end{bmatrix} \tag{9.11}$$

矩阵的本征值方程为

$$\left(\Lambda+\frac{\gamma}{2}\right)(\Lambda^2+\gamma\Lambda+4\lambda^2)=0 \tag{9.12}$$

其本征值为

$$\Lambda_0=-\frac{\gamma}{2} \tag{9.13a}$$

$$\Lambda_\pm=-\frac{\gamma}{2}\pm\frac{\gamma}{2}\sqrt{1-\frac{(2\lambda)^2}{(\gamma/2)^2}}=-\frac{\gamma}{2}\pm\frac{\gamma}{2}\sqrt{1-\left(\frac{\Omega_0}{(\gamma/2)}\right)^2} \tag{9.13b}$$

设初始原子处于上能态 $|e\rangle$，腔场处于真空态 $|0\rangle$，即 $\rho_{11}(0)=1$，$\rho_{22}(0)=0$，$V(0)=0$。

下面分两种情况进行讨论。

① 谐振腔的损耗较小，使得 $(\gamma/2)\ll\Omega_0$，则有

$$\Lambda_\pm\approx-\frac{\gamma}{2}\pm \mathrm{i}\Omega_0 \tag{9.14}$$

即本征值 $\Lambda_\pm$ 是复数，原子处于上能级的概率将近似以衰减速率 $\gamma/2$、真空 Rabi 频率 Ω_0 进行**衰减振荡**，这表明自发辐射是近似可逆的。

② 谐振腔的损耗较大，使得 $(\gamma/2)>\Omega_0$，则三个本征值均为负值，原子处于上能级的概率 $P_e(t)=\rho_{11}(t)$ 将按指数衰减，即自发辐射是指数衰减形式的，其中最小的衰减速率（对应最大的时间常数）是

$$\begin{aligned}|\Lambda_+|&=\left|-\frac{\gamma}{2}+\frac{\gamma}{2}\sqrt{1-\frac{(2\lambda)^2}{(\gamma/2)^2}}\right|\\&=\frac{\gamma}{2}\left[1-\sqrt{1-\left(\frac{\Omega_0}{(\gamma/2)}\right)^2}\right]\\&\approx\frac{\gamma}{2}\left(1-\left(1-\frac{1}{2}\left(\frac{\Omega_0}{(\gamma/2)}\right)^2\right)\right)\\&=\frac{\Omega_0^2}{\gamma}\end{aligned}$$

定义它为**原子在腔中的自发辐射速率**，即 $\Gamma_{\text{cavity}}=|\Lambda_+|\approx\Omega_0^2/\gamma$。注意到 Ω_0 的定义为

$$\Omega_0=2\lambda=2\,\frac{\mu}{\hbar}\sqrt{\frac{\hbar\omega_0}{V\varepsilon_0}}\sin(kz) \tag{9.15}$$

其中，V 为腔的量子化体积。

当原子处于驻波的波幅处时，$\sin^2(kz)=1$，耦合最强。另外，引入谐振腔的**品质因子** $Q=\omega_0/\gamma$，则**原子在腔中的自发辐射速率**为

$$\Gamma_{\text{cavity}}=\frac{4\mu^2Q}{\hbar V\varepsilon_0} \tag{9.16}$$

由式(9.16)和式(9.4)可得原子在腔中的自发辐射速率与原子在自由空间中的自发辐射速率之比为

$$\frac{\Gamma_{\text{cavity}}}{\Gamma_{\text{free}}}=\frac{\dfrac{4\mu^2 Q}{\hbar V\varepsilon_0}}{\dfrac{\mu^2\omega_0^3}{3\pi\varepsilon_0\hbar c^3}}=\frac{12\pi Q c^3}{V\omega_0^3}\sim Q\frac{\lambda_0^3}{V} \tag{9.17}$$

其中，λ_0 是腔场的波长。

对低阶模，$\lambda_0^3\approx V$，则原子在腔中的自发辐射速率将是原子在自由空间中的自发辐射速率的 Q 倍，而实验中所用的腔具有很大的 Q 值（如 $Q\sim10^8$），因此腔的存在大大增强了原子的自发辐射。不过应当注意，这一结论是在腔场与原子发生共振相互作用情况下得到的。如果腔中不存在与原子跃迁频率共振的电磁场模，则原子的自发辐射将受到抑制。**自发辐射的增强和抑制**效应均得到实验的验证。

下面介绍一些物理效应的实验观测。

9.1.1 JC 模型的实验实现

JC 模型描述的是二能级原子与量子单模电磁场的相互作用。在 JC 模型的研究中人们预言了所谓的"崩塌一复苏"现象，如图 7.1 所示。

世界上有两个小组在这方面做了领先的实验工作，一个是德国慕尼黑马普量子光学研究所的 Walther 小组，另一个是法国巴黎高师的 Haroche（2012 年诺贝尔物理学奖得主）小组。1987 年，Walther 小组进行了一个想要观测崩塌与复苏效应的实验，由于当时用的是热光场，且未能达到足够宽的相互作用时间范围，因此只观测到衰减振荡形式的自发辐射，即崩塌现象，而没有观测到明显的复苏现象。1996 年，Haroche 小组改进了实验条件，采用相干态光场，且能够达到足够宽的相互作用时间范围，因此观测到清晰的崩塌与复苏现象。下面简单介绍 Haroche 小组的实验。

Haroche 小组的实验系统如图 9.1 所示。从原子炉射出的原子被一束激光制备到圆里德堡态；处于圆里德堡态的原子在腔中与腔场发生相互作用；原子束要足够弱以保证任意时刻腔中最多只能有一个原子（故这种实验系统也称为**单原子脉塞或微脉塞**）；从腔中出来的原子由场电离探测器进行探测，其中第一个探测器只探测处于上能态的原子，第二个探测器只探测处于下能态的原子。

实验中用的是处于圆里德堡态的铷原子，主要涉及三个能级，即 $|e\rangle$、$|g\rangle$、$|f\rangle$，其主量子数分别为 51、50、49（图 9.2）。其中，$|e\rangle\leftrightarrow|g\rangle$ 之间的跃迁频率为 51.1GHz；$|g\rangle\leftrightarrow|f\rangle$ 之间的跃迁频率为 54.3GHz。腔场与原子的 $|e\rangle\leftrightarrow|g\rangle$ 跃迁相共振。谐振腔为由超导铌做成的法布里-珀罗腔，球面镜的半径为 50mm，曲率半径为 40mm，两镜之间的距离（腔长）为 27mm，腔的品质因子 $Q=3\times10^8$，腔中光子寿命约为 $T_r=1\text{ms}$。原子与腔场的相互作用时间为几十 μs。前面讲过，原子的里德堡态的寿命在 0.1s 量级。因此，**原子里德堡态的寿命和腔中光子的寿命都远远**

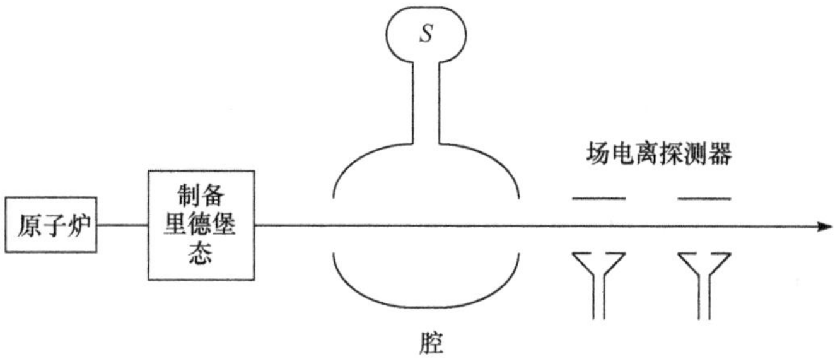

图 9.1　实现 JC 模型的单原子脉塞

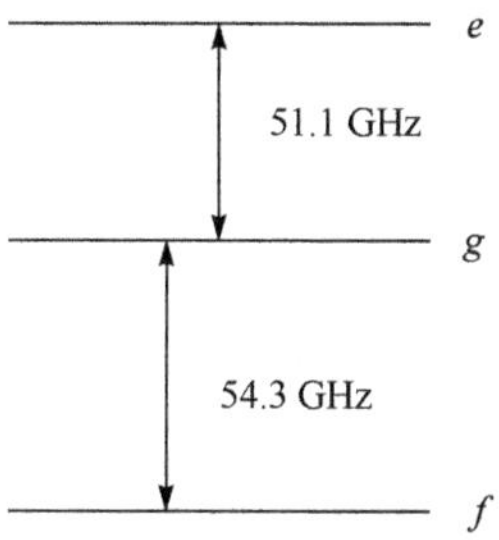

图 9.2　铷原子的有关能级

大于原子与腔场的互作用时间,满足强耦合条件。腔壁被冷却到 1K 的低温,对应的平均热光子数 $\bar{n}_{th}\approx 0.7$,采用进一步的方法可达到 $\bar{n}_{th}\approx 0.1$。微波源 S 可给谐振腔提供相干态光场,给腔加上一个静电场可调节腔场的频率,使其与原子 $|e\rangle\leftrightarrow|g\rangle$ 跃迁频率共振或非共振。

利用该实验系统,对不同的腔场,Haroche 小组分别观测到清晰的衰减振荡形式的自发辐射和**崩塌与复苏**现象。

9.1.2　原子纠缠态的制备

利用上述腔 QED 实验系统,让两个原子先后与腔场发生相互作用,可以制备原子的纠缠态。设初始原子 1 处在上能态 $|e\rangle_1$,腔场处于真空态 $|0\rangle$,当原子 1 与腔场发生共振相互作用时,根据式(7.33),系统按下列方式演化,即

$$|e\rangle_1|0\rangle\rightarrow\cos(\lambda t_1)|e\rangle_1|0\rangle-\mathrm{i}\sin(\lambda t_1)|g\rangle_1|1\rangle \tag{9.18}$$

其中,下标"1"表示原子 1。

选择原子 1 的速度使得 $\lambda t_1=\pi/4$(量子 $\pi/2$ 脉冲),则有

$$|e\rangle_1|0\rangle\rightarrow\frac{1}{\sqrt{2}}(|e\rangle_1|0\rangle-\mathrm{i}\,|g\rangle_1|1\rangle) \tag{9.19}$$

这是原子 1 与腔场的纠缠态。这时送入处于下能态 $|g\rangle_2$ 的原子 2,则系统的状

态为

$$\frac{1}{\sqrt{2}}(|e\rangle_1\ |g\rangle_2|0\rangle-\mathrm{i}\ |g\rangle_1\ |g\rangle_2|1\rangle) \tag{9.20}$$

设原子 2 也与腔场发生共振相互作用，利用

$$|g\rangle_2|1\rangle\to\cos(\lambda t_2)|g\rangle_2|1\rangle-\mathrm{i}\sin(\lambda t_2)|e\rangle_2|0\rangle \tag{9.21}$$

选择原子 2 的速度使得 $\lambda t_2=\pi/2$（量子 π 脉冲），则有

$$|g\rangle_2|1\rangle\to-\mathrm{i}\ |e\rangle_2|0\rangle \tag{9.22}$$

将式(9.22)代入式(9.20)，则系统的状态变为

$$\frac{1}{\sqrt{2}}(|e\rangle_1\ |g\rangle_2-|g\rangle_1\ |e\rangle_2)|0\rangle=|\psi^-\rangle|0\rangle \tag{9.23}$$

其中

$$|\psi^-\rangle=\frac{1}{\sqrt{2}}(|e\rangle_1\ |g\rangle_2-|g\rangle_1\ |e\rangle_2) \tag{9.24}$$

是两个原子的纠缠态。上述讨论表明，**让两个原子先后与腔场发生共振相互作用，**可以制备**原子的纠缠态**。这种实验方案已被 Haroche 小组实现。

9.1.3 腔场薛定谔猫态(相干态的相干叠加态)的制备

在图 9.1 中，谐振腔的前后分别加一个经典光场 R_1 和 R_2 可构成一个 **Ramsey 干涉仪**，如图 9.3 所示。这个实验系统可用来制备**腔场的薛定谔猫态**。

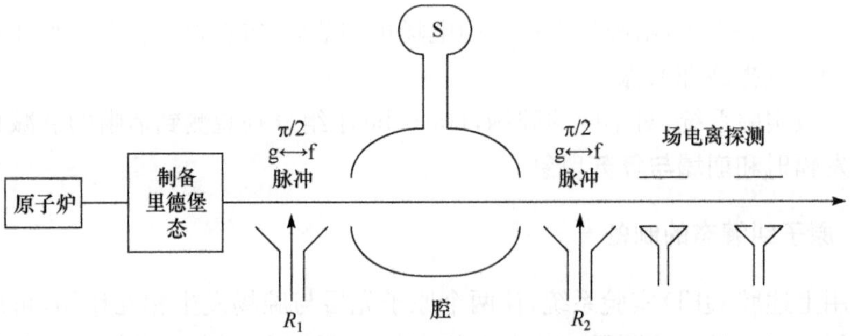

图 9.3 制备腔场薛定谔猫态的单原子脉塞

式(7.46)给出了在**大失谐情况下**二能级原子与单模量子腔场相互作用的有效哈密顿量(取 $\hbar=1$)，即

$$H_{\mathrm{eff}}=\chi[(a^+a+1)|\mathrm{e}\rangle\langle\mathrm{e}|-a^+a|g\rangle\langle g|] \tag{9.25a}$$

相应的时间演化算符为

$$U(t)=\exp\left[-\frac{\mathrm{i}}{\hbar}H_{\mathrm{eff}}t\right] \tag{9.25b}$$

注意到$|g,n\rangle$和$|e,n\rangle$均为 H_{eff}的本征态,即

$$H_{\text{eff}}|g,n\rangle=-\hbar\chi n|g,n\rangle \tag{9.26}$$

$$H_{\text{eff}}|\text{e},n\rangle=\hbar\chi(n+1)|e,n\rangle \tag{9.27}$$

从而有

$$U(t)|g,n\rangle=\exp\left[-\frac{\text{i}}{\hbar}H_{\text{eff}}t\right]|g,n\rangle=\text{e}^{\text{i}n\chi t}|g,n\rangle \tag{9.28}$$

$$U(t)|e,n\rangle=\exp\left[-\frac{\text{i}}{\hbar}H_{\text{eff}}t\right]|e,n\rangle=\text{e}^{-\text{i}(n+1)\chi t}|e,n\rangle \tag{9.29}$$

$$U(t)|g\rangle|\alpha\rangle=|g\rangle|\alpha\text{e}^{\text{i}\chi t}\rangle \tag{9.30}$$

$$U(t)|e\rangle|\alpha\rangle=\text{e}^{-\text{i}\chi t}|e\rangle|\alpha\text{e}^{-\text{i}\chi t}\rangle \tag{9.31}$$

考虑 Haroche 小组的三能级系统$|e\rangle$、$|g\rangle$、$|f\rangle$(图 9.2),其能量关系为 $E_e>E_g>E_f$。腔场与原子跃迁$|e\rangle\leftrightarrow|g\rangle$发生大失谐相互作用,而与$|g\rangle\leftrightarrow|f\rangle$跃迁不发生相互作用。如果能态$|e\rangle$不被布居,则有效哈密顿量(9.25a)变为

$$H_{\text{eff}}=-\chi a^{+}a|g\rangle\langle g| \tag{9.32}$$

考虑图 9.3,假设经典电磁场 R_1 和 R_2 均与原子的$|g\rangle\leftrightarrow|f\rangle$跃迁发生共振相互作用,其 Rabi 频率为 Ω_R。在式(2.40)中,即

$$U_I(t)=\cos\left(\frac{1}{2}\Omega_R t\right)I-\text{i}\sin\left(\frac{1}{2}\Omega_R t\right)(\sigma^{+}\text{e}^{-\text{i}\varphi}+\sigma\text{e}^{\text{i}\varphi})$$

取 $\varphi=\pi/2$;$\sigma^{+}=|g\rangle\langle f|$;$\sigma=|f\rangle\langle g|$,则得

$$U(t)=\cos\left(\frac{1}{2}\Omega_R t\right)I-\sin\left(\frac{1}{2}\Omega_R t\right)(|g\rangle\langle f|-|f\rangle\langle g|) \tag{9.33}$$

设原子进入 R_1 时处于能态$|g\rangle$,则经过 $\pi/2$ 脉冲($\Omega_R t=\pi/2$),原子将处于如下状态,即

$$|\psi_{\text{atom}}\rangle=\frac{1}{\sqrt{2}}(|g\rangle+|f\rangle) \tag{9.34}$$

处于该状态的原子进入制备在相干态$|\alpha\rangle$的谐振腔,则系统的初态为

$$|\psi(0)\rangle=|\psi_{\text{atom}}\rangle|\alpha\rangle=\frac{1}{\sqrt{2}}(|g\rangle+|f\rangle)|\alpha\rangle \tag{9.35}$$

原子与腔场发生色散相互作用后,利用式(9.32)和式(9.30),系统的状态变为

$$\begin{aligned}|\psi(t_c)\rangle&=U(t_c)|\psi(0)\rangle\\&=\text{e}^{-\text{i}H_{\text{eff}}t_c}\frac{1}{\sqrt{2}}(|g\rangle+|f\rangle)|\alpha\rangle\\&=\frac{1}{\sqrt{2}}(|g\rangle|\alpha\text{e}^{\text{i}\chi t_c}\rangle+|f\rangle|\alpha\rangle)\end{aligned} \tag{9.36}$$

其中,t_c 为原子与腔场的相互作用时间。

原子从谐振腔出来后进入经典场 R_2。设原子与经典场 R_2 的相互作用时间为 t_2，并引入 $\theta=\Omega_R t_2$，则根据式(9.33)，R_2 有下列作用，即

$$|g\rangle\rightarrow\cos\left(\frac{\theta}{2}\right)|g\rangle+\sin\left(\frac{\theta}{2}\right)|f\rangle \tag{9.37}$$

$$|f\rangle\rightarrow\cos\left(\frac{\theta}{2}\right)|f\rangle-\sin\left(\frac{\theta}{2}\right)|g\rangle \tag{9.38}$$

于是，经过经典场 R_2 后，系统的状态为

$$\begin{aligned}|\psi(t_c,\theta)\rangle=&\frac{1}{\sqrt{2}}\left[\cos\left(\frac{\theta}{2}\right)|g\rangle+\sin\left(\frac{\theta}{2}\right)|f\rangle\right]|\alpha e^{i\chi t_c}\rangle\\&+\frac{1}{\sqrt{2}}\left[\left[\cos\left(\frac{\theta}{2}\right)|f\rangle-\sin\left(\frac{\theta}{2}\right)|g\rangle\right]|\alpha\rangle\right]\\=&|g\rangle\frac{1}{\sqrt{2}}\left[\cos\left(\frac{\theta}{2}\right)|\alpha e^{i\chi t_c}\rangle-\sin\left(\frac{\theta}{2}\right)|\alpha\rangle\right]\\&+|f\rangle\frac{1}{\sqrt{2}}\left[\sin\left(\frac{\theta}{2}\right)|\alpha e^{i\chi t_c}\rangle+\cos\left(\frac{\theta}{2}\right)|\alpha\rangle\right]\end{aligned} \tag{9.39}$$

选择 $\theta=\pi/2$，$\chi t_c=\pi$，则有

$$|\psi(\pi/\chi,\pi/2)\rangle=|g\rangle\frac{1}{2}(|-\alpha\rangle-|\alpha\rangle)+|f\rangle\frac{1}{2}(|-\alpha\rangle+|\alpha\rangle) \tag{9.40}$$

利用选择性电离探测原子的状态，若探测到原子处于 $|f\rangle$ 态，则腔场处于偶相干态，即

$$|\psi_e\rangle\sim(|\alpha\rangle+|-\alpha\rangle) \tag{9.41}$$

若探测到原子处于 $|g\rangle$ 态，则腔场处于奇相干态，即

$$|\psi_o\rangle\sim(|\alpha\rangle-|-\alpha\rangle) \tag{9.42}$$

上述讨论表明，将**原子与腔场(量子化电磁场)的色散相互作用**和**原子与两个经典电磁场的共振相互作用**相结合，可以产生**腔场的薛定谔猫态**。

9.1.4 光子数的非破坏性测量

在一般的量子测量中，测量将改变(或破坏)系统原来的状态。例如，利用光电探测器探测量子光场的光子数，光电探测器将吸收光场的光子，从而改变光场原来的量子态。下面介绍利用腔量子电动力学方法，可以达到不吸收光子而确定腔场光子数的目的。这属于所谓的**量子非破坏性测量**。

假设腔场处于确定的，但未知的光子数态 $|n\rangle$，让一个处于叠加态 $(|e\rangle+|g\rangle)/\sqrt{2}$ 的里德堡原子进入腔场，则系统的初态为

$$|\psi(0)\rangle=\frac{1}{\sqrt{2}}(|e\rangle+|g\rangle)|n\rangle \tag{9.43}$$

假设原子与**量子腔场**发生**色散相互作用**，作用时间为 t，则作用后系统的状态为(利用式(9.28)和式(9.29))

$$|\psi(t)\rangle = e^{-iH_{\text{eff}}t}|\psi(0)\rangle = \frac{1}{\sqrt{2}}(e^{-i(n+1)\chi t}|e\rangle + e^{in\chi t}|g\rangle)|n\rangle \tag{9.44}$$

然后，让原子的 $|e\rangle \leftrightarrow |g\rangle$ 跃迁与一个**经典光场**发生**共振相互作用**，经历一个 $\pi/2$ 脉冲后，系统的状态变为

$$\begin{aligned}|\psi(t,\pi/2)\rangle &= \frac{1}{2}[e^{-i(n+1)\chi t}(|e\rangle + |g\rangle) + e^{in\chi t}(|g\rangle - |e\rangle)]|n\rangle \\ &= \frac{1}{2}[|e\rangle(e^{-i(n+1)\chi t} - e^{in\chi t}) + |g\rangle(e^{-i(n+1)\chi t} + e^{in\chi t})]|n\rangle\end{aligned} \tag{9.45}$$

这时，探测到原子处于 $|e\rangle$ 态和 $|g\rangle$ 态的概率分别为

$$P_e(t) = \frac{1}{2}[1 - \cos((2n+1)\chi t)] = \sin^2\left[(2n+1)\frac{\chi t}{2}\right] \tag{9.46}$$

$$P_g(t) = \frac{1}{2}[1 + \cos((2n+1)\chi t)] = \cos^2\left[(2n+1)\frac{\chi t}{2}\right] \tag{9.47}$$

它们呈现随时间的周期振荡行为，称为 **Ramsey 条纹**。可见，振荡频率依赖于光子数 n，因此可以通过测量原子布居数的振荡频率来确定光场的光子数。这种实验方案已被 Haroche 小组实现。

上述讨论表明，将**原子与腔场(量子化电磁场)的色散相互作用和原子与经典电磁场的共振相互作用**结合，可以实现**光子数的非破坏性测量**。

Haroche 小组利用他们的实验系统，还做了许多其他很好的工作。例如，实现单光子量子存储器、实现可调量子位相门、实现多组分纠缠态、实现原子碰撞的相干控制、实现光子数态的产生和探测、实现单光子态 Wigner 函数的直接测量、实现介观光场的纠缠、实现非破坏性里德堡原子计数、记录单光子的产生与湮灭、重构腔场的非经典态、冻结相干腔场的增长、实现腔场衰减过程的层析和光子数态寿命的测量、利用量子 Zeno 效应裁剪腔场等①。

总之，利用原子与光场(经典的或量子的)的相互作用(共振的或色散的)，可观测到许多量子效应，这些量子效应有很多实际应用。

9.2　超导电路量子电动力学系统

由上述关于腔量子电动力学的讨论我们得知，利用腔量子电动力学系统，人们在实验上观测到许多量子光学效应，如原子布居数的“崩塌-复苏”现象；制备了各

① 关于 Haroche 小组的工作介绍，可以参考量子光学学报，2012，18(4)：305-311 及所引文献。

种量子态,如原子的纠缠态、腔场的薛定谔猫态等;实现了量子非破坏性测量等。

如果在腔量子电动力学系统中将**微波谐振腔**换成**超导传输线共振腔**;将自然**原子**换成**超导约瑟夫结电路**,则构成所谓的**超导电路量子电动力学系统**(**电路量子电动力学**,即 circuit QED)[12-14]。

为了比较方便,下面分别给出**腔量子电动力学系统**和**超导电路量子电动力学系统**的示意图(图 9.4 和图 9.5)。

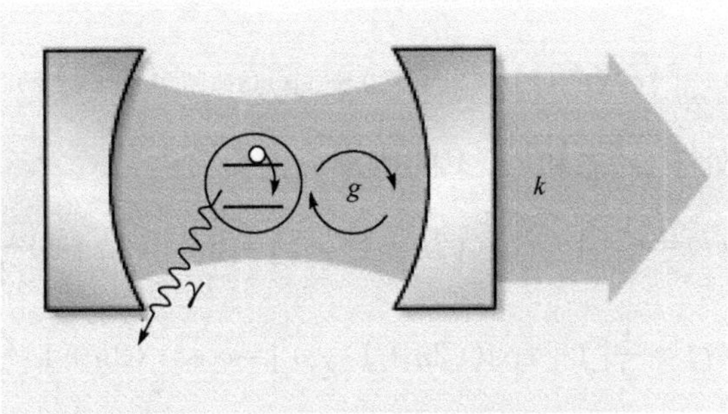

图 9.4　腔量子电动力学系统示意图

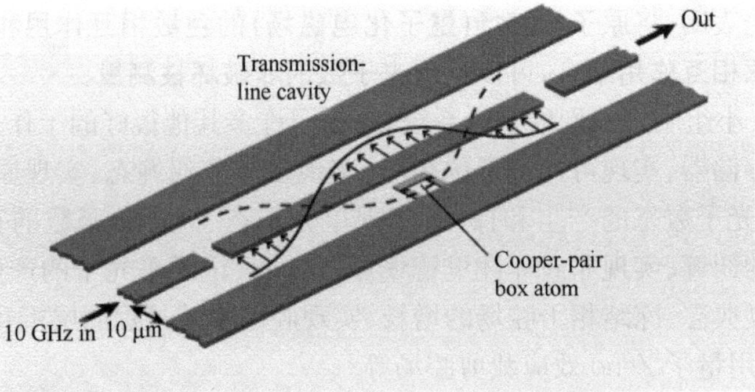

图 9.5　超导电路量子电动力学系统示意图

与腔量子电动力学系统比较,超导电路量子电动力学系统具有下列优点:

① 超导电路量子比特比自然原子量子比特的电偶极矩大 4～5 个数量级,容易实现**强耦合**,甚至**超强耦合**。

② 超导电路量子比特固定在电路中,避免了自然原子需要冷却和囚禁的困难,也延长了腔场与原子(超导电路量子比特可看作人造原子)的相互作用时间。

③ 超导电路量子比特的能级间隔是可调控的,这一方面便于实验的进行;另一方面可研究更丰富的物理现象。

④ 超导电路量子电动力学系统可以借用现有的微加工技术、集成电路技术等,因此是最有希望实现实用化量子信息处理器件的物理系统之一。

近年来,关于超导电路量子电动力学的研究发展很快,利用超导电路量子电动力学系统,人们已观测到许多量子光学效应。

9.3　囚禁离子系统

囚禁离子系统[8-11,15,16]是量子光学中另一类重要的实验系统。下面讨论利用囚禁离子系统实现 JC 模型及其扩展形式的理论与实验。

假设一个质量为 M 的离子被激光冷却并囚禁在射频 **Paul 势阱**中,如图 9.6 所示。

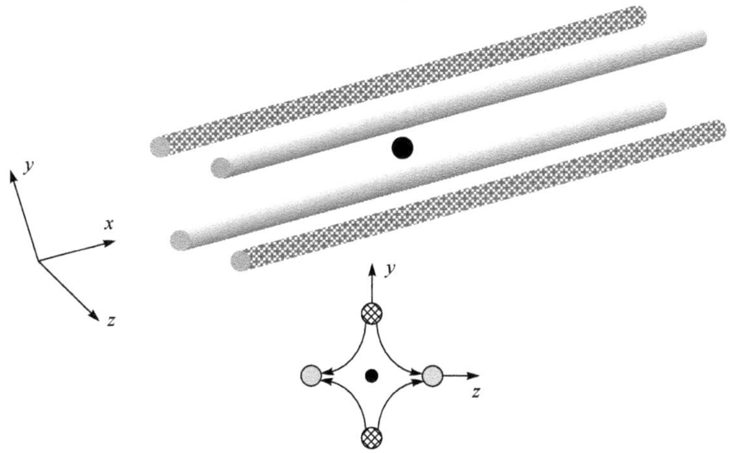

图 9.6　囚禁离子阱

与腔量子电动力学的情况不同,这里要考虑离子的两类运动,即**内部运动**和**外部运动**。所谓**内部运动**指的是离子中电子态之间的跃迁,假设离子有两个电子能态 $|e\rangle$ 和 $|g\rangle$,构成两态系统。所谓**外部运动**指的是离子整体的运动(或质心运动)。设势阱可以近似看作谐振子势阱,离子在其中作频率为 ν 的简谐振动,ν 的取值由势阱的参数决定,谐振子量子(**声子**)的湮灭算符和产生算符分别用 a 和 a^+ 表示,离子的质心位置用算符 $\hat{x}$ 表示。与量子电磁场的形式类似,算符 $\hat{x}$ 与 a 和 a^+ 之间的关系为

$$\hat{x}=\sqrt{\frac{\hbar}{2\nu M}}(a+a^+) \tag{9.48}$$

设沿势阱的轴向(x 方向)施加一束频率为 ω_L 的激光(作经典处理),则系统的哈密顿量为

$$H=H_0+V \tag{9.49}$$

其中，H_0 为离子内部运动的自由哈密顿量和外部运动的自由哈密顿量之和，即

$$H_0=\frac{1}{2}\hbar\omega_0\sigma_z+\hbar\nu a^+a \tag{9.50}$$

V 为互作用哈密顿量，即

$$V=\mu E^{(-)}(\hat{x},t)\sigma+\text{H. c.} \tag{9.51}$$

其中，μ 为$|e\rangle\leftrightarrow|g\rangle$跃迁的偶极矩阵元；$E^{(-)}(\hat{x},t)$为电场的负频部分

$$E^{(-)}(\hat{x},t)=E_0\exp[\mathrm{i}(\omega_L t-k_L\hat{x}+\phi)] \tag{9.52}$$

将式(9.48)代入式(9.52)可得

$$E^{(-)}(\hat{x},t)=E_0\mathrm{e}^{\mathrm{i}(\omega_L t+\phi)}\mathrm{e}^{-\mathrm{i}\eta(a+a^+)} \tag{9.53}$$

其中，$\eta=k_L\sqrt{\hbar/(2\nu M)}$称为 **Lamb-Dicke 参数**。

一般情况下 $\eta\ll1$（称为 **Lamb-Dicke regime**，可译为 **Lamb-Dicke 范围**或 **Lamb-Dicke 极限**）。在 Lamb-Dicke 范围，离子的振荡幅度（$\sim\sqrt{\hbar/(2\nu M)}$）远远小于激光的波长（$\lambda_L=2\pi/k_L$），其中 $\eta\ll1$ 可写为$\sqrt{\hbar/(2\nu M)}\ll\frac{1}{k_L}=\frac{\lambda_L}{2\pi}$。因此，在离子的振荡范围内激光强度可以看作常数。利用 $U(t)=\exp(-\mathrm{i}H_0t/\hbar)$，可得相互作用绘景中的哈密顿量为

$$\begin{aligned}H_I&=U^+HU+\mathrm{i}\hbar\frac{\mathrm{d}U^+}{\mathrm{d}t}U\\&=\mu E_0\mathrm{e}^{\mathrm{i}\phi}\mathrm{e}^{\mathrm{i}\omega_L t}\exp[-\mathrm{i}\eta(a\mathrm{e}^{-\mathrm{i}\nu t}+a^+\mathrm{e}^{\mathrm{i}\nu t})]\sigma\mathrm{e}^{-\mathrm{i}\omega_0 t}+\text{H. c.}\end{aligned} \tag{9.54}$$

在 Lamb-Dicke 极限下，有

$$\exp[-\mathrm{i}\eta(a\mathrm{e}^{-\mathrm{i}\nu t}+a^+\mathrm{e}^{\mathrm{i}\nu t})]\approx1-\mathrm{i}\eta(a\mathrm{e}^{-\mathrm{i}\nu t}+a^+\mathrm{e}^{\mathrm{i}\nu t})+\cdots \tag{9.55}$$

将式(9.55)取到 η 的一次方项，并代入式(9.54)可得

$$H_I\approx\mu E_0\mathrm{e}^{\mathrm{i}\phi}\mathrm{e}^{\mathrm{i}(\omega_L-\omega_0)t}[1-\mathrm{i}\eta(a\mathrm{e}^{-\mathrm{i}\nu t}+a^+\mathrm{e}^{\mathrm{i}\nu t})]\sigma+\text{H. c.} \tag{9.56}$$

下面分情况对上式进行讨论。

① 设调节激光频率，使得 $\omega_L=\omega_0-\nu$，则上式变为

$$H_I\approx\mu E_0\mathrm{e}^{\mathrm{i}\phi}[\mathrm{e}^{-\mathrm{i}\nu t}-\mathrm{i}\eta(a\mathrm{e}^{-\mathrm{i}2\nu t}+a^+)]\sigma+\text{H. c.} \tag{9.57}$$

相对于常数项，快速振荡项 $\mathrm{e}^{-\mathrm{i}\nu t}$和 $\mathrm{e}^{-\mathrm{i}2\nu t}$平均为零，可以略去，从而有

$$H_I\approx-\mathrm{i}\,\hbar\eta\Omega_R\mathrm{e}^{\mathrm{i}\phi}a^+\sigma+\text{H. c.} \tag{9.58}$$

其中，$\Omega_R\equiv\mu E_0/\hbar$是经典 Rabi 振荡频率。

上式具有 **JC 模型**的形式，不过应当注意，腔量子电动力学中的 JC 模型描述的是一个二能级原子与一个单模量子电磁场的相互作用，而式(9.58)描述的是离子的内部运动(σ,σ^+)和外部运动(a^+,a)之间的相互作用。

② 设调节激光频率，使得 $\omega_L=\omega_0+\nu$，则上式变为

$$H_I\approx\mu E_0\mathrm{e}^{\mathrm{i}\phi}[\mathrm{e}^{\mathrm{i}\nu t}-\mathrm{i}\eta(a+a^+\mathrm{e}^{\mathrm{i}2\nu t})]\sigma+\text{H. c.} \tag{9.59}$$

略去快速振荡项后可得

$$H_I \approx -i\hbar\eta\Omega_R e^{i\phi} a\sigma + \text{H. c.} \tag{9.60}$$

上式包含 $a\sigma$ 项和 $a^+\sigma^+$ 项，有时称为反 **JC 模型**。在腔量子电动力学的 JC 模型中，它们对应于能量不守恒的过程，因此不易实现。在这里，除了离子的内部运动 (σ,σ^+) 和外部运动 (a^+,a) 以外还有激光，离子可以从激光中吸收能量而跃迁到上能态并产生一个声子（$a^+\sigma^+$ 项），或者离子可以跃迁到下能态并湮灭一个声子而把能量传给激光（$a\sigma$ 项），因此不违背能量守恒，从而是容易实现的。

③ 如果在(9.55)的展开式中保留高次项，则可实现**多声子过程**。

当 $\omega_L=\omega_0-l\nu$ 时，有

$$H_I \sim \eta^l (a^+)^l \sigma + \text{H. c.} \tag{9.61}$$

当 $\omega_L=\omega_0+l\nu$ 时，有

$$H_I \sim \eta^l a^l \sigma + \text{H. c.} \tag{9.62}$$

可见，利用囚禁离子系统可以研究丰富的物理过程。人们利用囚禁离子系统已经观测到许多以前理论上预言的物理效应，如实现了宏观相干叠加态。囚禁离子系统也是可扩展量子计算的重要候选物理系统之一。美国科学家 Wineland 因对囚禁离子系统的研究而与法国科学家 Haroche 分享了 2012 年诺贝尔物理学奖。

9.4　光 学 系 统

光学系统[8-11,17-20]自然是量子光学中最常用的物理系统之一。实际上，前面已介绍了一些利用光学系统进行的量子光学实验，如在压缩光的产生中，介绍了简并和非简并**参量下转换**过程、**四波混频**过程；在压缩光的探测中，介绍了**平衡零差探测法**；在讨论光的二阶相干性时，介绍了 **Hanbury Brown-Twiss** 实验。此外，我们还系统地介绍了**光学分束器**的量子理论及其对光场量子态的变换。本节再介绍目前量子光学中常用的几种基于光学系统的实验。

9.4.1　单光子 Mach-Zehnder 干涉仪

单光子 Mach-Zehnder 干涉仪(MZI)在**量子保密通信**等**量子信息处理**过程中有着重要的应用。

Mach-Zehnder 干涉仪如图 9.7 所示。这里干涉效应的出现是由于探测器 D_1 和 D_2 不能区分光子来自哪条路径。**相移器** θ 可用一段光纤做成，用来改变两束光的光程差和位相差。

在图 9.7 中，设逆时针方向的路径为 1，顺时针方向的路径为 2，分束器的**分束比**是 50：50，则分束器具有下列性质(4.3 节)

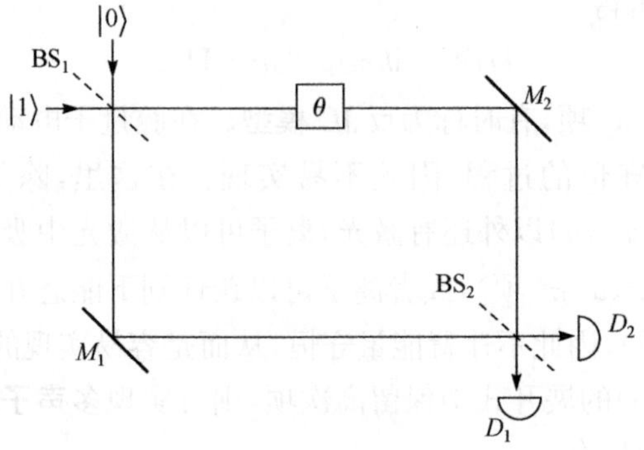

图 9.7 Mach-Zehnder 干涉仪(BS:分束器,M:反射镜,D:探测器,θ:相移器)

$$
\begin{aligned}
a_{\text{In}}^{(1)+} &= \frac{1}{\sqrt{2}}(a_{\text{Out}}^{(1)+} + \mathrm{i}a_{\text{Out}}^{(2)+}) \\
a_{\text{In}}^{(2)+} &= \frac{1}{\sqrt{2}}(\mathrm{i}a_{\text{Out}}^{(1)+} + a_{\text{Out}}^{(2)+})
\end{aligned} \tag{9.63}
$$

其中,$a_{\text{In}}^{(k)+}$ $(k=1,2)$是分束器入射光的光子产生算符;$a_{\text{Out}}^{(k)+}$ $(k=1,2)$是分束器出射光的光子产生算符。

利用式(9.63),则分束器 BS_1 对量子态的变换为

$$
|0\rangle|1\rangle \xrightarrow{\mathrm{BS}_1} \frac{1}{\sqrt{2}}(|0\rangle|1\rangle + \mathrm{i}|1\rangle|0\rangle) \tag{9.64}
$$

其中,路径 1 的量子态写在路径 2 的量子态之前。

相移器 θ 在理论上可用幺正算符 $\mathrm{e}^{\mathrm{i}\theta\hat{n}}$ 描述,$\hat{n}$ 是光子数算符。于是,经过相移器时,量子态的变换为

$$
\frac{1}{\sqrt{2}}(|0\rangle|1\rangle + \mathrm{i}|1\rangle|0\rangle) \xrightarrow{\theta} \frac{1}{\sqrt{2}}(\mathrm{e}^{\mathrm{i}\theta}|0\rangle|1\rangle + \mathrm{i}|1\rangle|0\rangle) \tag{9.65a}
$$

分束器 BS_2 对量子态的变换为

$$
\begin{aligned}
|0\rangle|1\rangle &\xrightarrow{\mathrm{BS}_2} \frac{1}{\sqrt{2}}(|0\rangle|1\rangle + \mathrm{i}|1\rangle|0\rangle) \\
|1\rangle|0\rangle &\xrightarrow{\mathrm{BS}_2} \frac{1}{\sqrt{2}}(|1\rangle|0\rangle + \mathrm{i}|0\rangle|1\rangle)
\end{aligned} \tag{9.65b}
$$

于是,量子态式(9.65a)经分束器 BS_2 的变换为

$$
\frac{1}{\sqrt{2}}(\mathrm{e}^{\mathrm{i}\theta}|0\rangle|1\rangle + \mathrm{i}|1\rangle|0\rangle) \xrightarrow{\mathrm{BS}_2} \frac{1}{2}[(\mathrm{e}^{\mathrm{i}\theta}-1)|0\rangle|1\rangle + \mathrm{i}(\mathrm{e}^{\mathrm{i}\theta}+1)|1\rangle|0\rangle] \tag{9.66}
$$

$|0\rangle|1\rangle$态被探测到(探测器 D_2 响应)的概率为

$$P_{01}(\theta)=\left|\frac{1}{2}(e^{i\theta}-1)\right|^2=\frac{1}{2}(1-\cos\theta) \tag{9.67}$$

$|1\rangle|0\rangle$态被探测到(探测器 D_1 响应)的概率为

$$P_{10}(\theta)=\left|\frac{1}{2}i(e^{i\theta}+1)\right|^2=\frac{1}{2}(1+\cos\theta) \tag{9.68}$$

显然,当调节相移 θ 时,这些概率呈现周期性振荡,即**单光子干涉的干涉条纹**。

9.4.2　纠缠光子源:自发参量下转换

在第 4 章我们曾讨论了利用参量下转换过程可产生光场压缩态,其中利用简并参量下转换过程可产生单模压缩态;利用非简并参量下转换过程可产生双模压缩态。我们知道,纠缠态,特别是纠缠光子对在量子信息处理中起着非常重要的作用。本小节介绍利用非简并自发参量下转换过程制备纠缠光子对。

所谓**参量下转换**过程,指的是一束高频光(称为**泵浦光**,pump)入射到非线性晶体上,产生两束低频光的现象,这两束低频光分别称为**信号光**(signal)和**闲置光**或**休闲光**(idler)(其名称没有实质的意义,完全是由于历史的原因)。

① 当信号光和闲置光的频率和/或波矢量分别不相等时,称为**非简并参量下转换**。

② 当信号光和闲置光初始均处于真空态时,则称为**自发参量下转换**(spontaneous parametric down-conversion,SPDC),当条件①和②同时满足时,则称为**非简并自发参量下转换**。

一般要求参量下转换过程满足所谓的**位相匹配条件**,即**能量守恒条件**和**动量守恒条件**。我们用下标 p、s、i 分别表示泵浦光(pump)、信号光(signal)、闲置光(idler),则能量守恒条件和动量守恒条件分别为(取 $\hbar=1$)

$$\omega_p=\omega_s+\omega_i \tag{9.69}$$

$$\boldsymbol{k}_p=\boldsymbol{k}_s+\boldsymbol{k}_i \tag{9.70}$$

其中,ω 表示频率,$\boldsymbol{k}$ 表示波矢量。

描述非简并参量下转换过程的相互作用哈密顿量为[参见(4.153)-(4.156)式的讨论](取 $\hbar=1$)

$$H_I=\chi^{(2)}a_s^+a_i^+a_p+\text{H.c.} \tag{9.71}$$

其中,$\chi^{(2)}$ 是二阶非线性极化率;a_k^+ 和 $a_k(k=p,s,i)$分别表示 k 光的光子产生和湮灭算符。

一般来说,泵浦场较强,可作经典描述(称为**参量近似**),于是式(9.71)变为

$$H_I=\eta a_s^+a_i^++\text{H.c.} \tag{9.72}$$

其中,$\eta\propto\chi^{(2)}E_p$,E_p 为泵浦光的振幅。

实际上,非简并自发参量下转换过程还分为两类。在第一类(Type I)中,信号

光和闲置光的偏振方向相同,且均与泵浦光的偏振方向垂直。在第二类(Type II)中,信号光和闲置光的偏振方向垂直。下面分别予以讨论。

1. 第一类 SPDC

在第一类 SPDC 中,信号光和闲置光的偏振方向相同,其相互作用哈密顿量可由式(9.72)表示。由于位相匹配条件的要求,信号光和闲置光的传播方向分别位于以泵浦光传播方向为轴的同心圆锥的不同两侧(在非简并情况下,信号光和闲置光位于不同圆锥;在简并情况下,信号光和闲置光位于相同圆锥),如图 9.8 和图 9.9所示。

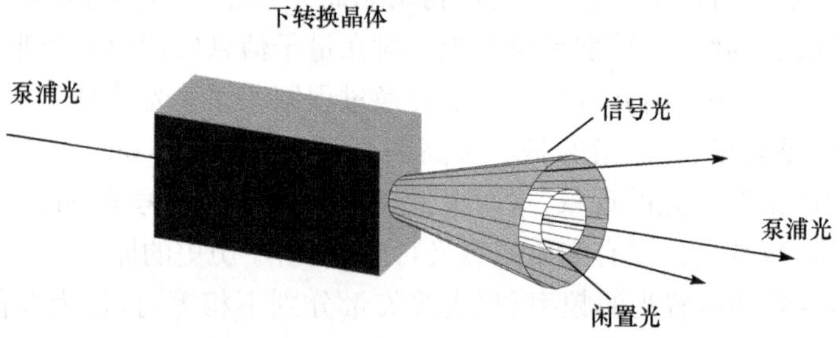

图 9.8 第一类 SPDC 光束示意图

显然,在满足位相匹配条件的要求下,有无穷多种方式选择信号光和闲置光的传播方向,几种光束截面如图 9.9 所示。

(a) 光束截面(相同符号表示满足位相匹配条件的共轭光子,中间圆上的两个光子的频率是简并的)　(b) 位相匹配条件

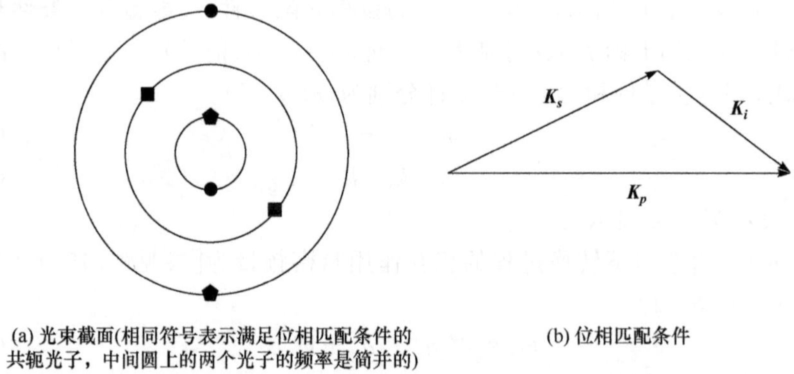

图 9.9 第一类 SPDC 光束截面和位相匹配条件示意图

设信号光和闲置光初始处于状态 $|\psi_0\rangle$,则 t 时刻的状态为

$$|\psi(t)\rangle = \exp(-\mathrm{i}H_I t)|\psi_0\rangle \tag{9.73}$$

将指数展开,并取到 H_I^2 项,得

$$|\psi(t)\rangle \approx \left[1-\mathrm{i}H_I t-\frac{1}{2}(H_I t)^2\right]|\psi_0\rangle \tag{9.74}$$

设$|\psi_0\rangle=|0\rangle_s|0\rangle_i$，将其与式(9.72)代入式(9.74)可得

$$|\psi(t)\rangle \approx \left(1-\frac{\mu^2}{2}\right)|0\rangle_s|0\rangle_i-\mathrm{i}\mu|1\rangle_s|1\rangle_i \tag{9.75}$$

其中，$\mu=\eta t$，上式中略去了含$|2\rangle_s|2\rangle_i$的项。

式(9.75)是真空态和单光子态的纠缠态，可见利用第一类 SPDC，可制备**光子数态的纠缠态**。

2. 第二类 SPDC

在第二类 SPDC 中，信号光和闲置光的偏振方向垂直。由于双折射效应，信号光和闲置光将沿不同心的圆锥传播，其中一束为正常波(o 波)，一束为异常波(e 波)，如图 9.10 所示。在圆锥截面的重叠处，信号光子和闲置光子处于偏振纠缠态，如图 9.11 所示。

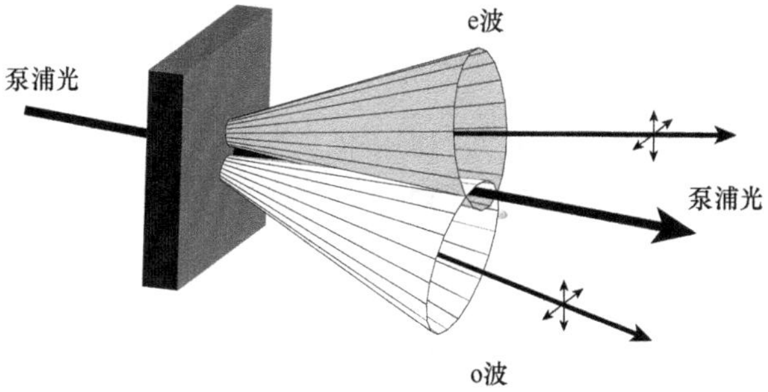

图 9.10　第二类 SPDC 光束示意图

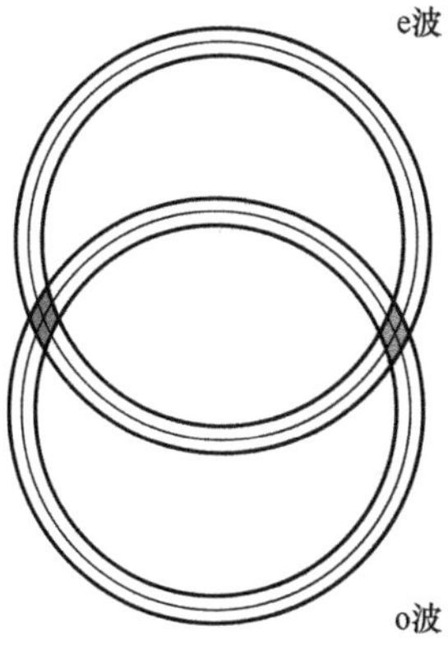

图 9.11　第二类 SPDC 光束截面示意图

我们用字母 H 和 V 分别表示水平偏振和垂直偏振，则在**参量近似下**，描述第二类 SPDC 的相互作用哈密顿量为

$$H_I=\eta(a_{Hs}^{+}a_{Vi}^{+}+a_{Vs}^{+}a_{Hi}^{+})+\text{H. c.} \tag{9.76}$$

其中，a_{Hk}^{+} 和 $a_{Vk}^{+}(k=s,i)$ 分别表示产生 H 和 V 偏振的 k 模光子的光子产生算符。

下面讨论量子态的时间演化，对第二类 SPDC，式(9.73)和式(9.74)的形式仍然成立，不过要用式(9.76)的哈密顿量，信号光和闲置光的初态 $|\psi_0\rangle$ 也要作相应变化。设 $|\psi_0\rangle=|0\rangle_{Hs}|0\rangle_{Vs}|0\rangle_{Hi}|0\rangle_{Vi}$，则利用式(9.74)和式(9.76)可得

$$|\psi(t)\rangle=(1-\mu^2)|0\rangle_{Hs}|0\rangle_{Vs}|0\rangle_{Hi}|0\rangle_{Vi}-\mathrm{i}\mu(|1\rangle_{Hs}|0\rangle_{Vs}|0\rangle_{Hi}|1\rangle_{Vi}+|0\rangle_{Hs}|1\rangle_{Vs}|1\rangle_{Hi}|0\rangle_{Vi}) \tag{9.77}$$

定义如下的偏振真空态和偏振单光子态，即

$$|0\rangle=|0\rangle_H|0\rangle_V,\quad |H\rangle=|1\rangle_H|0\rangle_V,\quad |V\rangle=|0\rangle_H|1\rangle_V \tag{9.78}$$

则式(9.77)可写为

$$|\psi(t)\rangle=(1-\mu^2)|0\rangle_s|0\rangle_i-\mathrm{i}\mu(|H\rangle_s|V\rangle_i+|V\rangle_s|H\rangle_i) \tag{9.79}$$

其中，第二项归一化后的形式为

$$|\psi^+\rangle=\frac{1}{\sqrt{2}}(|H\rangle_s|V\rangle_i+|V\rangle_s|H\rangle_i) \tag{9.80}$$

这是最大纠缠的偏振纠缠态。可见，利用第二类 SPDC，可制备**单光子偏振纠缠态**，或者说，可以产生**偏振纠缠的光子对**。

9.4.3 Hong-Ou-Mandel 干涉仪[21]

在前面介绍光学分束器对电磁场量子态的变换时(4.3 节)，我们曾讨论过，当分束比为 50∶50 的分束器的两个入射端均入射单光子态时，两个出射端(分别用 1 和 2 标志)光子的状态为

$$|\psi_{BS}\rangle=\frac{1}{\sqrt{2}}(|2\rangle_1|0\rangle_2+|0\rangle_1|2\rangle_2) \tag{9.81}$$

不妨假设入射到分束器两个入射端的光子来自于第一类 SPDC 的信号光和闲置光，即入射光子的量子态为 $|1\rangle_s|1\rangle_i$，如图 9.12 所示。

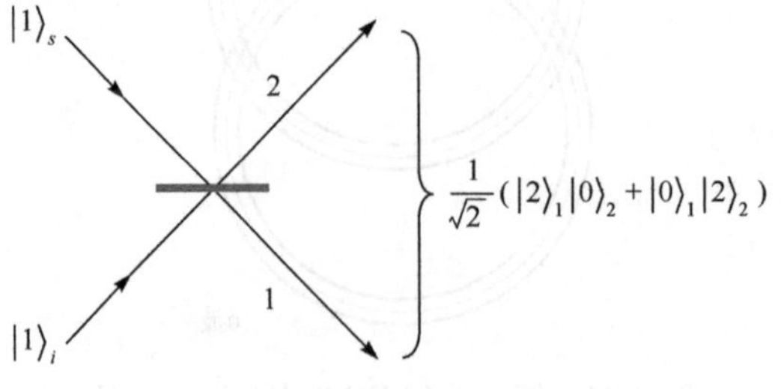

图 9.12 分束器对量子态 $|1\rangle_s|1\rangle_i$ 的变换

现在讨论 Hong-Ou-Mandel 干涉仪，如图 9.13 所示。实验可使两条光路的距离相等，如果在 SPDC 中信号光和闲置光同时产生，则它们将同时到达分束器，按照式(9.81)两个探测器不会同时响应，符合计数率将为零。反过来，我们也可以根据符合计数率是否为零来判断信号光和闲置光是否同时产生。实验证明信号光和闲置光的确是同时产生的。

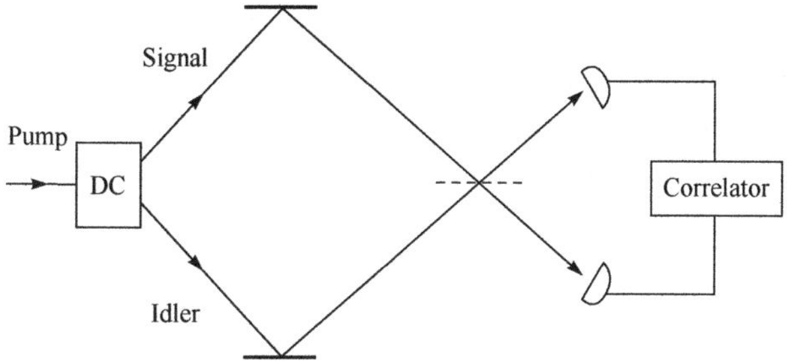

图 9.13　Hong-Ou-Mandel 干涉仪(DC 为参量下转换器，Correlator 为符合计数器)

如果改变两条光路，使信号光和闲置光从参量下转换器 DC 到分束器的距离不相等，则它们不会同时到达分束器，将会出现 $|1\rangle_s|0\rangle_i$ 或 $|0\rangle_s|1\rangle_i$ 入射到分束器的情况。在这种情况下，在某些时刻，两个探测器可能会同时响应，从而符合计数率将不为零。

可以证明，符合计数率具有下列形式，即

$$R_{\text{coin}} \propto \left[1 - e^{-(\Delta\omega)^2(\tau_s-\tau_i)^2}\right] \tag{9.82}$$

其中，$\Delta\omega$ 为光子的线宽；$c\tau_s$ 和 $c\tau_i$ 分别为信号光和闲置光从参量下转换器 DC 到分束器的距离。换句话说，τ_s 和 τ_i 分别为信号光和闲置光到达分束器的时间。从式(9.82)可以看出，若 $\tau_s=\tau_i$，则 $R_{\text{coin}}=0$；当 $|\tau_s-\tau_i| \gg \frac{1}{\Delta\omega} \equiv \tau_{\text{corr}}$ 时，R_{coin} 趋于最大值。τ_{corr} 称为光子的关联时间，通常在**纳秒量级**，用传统的技术难以测量，这是因为普通探测器的时间分辨率不够高，但可用这里介绍的 Hong-Ou-Mandel 干涉仪测量这一关联时间。

参 考 文 献

[1] Berman P R. Cavity Quantum Electrodynamics. New York: Academic Press, 1994.

[2] Haroche S, Raimond J M. Exploring the Quantum: Atoms, Cavities and Photons. Oxford: Oxford University Press, 2006.

[3] Haroche S. Nobel lecture: controlling photons in a box and exploring the quantum to classical boundary. Reviews of Modern Physics, 2013, 85(3): 1083-1102.

[4] Raimond J M, Brune M, Haroche S. Manipulating entanglement with atoms and photons in a cavity. Reviews of Modern Physics, 2001, 73(3): 565-582.

[5] 张智明.微脉塞研究进展.量子电子学报,2004,21(2):224-236.
[6] 张智明. One atom maser and one atom laser: Experimental platforms for cavity quantum electrodynamics. 量子光学学报,2006,12(4):194-206.
[7] 张智明.单原子操控-2012年诺贝尔物理学奖得主Haroche科学成就简介.量子光学学报,2012,18(4):305-311.
[8] Gerry G, Knight P. Introductory Quantum Optics. Cambridge: Cambridge University Press, 2005.
[9] Meystre P, Sargent I M. Elements of Quantum Optics(3rd ed). Berlin: Springer, 1999.
[10] Orszag M. Quantum Optics: Including Noise, Trapped Ions, Quantum Trajectories, and Decoherence. Berlin: Springer, 2000.
[11] Scully M O, Zubairy M S. Quantum Optics. Cambridge: Cambridge University Press, 1997.
[12] Blais A, Huang R S, Wallraff A, et al. Cavity quantum electrodynamics for superconducting electrical circuits: an architecture for quantum computation. Physical Review A, 2004, 69(6): 62320.
[13] Wendin G, ShumeikoV S. Superconducting Quantum Circuits, Qubits and Computing. arXiv_cond_mat, 2005, v1: 508729.
[14] You J Q, Nori F. Superconducting Circuits and Quantum Information. Physics Today, 2005, 58: 42-47.
[15] Leibfried D, Blatt R, Monroe C, et al. Quantum dynamics of single trapped ions. Reviews of Modern Physics, 2003, 75(1): 281-324.
[16] Wineland D. Nobel lecture: superposition, entanglement, and raising Schrödinger's cat, Reviews of Modern Physics, 2013, 85(3): 1103-1114.
[17] Bachor H A, Ralph C T C. A Guide to Experiments in Quantum Optics. Weinheim: Wiley, 2004.
[18] Loudon R. The Quantum Theory of Light(3rd ed). Oxford: Oxford University Press, 2000.
[19] Mandel L, Wolf E. Optical Coherence and Quantum Optics. Cambridge: Cambridge University Press, 1995.
[20] Walls D F, Milburn G J. Quantum Optics. Berlin: Springer, 1994.
[21] Hong C K, Ou Z Y, Mandel L. Measurement of suspicion second time intervals between two photons by interference. Physical Review Letters, 1987, 59(18): 2044-2046.

第 10 章　量子信息科学简介

近年来，量子力学与信息科学相结合，产生了一个非常活跃的研究领域，**量子信息科学与技术**[1-7]。量子信息科学与技术的内容相当丰富，但大体上可以归为两大类：一类涉及信息的传输，可以统一归入**量子通信**；另一类与计算问题有关，可以统一归入**量子计算**。量子信息科学中的许多方案可以用量子光学方法来实现。本节首先介绍量子信息科学中的一些基本概念，然后分别介绍量子通信和量子计算中的若干问题，最后介绍量子光学方法在量子信息科学中的若干应用。

10.1　量子信息科学中的若干基本概念

1. 经典比特和量子比特

比特是信息科学中的一个基本概念，有两重含义，一种含义表示信息的单位；另一种含义代表一个经典的两态系统，如一个开关的“开”状态和“关”状态。经典系统的两个状态可以分别用数字“0”和“1”表示。与经典的两态系统相对应，一个量子的两态系统称为一个**量子比特**。常见的量子两态系统的两个状态分别是描述电子自旋相对于某个外场方向的自旋向上态 $|\uparrow\rangle$ 和自旋向下态 $|\downarrow\rangle$；描述光子偏振方向的两个正交偏振态（如水平偏振态 $|H\rangle$ 和垂直偏振态 $|V\rangle$；45^0 偏振态 $|\nearrow\rangle$ 和 -45^0 偏振态 $|\searrow\rangle$；左旋偏振态和右旋偏振态）；原子（广义的理解包括自然原子、人造原子、离子、分子等）中的两个特殊能态：基态（或下能态）$|g\rangle$ 和激发态（或上能态）$|e\rangle$。各种量子两态系统的两个状态可统一分别用态矢量 $|0\rangle$ 和 $|1\rangle$ 表示。一个经典的两态系统只能要么处于“0”态，要么处于“1”态。与此形成鲜明对照的是，一个量子的两态系统一般来说可以处于 $|0\rangle$ 态和 $|1\rangle$ 态的**线性叠加态**，即

$$|\psi\rangle=a|0\rangle+b|1\rangle \tag{10.1}$$

其中，a 和 b 一般为经典的复数（c 数），且满足归一化条件 $|a|^2+|b|^2=1$。

正是量子比特的这一性质，构成了**量子信息并行处理**的基础。

2. 量子态不可克隆定理

所谓**克隆**指的是原来的量子态不被破坏，而在另一个系统中产生一个完全相同的量子态。**量子态不可克隆定理**如下。

定理 1　假设 $|\alpha\rangle$ 和 $|\beta\rangle$ 是两个**不同的非正交态**，则不存在一个物理过程可以

做出二者的完全拷贝。

证明(反证法) 假设存在一个物理过程，能够做出二者的完全拷贝，即存在一个幺正算符U，使得

$$U(|\alpha\rangle|0\rangle)=|\alpha\rangle|\alpha\rangle,\quad U(|\beta\rangle|0\rangle)=|\beta\rangle|\beta\rangle \tag{10.2}$$

求两者的内积得

$$\langle 0|\langle\alpha|U^{+}U(|\beta\rangle|0\rangle)=\langle\alpha|\langle\alpha|\beta\rangle|\beta\rangle \tag{10.3}$$

即

$$\langle\alpha|\beta\rangle=(\langle\alpha|\beta\rangle)^2,\quad \langle\alpha|\beta\rangle(\langle\alpha|\beta\rangle-1)=0 \tag{10.4}$$

上式的解为$\langle\alpha|\beta\rangle=0$和$\langle\alpha|\beta\rangle=1$，前者表示两个态正交，后者表示两个态相同，均与定理的假设相矛盾，故定理得证。

定理 2 一个未知的量子态不能够被完全拷贝。

证明(反证法) 假设$|\alpha\rangle$是一个未知的量子态，有一个物理过程可以完全拷贝它，即

$$U(|\alpha\rangle|0\rangle)=|\alpha\rangle|\alpha\rangle \tag{10.5}$$

同理，对另外一个未知的量子态$|\beta\rangle\neq|\alpha\rangle$，也有

$$U(|\beta\rangle|0\rangle)=|\beta\rangle|\beta\rangle \tag{10.6}$$

那么，对未知量子态$|\gamma\rangle=|\alpha\rangle+|\beta\rangle$，是否有$U(|\gamma\rangle|0\rangle)=|\gamma\rangle|\gamma\rangle$?

一方面

$$U(|\gamma\rangle|0\rangle)=U[(|\alpha\rangle+|\beta\rangle)]|0\rangle=|\alpha\rangle|\alpha\rangle+|\beta\rangle|\beta\rangle \tag{10.7}$$

另一方面

$$\begin{aligned}|\gamma\rangle|\gamma\rangle&=(|\alpha\rangle+|\beta\rangle)(|\alpha\rangle+|\beta\rangle)\\&=|\alpha\rangle|\alpha\rangle+|\alpha\rangle|\beta\rangle+|\beta\rangle|\alpha\rangle+|\beta\rangle|\beta\rangle\end{aligned} \tag{10.8}$$

可见

$$U(|\gamma\rangle|0\rangle)\neq|\gamma\rangle|\gamma\rangle \tag{10.9}$$

即该物理过程不能够完全拷贝$|\gamma\rangle$。由于$|\alpha\rangle$和$|\beta\rangle$都是未知的量子态，因此$|\gamma\rangle$也是未知的量子态。这表明，这样的物理过程是不存在的，定理得证。

量子态不可克隆定理保证了信息传输的安全性。假设信息的发送者和接收者分别为A(Alice)和B(Bob)，窃听者为E(Eve)。如果量子态可以被克隆，则当发送者给接收者发送信息时，窃听者可以在途中截取信息，进行拷贝，并将一份拷贝发送给接收者，从而合法的通信双方就不能发现窃听者的存在。

保证信息传输安全性的另一个物理原理是熟知的海森堡**不确定度关系**。设A和B是彼此不对易(即$[A,B]\neq 0$)的一对共轭物理量(如坐标和动量)，则海森堡不确定度关系指出，A和B的不确定度服从下列关系，即

$$(\Delta A)(\Delta B)\geqslant\frac{1}{2}|\langle[A,B]\rangle| \tag{10.10}$$

其中，$(\Delta Q)\equiv\sqrt{\langle Q^2\rangle-\langle Q\rangle^2}$（$Q=A,B$）表示物理量 Q 的不确定度。

不确定度关系告诉我们，对一个物理量的测量，将不可避免地影响到与其共轭的物理量。若想要提高对一个物理量的测量精度，则必然使其共轭物理量的不确定度增大。在通信问题中，窃听者截取信息的过程实质上是对某一个物理量进行测量的过程，对这个物理量进行测量将使得其共轭物理量的不确定度增大，从而使合法的通信双方发现窃听者的存在。

3. Bell 态（或称 Bell 基）

考虑由两个量子比特 A 和 B 组成的复合系统，可以处于直积态 $|0,0\rangle\equiv|0\rangle_A|0\rangle_B$，$|0,1\rangle\equiv|0\rangle_A|1\rangle_B$，$|1,0\rangle\equiv|1\rangle_A|0\rangle_B$，$|1,1\rangle\equiv|1\rangle_A|1\rangle_B$，也可以处于这些直积态的线性叠加态，即

$$|\phi^{\pm}\rangle=\frac{1}{\sqrt{2}}(|0,0\rangle\pm|1,1\rangle) \tag{10.11}$$

$$|\psi^{\pm}\rangle=\frac{1}{\sqrt{2}}(|0,1\rangle\pm|1,0\rangle) \tag{10.12}$$

由式(10.11)和式(10.12)表示的量子态称为 **Bell** 态（也称 **Bell** 基，或 **EPR** 态），它们是两体纠缠态，处于 EPR 态的两个量子比特称为 **EPR** 对。Bell 态在量子信息科学中有着非常重要的意义。

10.2　量子通信

我们把利用量子力学原理的信息传输过程统一归入**量子通信**。本节将分别介绍**量子密集编码**、**量子隐形传态**、**量子密钥分发**。

10.2.1　量子密集编码

量子密集编码[8]指的是通过传输一个量子比特而传输两个比特的经典信息。方案如下：

① 制备 EPR 对，如

$$|\phi^{+}\rangle=\frac{1}{\sqrt{2}}(|0,0\rangle+|1,1\rangle) \tag{10.13}$$

并将其中一个量子比特（例如粒子 A）发送给 Alice，另外一个量子比特（例如粒子 B）发送给 Bob。

② Alice 对她的粒子 A 可进行四种可能的操作，即 $I^{(A)}$、$\sigma_x^{(A)}$、$\sigma_y^{(A)}$、$\sigma_z^{(A)}$，其中 I 表示恒等操作，σ_i（$i=x,y,z$）是泡利算符。它们具有下列性质，即

$$I^{(A)}|\phi^+\rangle=|\phi^+\rangle,\quad \sigma_x^{(A)}|\phi^+\rangle=|\psi^+\rangle \tag{10.14}$$

$$\sigma_y^{(A)}|\phi^+\rangle=-\mathrm{i}|\psi^-\rangle,\quad \sigma_z^{(A)}|\phi^+\rangle=|\phi^-\rangle \tag{10.15}$$

③ Alice 把粒子 A 发送给 Bob。

④ Bob 对粒子 A 和粒子 B 进行 Bell 基测量，从而就知道 Alice 进行了哪一种操作。

由于 Alice 的四种可能操作对应两个比特的经典信息，因此该方案通过传输一个量子比特而传输了两个比特的经典信息。

10.2.2　量子隐形传态

量子隐形传态[9]指的是不传输粒子而把其量子态从发送者传给接收者，在这个过程中，这个粒子的状态将发生变化(从而不违背量子态不可克隆定理)。方案如下：

① 设最初 Alice 拥有一个粒子(粒子 1)，这个粒子处于未知量子态，即

$$|\psi\rangle_1=a\,|0\rangle_1+b\,|1\rangle_1 \tag{10.16}$$

② 制备粒子 2 和粒子 3 处于 EPR 态，如

$$|\psi^-\rangle_{23}=\frac{1}{\sqrt{2}}(|0,1\rangle_{23}-|1,0\rangle_{23}) \tag{10.17}$$

并将粒子 2 发送给 Alice，粒子 3 发送给 Bob。于是，三粒子复合系统的总状态为

$$\begin{aligned}|\psi\rangle_{123}&=|\phi\rangle_1\,|\psi^-\rangle_{23}\\&=(a\,|0\rangle_1+b\,|1\rangle_1)\frac{1}{\sqrt{2}}(|0,1\rangle_{23}-|1,0\rangle_{23})\\&=\frac{1}{\sqrt{2}}(a\,|0,0\rangle_{12}|1\rangle_3-a\,|0,1\rangle_{12}|0\rangle_3+b\,|1,0\rangle_{12}|1\rangle_3-b\,|1,1\rangle_{12}|0\rangle_3)\end{aligned} \tag{10.18}$$

利用 Bell 态的逆变换，即

$$|0,0\rangle=\frac{1}{\sqrt{2}}(|\phi^+\rangle+|\phi^-\rangle),\quad |1,1\rangle=\frac{1}{\sqrt{2}}(|\phi^+\rangle-|\phi^-\rangle) \tag{10.19}$$

$$|0,1\rangle=\frac{1}{\sqrt{2}}(|\psi^+\rangle+|\psi^-\rangle),\quad |1,0\rangle=\frac{1}{\sqrt{2}}(|\psi^+\rangle-|\psi^-\rangle) \tag{10.20}$$

则有

$$\begin{aligned}|\psi\rangle_{123}=&\frac{1}{2}[|\psi^-\rangle_{12}(-a\,|0\rangle_3-b\,|1\rangle_3)+|\psi^+\rangle_{12}(-a\,|0\rangle_3+b\,|1\rangle_3)]\\&+\frac{1}{2}[|\phi^-\rangle_{12}(b\,|0\rangle_3+a\,|1\rangle_3)+|\phi^+\rangle_{12}(-b\,|0\rangle_3+a\,|1\rangle_3)]\end{aligned} \tag{10.21}$$

③ Alice 对粒子 1 和粒子 2 进行 Bell 基测量，测得每个 Bell 基的概率均为

1/4。由上式可知，当 Alice 测到某个 Bell 基时，Bob 处的粒子(粒子 3)状态就完全确定了。可见，粒子 3 现在的状态由粒子 1 原来的状态经由某种幺正变换而来(而粒子 1 现在与粒子 2 处于某种纠缠态)。例如，若测得粒子 1 和粒子 2 处于纠缠态 $|\phi^-\rangle_{12}$，则粒子 3 相应地处于量子态$(b\,|0\rangle_3+a\,|1\rangle_3)$，通过对它进行幺正操作 $\sigma_x^{(3)}$，则得 $\sigma_x^{(3)}(b\,|0\rangle_3+a\,|1\rangle_3)=(a\,|0\rangle_3+b\,|1\rangle_3)$，即经过幺正操作，粒子 3 现在处于粒子 1 原来的状态。

④ Alice 经由经典信道(如电话)把她的测量结果告诉 Bob，Bob 只需对粒子 3 的状态进行相应的幺正操作就可使粒子 3 处于粒子 1 原来的状态。从效果上来讲，这等同于将量子态从 Alice 处的粒子 1 传给了 Bob 处的粒子 3。

值得再次说明的是：在整个过程中，粒子 1 始终处于 Alice 处，粒子 3 始终处于 Bob 处；过程的结果是，粒子 3 获得了粒子 1 原来的状态，粒子 1 与粒子 2 处于某种量子纠缠态，从而不违背量子态不可克隆定理。

10.2.3　量子密钥分发

保密通信的一般过程是，信息的发送者(设为 Alice)利用密钥对想要传递的信息(明文)进行加密(成为密文)，然后通过信道传递给信息的接收者(设为 Bob)，Bob 利用与 Alice 同样的密钥对密文进行解密，从而获得所传递的信息。问题是，Alice 怎样将密钥安全地传递给 Bob？传递密钥的问题称为**密钥分发**。因此，密钥分发是保密通信中的一个核心问题。传统的密钥分发的安全性基于一些数学上难解(而非原则上不可解)的问题(如大数分解)。随着将来量子计算机的出现，这些数学上难解的问题将不再难解，从而传统的密钥分发将不再安全。这就要求人们去寻找新的方法以保证密钥分发的安全性。幸运的是，量子力学的基本原理提供了这种可能性，这就是**量子密钥分发**。量子密钥分发的安全性受到量子力学基本原理的保证，因此原则上是绝对安全的。

几种典型的量子密钥分发协议包括 **BB84** 协议、**B92** 协议和 **EPR** 协议(或 **Ekert** 协议)，其中 BB84 协议和 B92 协议均依赖于发送和探测单个光子的状态，而 Ekert 协议则利用纠缠光子对。下面分别予以介绍。

1. BB84 协议[10]

Bennett 和 Brassard 在 1984 年提出了第一个量子密钥分发协议，现称为 **BB**84 协议。为了叙述方便，我们假设所用的量子比特是光子。该协议如下：

① Alice 随机地把一系列光子编码于下面四个量子态，并将其发送给 Bob。

$$0\to|\updownarrow\rangle,\quad 1\to|\leftrightarrow\rangle \tag{10.22}$$

$$0\to|\nearrow\rangle,\quad 1\to|\searrow\rangle \tag{10.23}$$

其中，$|\updownarrow\rangle$表示垂直偏振态；$|\leftrightarrow\rangle$表示水平偏振态；$|\nearrow\rangle$表示$(+45^\circ)$偏振态；$|\searrow\rangle$

表示(−45°)偏振态。0→|↕⟩表示将比特0编码于量子态|↕⟩,其他类推。

例如,把一系列光子编码于量子态|↕⟩|↗⟩|↘⟩|↔⟩|↗⟩表示比特串00110。式(10.22)的两个量子态构成一组正交完备基,称为⊕基;式(10.23)的两个量子态构成另一组正交完备基,称为⊗基。⊕基和⊗基中的量子态是非正交的。

② Bob随机地采用⊕基和⊗基对这些光子进行测量。显然,对某个光子,若Bob的测量基碰巧与Alice的编码基相同(其概率为50%),则Bob测到的值(0或1)将与Alice发送的值相同;反之,若Bob的测量基与Alice的编码基不同,则Bob测到的值将有50%的概率与Alice发送的值不同。

③ 在测量完成之后,Alice和Bob通过公开信道比较他们的编码基和测量基(但不公开编码的态和测量到的态),然后两人都只保留他们采用了相同基的那些光子的信息,于是就得到一个较短的比特串(约为总比特串长度的50%)。这个比特串就构成Alice和Bob共享的所谓**生钥**(raw key)。如果不存在窃听者,则这个生钥就可作为Alice和Bob最终共享的**密钥**。

④ 现在考虑窃听者Eve存在的情况。由于在Alice和Bob通过公开信道交换信息之前,对任意的光子,Eve并不知道Alice编码时所采用的基,因此只能够靠猜测,或者采用⊕基,或者采用⊗基对所传递的光子进行测量。如果她的测量基碰巧与Alice的编码基相同,则她通过"截取-重发"的方式传给Bob的信息与Alice想要传给Bob的信息相同,从而Bob将不会发现Eve的存在(假设Eve的窃听技术非常高明,可以采用任何测量手段)。若Eve采用的测量基与Alice采用的编码基不同,则她通过"截取-重发"的方式传给Bob的信息将会不同于Alice想要传给Bob的信息。

⑤ 为了判断窃听者Eve是否存在,Alice和Bob从他们的**生钥**中拿出一部分进行公开比较,通过检测误码率的大小就可以判断窃听者是否存在。如果误码率较小,他们可以对剩余的**生钥**进行"**保密增强**",从而得到一个安全的**共享密钥**。反之,如果误码率太大,表明被严重窃听,他们可宣告这次密钥分发失败。

BB84协议可以用图10.1来概括。

2. B92协议[11]

量子密钥分发协议的BB84协议后来被推广到其他基或态的情况,其中之一是Bennett在1992年提出的,称为**B92**协议。这个协议只用到两个非正交态,$|u_0\rangle$和$|u_1\rangle$。定义两个投影算符,即

$$P_0=1-|u_1\rangle\langle u_1|,\quad P_1=1-|u_0\rangle\langle u_0| \tag{10.24}$$

它们具有下列性质,即

$$\langle u_1|P_0|u_1\rangle=0,\quad \langle u_0|P_0|u_0\rangle=1-|\langle u_0|u_1\rangle|^2>0 \tag{10.25a}$$

$$\langle u_0|P_1|u_0\rangle=0,\quad \langle u_1|P_1|u_1\rangle=1-|\langle u_0|u_1\rangle|^2>0 \tag{10.25b}$$

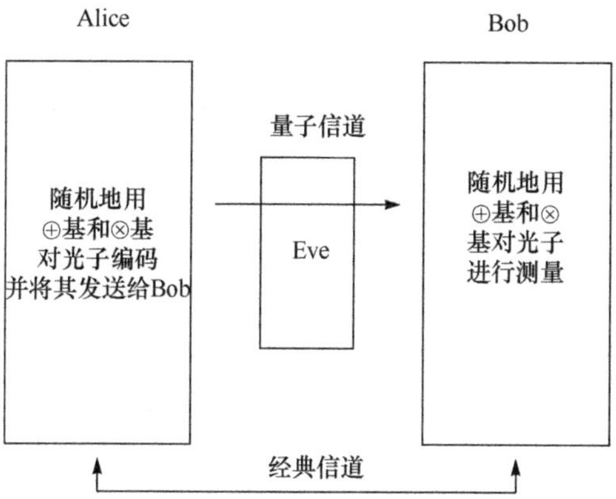

图 10.1　BB84 协议示意图

B92 协议可叙述如下。

① Alice 随机地对一串量子比特进行编码，用 $|u_0\rangle$ 表示比特 0，用 $|u_1\rangle$ 表示比特 1，并将其发送给 Bob。

② Bob 随机地用 P_0 和 P_1 对这串量子比特进行测量。如果不存在窃听者，利用式(10.25a)和式(10.25b)可知，仅当 Alice 发送 $|u_0\rangle$($|u_1\rangle$)，而 Bob 进行 P_0(P_1)测量时，才能得到非零的测量结果。

③ Bob 通过公开信道告诉 Alice，对哪些量子比特，他得到了非零的测量结果(不告诉进行了哪种测量)。

④ Alice 和 Bob 两人都只保留这些非零测量结果对应的量子比特的信息。这样就得到了一个比特串，这个比特串就构成 Alice 和 Bob 共享的**生钥**。

⑤ 判断窃听者是否存在，进而获得最终共享密钥的过程与 BB84 协议类似。

B92 协议可以用图 10.2 来概括。

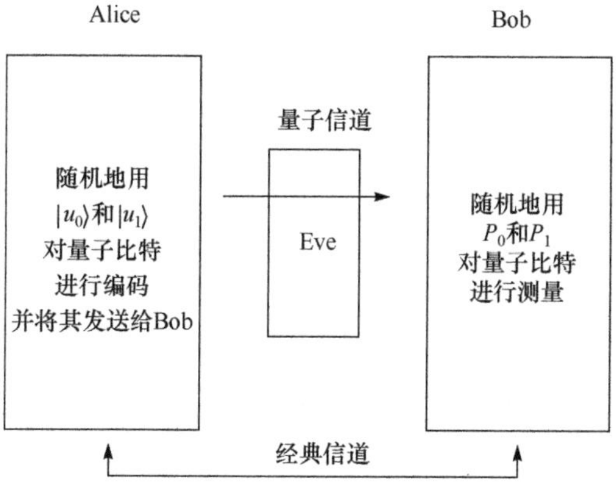

图 10.2　B92 协议示意图

3. EPR 协议[12]

上面介绍的 BB84 协议和 B92 协议均依赖于发送和探测**单个光子**的状态。1991 年，Ekert 提出另一种协议，该协议要用到 EPR **纠缠光子对**，故称为 **EPR** 协议或 **Ekert 协议**。该协议可简单描述如下。

光子源产生纠缠光子对(如偏振纠缠)，其中一个光子发送给 Alice，另一个光子发送给 Bob。假设 Alice 和 Bob 共享 n 个处于下列纠缠态的光子对，即

$$|\psi\rangle=\frac{1}{\sqrt{2}}(|\uparrow\rangle_A|\uparrow\rangle_B+|\downarrow\rangle_A|\downarrow\rangle_B)$$

Alice 和 Bob 各自独立地、随机地用$\oplus$基或$\otimes$基对各自的光子进行测量，并记下测量结果。Alice 和 Bob 通过公开信道比较彼此的测量基，然后只保留他们采用了相同基的那些测量结果，这些测量结果就构成他们共享的生钥。判断窃听者是否存在、进而获得最终共享密钥的过程与 BB84 协议和 B92 协议类似。

从上面介绍的三种具体的量子密钥分发协议可以看出，**量子密钥分发过程实际上是量子密钥产生过程**，这是因为在过程之前，通信双方(Alice 和 Bob)都不拥有密钥，只是在过程完成之后，通信双方才拥有了共享密钥。

10.3 量子计算

我们把利用量子力学原理，与计算有关的过程统一归入**量子计算**。本节将分别介绍**量子寄存器**、**量子逻辑门**，以及一些简单的**量子算法**等。

10.3.1 量子寄存器

我们仍用所谓的计算基$|0\rangle$和$|1\rangle$表示量子比特，单个量子比特的纯态可以一般地表示为

$$|\psi\rangle=c_0|0\rangle+c_1|1\rangle \tag{10.26}$$

其中，$|c_0|^2+|c_1|^2=1$。

一个量子寄存器是一些(N 个)量子比特的集合。例如，如下形式的 3-量子比特寄存器可以表示十进制的数字 5，即

$$|1\rangle\otimes|0\rangle\otimes|1\rangle\equiv|101\rangle=|5\rangle \tag{10.27}$$

如果第一个量子比特处于所谓的平衡叠加态$(|0\rangle+|1\rangle)/\sqrt{2}$，则有

$$\begin{aligned}&\frac{1}{\sqrt{2}}(|0\rangle+|1\rangle)\otimes|0\rangle\otimes|1\rangle\\=&\frac{1}{\sqrt{2}}(|001\rangle+|101\rangle)\end{aligned}$$

$$=\frac{1}{\sqrt{2}}(|1_{10}\rangle+|5_{10}\rangle) \tag{10.28}$$

其中，x_{10} 表示十进制的数 x，在不会引起混淆的情况下我们略去下标“10”，这个 3-量子比特寄存器同时表示了十进制的数字 1 和 5。

如果三个量子比特均处于平衡叠加态，则有

$$\frac{1}{\sqrt{2}}(|0\rangle+|1\rangle)\otimes\frac{1}{\sqrt{2}}(|0\rangle+|1\rangle)\otimes\frac{1}{\sqrt{2}}(|0\rangle+|1\rangle)$$

$$=\frac{1}{2^{3/2}}(|000\rangle+|001\rangle+|010\rangle+|011\rangle+|100\rangle+|101\rangle+|110\rangle+|111\rangle)$$

$$=\frac{1}{2^{3/2}}(|0\rangle+|1\rangle+|2\rangle+|3\rangle+|4\rangle+|5\rangle+|6\rangle+|7\rangle) \tag{10.29}$$

于是这个 3-量子比特寄存器同时表示了八个十进制数 0～7。对于一般十进制的数

$$a=a_0 2^0+a_1 2^1+a_2 2^2+\cdots+a_{N-1}2^{N-1} \tag{10.30}$$

记

$$|a\rangle=|a_{N-1}\rangle\otimes|a_{N-2}\rangle\otimes\cdots\otimes|a_1\rangle\otimes|a_0\rangle=|a_{N-1}a_{N-2}\cdots a_1a_0\rangle \tag{10.31}$$

则最一般的 N 量子比特寄存器的状态为

$$|\psi_N\rangle=\sum_{a=0}^{2^N-1}c_a\,|a\rangle \tag{10.32}$$

同时表示 2^N 个十进制数字 0～(2^N-1)。对这个量子态进行操作就同时对 2^N 个数进行了操作，这构成了**量子并行计算**的基础。

10.3.2　量子逻辑门

众所周知，经典逻辑门把输入数据变换成输出数据。与此类似，**量子逻辑门**把输入量子态变换成输出量子态，不同的功能要求不同的逻辑门。经典逻辑门可以是可逆的，也可以是不可逆的。与此不同，由于量子态的演化必须是幺正的，因此相应的**量子逻辑门必须是可逆的**。研究表明，任意量子逻辑操作都可以用由几个**单量子比特逻辑门**和**双量子比特受控非门**构成的一组所谓的**通用逻辑门组**来实现。下面介绍几个常用的单量子比特逻辑门和双量子比特受控非门。

1. 单量子比特逻辑门(简称一位门)

一个单量子比特逻辑门 U 可用图 10.3 表示。

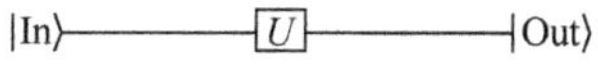

图 10.3　单量子比特 U 门

其中，$|\mathrm{In}\rangle$和$|\mathrm{Out}\rangle$分别表示输入态和输出态。

几个常见的单量子比特门如下。

(1) **量子非门 $\boldsymbol{X}$**

能完成下列功能的逻辑门 X 称为**量子非门**，即

$$X|0\rangle=|1\rangle,\quad X|1\rangle=|0\rangle \tag{10.33}$$

显然，X 可表示为

$$X=|0\rangle\langle 1|+|1\rangle\langle 0|=\begin{bmatrix}0 & 1\\ 1 & 0\end{bmatrix} \tag{10.34}$$

它具有泡利矩阵 σ_x 的形式和性质。由第 2 章的讨论可知，对由两能级原子构成的量子比特，一个经典的 π 脉冲就可以实现量子非门的功能。

(2) **量子位相门 $\boldsymbol{P(\theta)}$**

量子位相门 $\boldsymbol{P(\theta)}$具有下列功能，即

$$P(\theta)|0\rangle=|0\rangle,\quad P(\theta)|1\rangle=\mathrm{e}^{\mathrm{i}\theta}|1\rangle \tag{10.35}$$

上式也可以统一写为

$$P(\theta)|x\rangle=\mathrm{e}^{\mathrm{i}x\theta}|x\rangle \tag{10.36}$$

其中，$x\in\{0,1\}$。

显然，$P(\theta)$可以表示为

$$P(\theta)=|0\rangle\langle 0|+\mathrm{e}^{\mathrm{i}\theta}|1\rangle\langle 1|=\begin{bmatrix}1 & 0\\ 0 & \mathrm{e}^{\mathrm{i}\theta}\end{bmatrix} \tag{10.37}$$

注意到，$P(\pi)=\begin{bmatrix}1 & 0\\ 0 & -1\end{bmatrix}\equiv Z$，具有泡利矩阵 σ_z 的形式和性质。由第 2 章的讨论可知，两能级原子与真空电磁场的色散相互作用可以实现量子位相门的功能。

(3) **Hadamard 门 H**

Hadamard 门 H 具有下列功能，即

$$H|0\rangle=\frac{1}{\sqrt{2}}(|0\rangle+|1\rangle),\quad H|1\rangle=\frac{1}{\sqrt{2}}(|0\rangle-|1\rangle) \tag{10.38}$$

即 Hadamard 门把一个计算基变成两个计算基的叠加态。上式也可以统一写为

$$H|x\rangle=\frac{1}{\sqrt{2}}[(-1)^x|x\rangle+|1-x\rangle] \tag{10.39}$$

不难看出，H 可以表示为

$$\begin{aligned}H&=\frac{1}{\sqrt{2}}(X+Z)\\ &=\frac{1}{\sqrt{2}}\begin{bmatrix}1 & 1\\ 1 & -1\end{bmatrix}\end{aligned}$$

$$=\frac{1}{\sqrt{2}}(|0\rangle\langle 0|+|0\rangle\langle 1|+|1\rangle\langle 0|-|1\rangle\langle 1|) \qquad (10.40)$$

由第 2 章的讨论可知，对由两能级原子构成的量子比特，一个经典的 $\pi/2$ 脉冲就可以实现 Hadamard 门的功能。

2. 双量子比特逻辑门(简称二位门)

(1) 受控非门 $U_{C-\text{NOT}}$

受控非门是由两个量子比特组成的逻辑门，其中一个量子比特称为**目标比特**，另一个量子比特称为**控制比特**。在量子操作前后，控制比特的状态不发生变化，而目标比特的状态是否发生变化由控制比特的状态决定。当控制比特的状态为 $|0\rangle$ 时，目标比特的状态不变；当控制比特的状态为 $|1\rangle$ 时，目标比特的状态发生变化，即

$$U_{C-\text{NOT}}|x\rangle|y\rangle=|x\rangle|\text{mod}_2(x+y)\rangle \qquad (10.41)$$

其中，第一个态矢 $|x\rangle$ 表示控制比特的状态；第二个态矢 $|y\rangle$ 表示目标比特的状态。$(x,y)\in\{0,1\}$。

受控非门 $U_{C-\text{NOT}}$ 如图 10.4 所示。

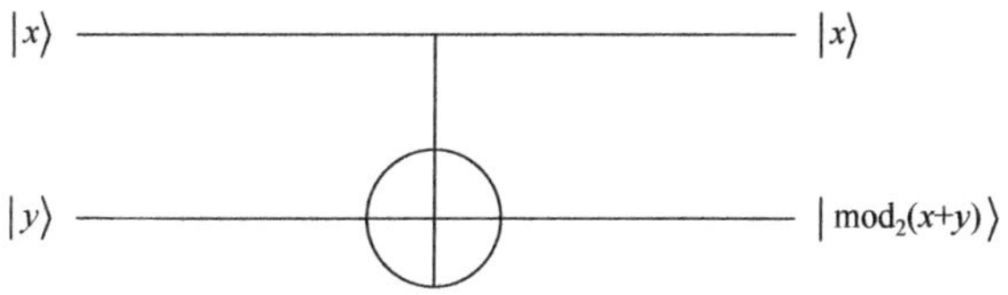

图 10.4　受控非门 $U_{C-\text{NOT}}$

如果我们先给控制比特的状态 $|0\rangle$ 作用 Hadamard 门 H，使其变为叠加态 $H|0\rangle=(|0\rangle+|1\rangle)/\sqrt{2}$，然后对控制比特和目标比特共同作用受控非门 $U_{C-\text{NOT}}$，则可产生如下的纠缠态(**Bell 态**)，即

$$U_{C-\text{NOT}}(H|0\rangle)|0\rangle=U_{C-\text{NOT}}\frac{1}{\sqrt{2}}(|0\rangle+|1\rangle)|0\rangle=\frac{1}{\sqrt{2}}(|00\rangle+|11\rangle) \qquad (10.42)$$

$$U_{C-\text{NOT}}(H|0\rangle)|1\rangle=U_{C-\text{NOT}}\frac{1}{\sqrt{2}}(|0\rangle+|1\rangle)|1\rangle=\frac{1}{\sqrt{2}}(|01\rangle+|10\rangle) \qquad (10.43)$$

(2) 受控位相门 U_{C-P}

受控位相门 U_{C-P} 的功能可用下式表示，即

$$U_{C-P}|x\rangle|y\rangle=e^{ixy\theta}|x\rangle|y\rangle \qquad (10.44)$$

显然，仅当 $x=y=1$ 时才出现位相因子 $e^{i\theta}$。

3. 用量子光学方法实现若干量子逻辑门

若将量子比特取为二能级原子，则利用其与电磁场（经典的或量子的）的相互作用可以实现量子非门 X、量子位相门 $P(\theta)$，以及 Hadamard 门 H。这里我们考虑利用全光学的方法实现几种量子逻辑门。

(1) 用光学分束器实现 Hadamard 门

如图 10.5 所示，设分束器的两个输入模分别用光子湮灭算符 a 和 b 表示，两个输出模分别用光子湮灭算符 a' 和 b' 表示，设分束器的分束比为 50：50，则有

$$a'=\frac{1}{\sqrt{2}}(a+b),\quad b'=\frac{1}{\sqrt{2}}(a-b) \tag{10.45}$$

其逆变换为

$$a=\frac{1}{\sqrt{2}}(a'+b'),\quad b=\frac{1}{\sqrt{2}}(a'-b') \tag{10.46}$$

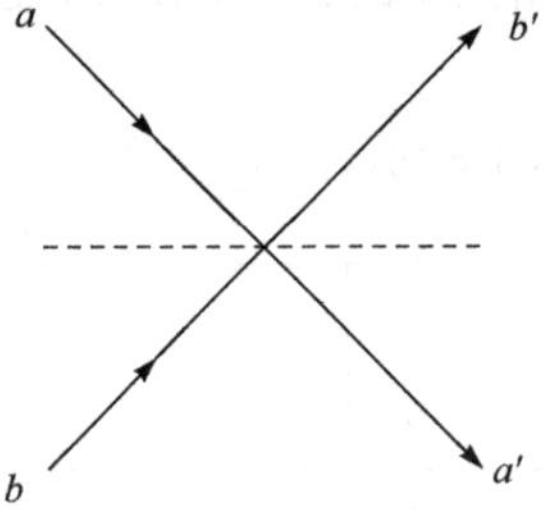

图 10.5 用光学分束器实现 Hadamard 门

我们采用计算基的所谓“双轨”形式，即令计算基 $|0\rangle\equiv|1\rangle_a|0\rangle_b$ 表示模 a 处于单光子态而模 b 处于真空态，计算基 $|1\rangle\equiv|0\rangle_a|1\rangle_b$ 表示模 a 处于真空态而模 b 处于单光子态。注意，这里两个场模构成一个逻辑比特。分束器具有下列逻辑功能，即

$$\begin{aligned}|0\rangle&\equiv|1\rangle_a|0\rangle_b\\&=a^+|0\rangle_a|0\rangle_b\\&\rightarrow\frac{1}{\sqrt{2}}(a'^++b'^+)|0\rangle_a'|0\rangle_b'\\&=\frac{1}{\sqrt{2}}(|1\rangle_a'|0\rangle_b'+|0\rangle_a'|1\rangle_b')\\&=\frac{1}{\sqrt{2}}(|0\rangle+|1\rangle)\end{aligned} \tag{10.47}$$

$$
\begin{aligned}
|1\rangle &\equiv |0\rangle_a|1\rangle_b \\
&= b^+|0\rangle_a|0\rangle_b \\
&\rightarrow \frac{1}{\sqrt{2}}(a'^+ - b'^+)|0\rangle_a{}'|0\rangle_b{}' \\
&= \frac{1}{\sqrt{2}}(|1\rangle_a{}'|0\rangle_b{}' - |0\rangle_a{}'|1\rangle_b{}') \\
&= \frac{1}{\sqrt{2}}(|0\rangle - |1\rangle)
\end{aligned}
\tag{10.48}
$$

若用 U_{BS} 表示分束器的逻辑操作，则上面两式可表示为

$$U_{BS}|0\rangle = \frac{1}{\sqrt{2}}(|0\rangle + |1\rangle) \tag{10.49}$$

$$U_{BS}|1\rangle = \frac{1}{\sqrt{2}}(|0\rangle - |1\rangle) \tag{10.50}$$

可见，分束器操作 U_{BS} 具有 Hadamard 门 H 的功能。

(2) 用光学移相器实现量子位相门 $P(\theta)$

如图 10.6 所示，在光束 b 的路径上插入一个光学移相器 θ，就可实现量子位相门。光学移相器 θ 可用算符表示为 $P(\theta)=e^{i\theta\hat{n}_b}$，其中 $\hat{n}_b$ 为模 b 的光子数算符，可以完成量子位相门的下列功能，即

$$P(\theta)|0\rangle = e^{i\theta\hat{n}_b}|1\rangle_a\ |0\rangle_b = |1\rangle_a\ |0\rangle_b = |0\rangle \tag{10.51}$$

$$P(\theta)|1\rangle = e^{i\theta\hat{n}_b}|0\rangle_a\ |1\rangle_b = e^{i\theta}|0\rangle_a\ |1\rangle_b = e^{i\theta}|1\rangle \tag{10.52}$$

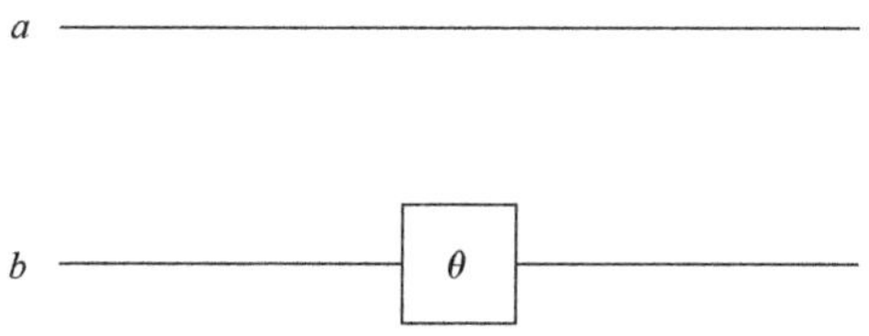

图 10.6　用光学移相器实现量子位相门 $P(\theta)$

事实上，利用量子光学方法已实现了多种量子门，有兴趣的读者可参阅有关参考文献。

10.3.3　量子算法

量子计算中的另一个重要问题是**量子算法**。典型的量子算法有 **Deutsch 算法**、**Deutsch-Jozsa 算法**、**Shor 的大数分解算法**，以及 **Grover 搜索算法**等。这里我们只介绍最简单的 **Deutsch 算法**[13]。

考虑一个函数 $f:\{0,1\}\rightarrow\{0,1\}$，有四种可能的取值，即 $f(0)=0$，$f(0)=1$，

$f(1)=0, f(1)=1$。我们希望只用一次测量，就可以确定这个函数是否是常数，即 $f(0)=f(1)$ 还是 $f(0)\neq f(1)$。

设用 $|x\rangle$ 表示输入量子比特，用 $|y\rangle$ 表示计算机硬件的量子比特。首先将这两个量子比特制备在下列直积态，即

$$\begin{aligned}|\psi_{in}\rangle &= |x\rangle|y\rangle \\ &= \frac{1}{\sqrt{2}}(|0\rangle+|1\rangle)\frac{1}{\sqrt{2}}(|0\rangle-|1\rangle) \\ &= \frac{1}{2}(|0\rangle|0\rangle-|0\rangle|1\rangle+|1\rangle|0\rangle-|1\rangle|1\rangle)\end{aligned} \tag{10.53}$$

然后要求计算机实现下列变换，即

$$|x\rangle|y\rangle \to |x\rangle|\mathrm{mod}_2(y+f(x))\rangle \tag{10.54}$$

则有

$$\begin{aligned}|\psi_{\mathrm{Out}}\rangle &= \frac{1}{2}(|0\rangle|f(0)\rangle-|0\rangle|\overline{f(0)}\rangle+|1\rangle|f(1)\rangle-|1\rangle|\overline{f(1)}\rangle) \\ &= \frac{1}{2}[|0\rangle(|f(0)\rangle-|\overline{f(0)}\rangle)+|1\rangle(|f(1)\rangle-|\overline{f(1)}\rangle)]\end{aligned} \tag{10.55}$$

其中，数字上面的横线表示取逆，即 $\bar{0}=1, \bar{1}=0$。

如果函数 f 是常数，即 $f(0)=f(1)$，则有

$$\begin{aligned}|\psi_{\mathrm{Out}}\rangle_{\mathrm{const}} &= \frac{1}{2}(|0\rangle+|1\rangle)(|f(0)\rangle-|\overline{f(0)}\rangle) \\ &\equiv |+\rangle\frac{1}{\sqrt{2}}(|f(0)\rangle-|\overline{f(0)}\rangle)\end{aligned} \tag{10.56}$$

如果函数 f 不是常数，即 $f(0)\neq f(1)$，或 $f(0)=\overline{f(1)}$，则有

$$\begin{aligned}|\psi_{\mathrm{Out}}\rangle_{\mathrm{non-const}} &= \frac{1}{2}(|0\rangle-|1\rangle)(|f(0)\rangle-|\overline{f(0)}\rangle) \\ &\equiv |-\rangle\frac{1}{\sqrt{2}}(|f(0)\rangle-|\overline{f(0)}\rangle)\end{aligned} \tag{10.57}$$

注意到 $|+\rangle$ 和 $|-\rangle$ 是正交的，因此只需对第一个量子比特进行一次测量就可确定函数 f 是否是常数。

参考文献

[1] Alber G. et al. Quantum Information. Berlin: Springer, 2001.

[2] Benenti G, Casati G, Strini G. Principles of Quantum Computation and Information Vol. I and II. Singapore: World Scientific, 2004.

[3] Bouwmeester D, Ekert A, Zeilinger A. The Physics of Quantum Information. Berlin: Springer, 2000.

[4] Desurvire E. Classical and Quantum Information Theory. Cambridge: Cambridge University Press, 2009.

[5] Lambropoulos P, Petrosyan D. Fundamentals of Quantum Optics and Quantum Information. Berlin: Springer, 2007.

[6] Nielsen M A, Chuang I L. Quantum Computation and Quantum Information. Cambridge: Cambridge University Press, 2000.

[7] Vedral V. Introduction to Quantum Information Science. New York: Oxford University Press, 2006.

[8] Bennett C B. Communication via one- and two-particle operators on Einstein-Podolsky-Rosen states. Physical Review Letters, 1992, 69(20): 2881-2884.

[9] Bennett C B, Brassard G, Crepeau C, et al. Teleporting an unknown quantum state via dual classical and Einstein-Podolsky-Rosen channels. Physical Review Letters, 1993, 70(13): 1895-1898.

[10] Bennett C B, Brassard G. Quantum cryptography: public key distribution and coin tossing// Proceedings of IEEE International Conference on Computers, Systems, and Signal Processing, 1984: 175-179.

[11] Bennett C B. Quantum cryptography using any two no orthogonal states. Physical Review Letters, 1992, 68(21): 3121-3124.

[12] Ekert A K. Quantum cryptography based on Bell's theorem. Physical Review Letters, 1991, 67(6): 661-663.

[13] Deutsch D. Quantum theory, the Church-Turing principle and the universal quantum computer, Proceedings of the Royal Society A, 1985, 400: 97.

第 11 章　冷原子物理简介

冷原子物理是基于**激光冷却和囚禁**原子[1,2]发展起来的一门新兴学科，其研究涉及原子质心运动的波动性(即量子性)。

物理学的基本任务是研究物质的各种性质(运动、结构及其变化)，要进行研究就需要对研究对象进行观察和测量。特别是，要研究原子、离子、分子等(下面统称“原子”)的性质，理想的情况应该是原子处于**静止状态**，以便对其进行仔细观测；原子处于**孤立状态**，即不受其他原子和外界的影响。然而，自然存在的原子情况并非如此。由气体分子运动理论可以知道，在一般情况下，气体中的原子在作高速运动，运动的剧烈程度与温度密切相关，具体来说，原子运动的平均动能正比于温度：$\bar{E}_k \propto T$($\bar{E}_k$ 为平均动能，T 为热力学温度)；另一方面，气体中的原子在运动过程中会不断发生彼此碰撞并与器壁发生碰撞，即原子不是孤立的。为了使原子慢下来，就需要对原子系统进行冷却。在传统的冷却过程中，原子系统会发生相变，即由气态到液态再到固态，而在液态和固态中，原子间存在强烈的相互作用，这说明利用传统的冷却方法不能得到静止的孤立原子。研究发现，利用激光冷却的方法，可以得到几乎静止的孤立原子。

根据量子力学中的**爱因斯坦-德布罗意关系式** $\lambda_{dB}=h/p$，h 为**普朗克常数**，p 为原子(实际上可以是任意物体)的动量，λ_{dB} 为原子的物质波波长，当原子运动足够慢时，其波动性就充分表现出来。利用原子的波动性质，可以进行类似于电磁波的实验(如干涉、衍射等)，从而产生了 **atom optics**[3](一般直译为“**原子光学**”，我们认为译为“**原子波(动)学**”较确切)这一新兴学科。

从应用的角度来讲，如果能使原子处于几乎静止的孤立状态，通过对原子性质的精密测量，可以精确确定基本物理常数，可以大大提高光谱分辨率和基于原子钟的时间、频率测量的精密度和准确度。利用原子的波动性，可以研制原子干涉仪、进行原子刻印等。

随着研究工作的不断深入，人们已经实现了原子的激光冷却与囚禁、观测到原子的波动性质，实现了早在 20 世纪 20 年代就从理论上预言了的**玻色-爱因斯坦凝聚(BEC)现象**、**进一步实现了 atom laser(一般直译为“原子激光(器)”**，我们认为意译为“**相干原子波激射(器)**”较确切，类似于传统的激光器是相干电磁波激射器)、观测到相干原子波的四波混频等现象，进而衍生出 **Nonlinear atom optics**(一般直译为“**非线性原子光学**”，我们认为意译为“**非线性原子波(动)学**”较确切)这一类似于传统非线性光学(电磁波)的新兴学科。总而言之,基于原子的激光冷却与囚禁的冷原子物理的研究是一个非常活跃的研究领域,无论在基础研究还是应用研究方面,都具有重要的意义,并取得了重大进展和成果,1997 年、2001 年、2005 年和 2012 年的诺贝尔物理学奖授予该研究领域的科学家就充分反映了这一点。

11.1　光场对原子的作用力[4,5]

激光冷却与囚禁原子依靠电磁场对原子的机械作用力(**辐射压力**),而这种力的本质是**电磁相互作用**。考虑二能级原子(上能态$|e\rangle$,下能态$|g\rangle$)与电磁场的相互作用,在**电偶极近似**下,**相互作用能**为

$$V_E(\boldsymbol{r},t)=-\boldsymbol{d}\cdot\boldsymbol{E}(\boldsymbol{r},t) \tag{11.1}$$

其中,$\boldsymbol{d}$ 为原子的**电偶极矩**。

若电磁场具有空间不均匀性,则原子将受到电磁场的作用力,即

$$\boldsymbol{F}=-\nabla V_E(\boldsymbol{r},t) \tag{11.2}$$

电场的一般形式为

$$\boldsymbol{E}(\boldsymbol{r},t)=\boldsymbol{E}_0(\boldsymbol{r})\cos[\omega t+\phi(\boldsymbol{r})] \tag{11.3}$$

即电场随空间位置的变化反映在振幅 $\boldsymbol{E}_0(\boldsymbol{r})$和位相 $\phi(\boldsymbol{r})$上。

这两个量的空间不均匀性导致光场作用于原子的两种不同性质的力。具体可以求得

$$\boldsymbol{F}=\boldsymbol{F}_1+\boldsymbol{F}_2=\frac{\hbar\Omega}{2}\left(\nu\,\nabla\phi+u\,\frac{\nabla\Omega}{\Omega}\right) \tag{11.4}$$

其中,$\Omega=\boldsymbol{d}_{eg}\cdot\boldsymbol{E}_0(\boldsymbol{r})/\hbar$ 为 Rabi 频率;$\boldsymbol{d}_{eg}$ 为原子在上下能态之间的电偶极矩阵元;ν 和 u 均是频率失谐量、Rabi 频率、以及原子激发态寿命的函数。

可见,$\boldsymbol{F}_1\propto\nabla\phi$(位相梯度),称为**散射力**;$\boldsymbol{F}_2\propto\nabla\Omega$(振幅梯度),称为**偶极力**。

下面讨论两种特殊的电磁场,即行波场和驻波场。

1. 行波场

行波场可以表示为

$$\boldsymbol{E}(\boldsymbol{r},t)=\boldsymbol{E}_0\mathrm{e}^{-\mathrm{i}(\boldsymbol{k}\cdot\boldsymbol{r}-\omega t)}+\mathrm{C.C.} \tag{11.5}$$

其中,$\boldsymbol{k}$ 为波矢量;C. C. 表示复数共轭。

对行波场,振幅 $\boldsymbol{E}_0$ 不随空间变化,位相 $\phi(\boldsymbol{r})=-\boldsymbol{k}\cdot\boldsymbol{r}$。可以求得在这种情况下原子感受到的**辐射力**为

$$F_1=\hbar k\left[\frac{\Gamma}{2}\frac{\Omega^2/2}{\delta^2+\Omega^2/2+(\Gamma/2)^2}\right] \tag{11.6}$$

其中，Γ 为原子上能级的**自发辐射速率**（$1/\Gamma$ 为原子上能级的寿命）；$\delta=\omega-\omega_0\pm\boldsymbol{k}\cdot\boldsymbol{v}$ 是**失谐量**，ω_0 是原子的**跃迁频率**；$\boldsymbol{v}$ 是原子的运动速度，这里考虑了原子以速度 $\boldsymbol{v}$ 运动时的多普勒效应。

$\boldsymbol{F}_1$ 的物理意义可讨论如下，$\hbar\boldsymbol{k}$ 表示光子的动量，方括号中的因子表示原子在单位时间内吸收的光子数。行波场的光子是完全定向的，原子吸收光子引起其总动量的变化即为原子感受到的辐射力。原子吸收光子后跃迁到激发态，随后自发辐射到基态。自发辐射光子要对原子产生反冲，也会改变原子动量。但自发辐射光子的方向是各向同性的，大量自发辐射光子引起原子总动量的变化为零。定向光子产生的原子动量变化可以积累，从而得到可观的辐射力。若原子运动方向与定向光子的运动方向相反，则原子减速。这个力由原子先吸收光子然后自发辐射而形成，即由光子散射过程形成，因此称为**散射力**或**自发辐射力**。这个过程引起光场和原子系统能量的耗散，因此又称为**耗散力**。

2. 驻波场

驻波场可以表示为

$$\boldsymbol{E}(\boldsymbol{r},t)=\boldsymbol{E}_0\cos(\boldsymbol{k}\cdot\boldsymbol{r})\cos(\omega t) \tag{11.7}$$

其中，位相 $\phi(\boldsymbol{r})=0$；振幅 $\boldsymbol{E}_0(\boldsymbol{r})=\boldsymbol{E}_0\cos(\boldsymbol{k}\cdot\boldsymbol{r})$ 是随空间位置变化的，导致 Rabi 频率 $\Omega(\boldsymbol{r})=\boldsymbol{d}_{ed}\cdot\boldsymbol{E}_0\cos(\boldsymbol{k}\cdot\boldsymbol{r})/\hbar$ 随空间位置发生变化。

可以求得在这种情况下原子感受到的**辐射力**为

$$\boldsymbol{F}_2=-\frac{\hbar\delta}{4}\left[\frac{\nabla\Omega^2}{\delta^2+\Omega^2/2+(\Gamma/2)^2}\right] \tag{11.8}$$

$\boldsymbol{F}_2$ 的物理意义可讨论如下，它来源于光场振幅（从而光场强度）的空间不均匀性。由于光场强度的空间不均匀性，原子在光场中不同位置时将具有不同的能量，原子自然要向低能量位置移动。本质上，这个力是原子的感生电偶极矩在不均匀光场中所感受到的力，因此称为**偶极力**。从另一个角度来看，不均匀光场可看成由许多不同模的光场叠加而成。原子与光场作用时可以从一个场模吸收光子，而向另一个场模受激发射一个光子。这样，光子就在不同场模之间转移，在不同场模中重新分布。由于不同场模的光子的动量不同，这个过程就会引起原子动量的变化，即原子感受到力的作用。基于这种分析，这种力又称为**重新分布力**或**受激辐射力**。

F_1 和 F_2 随电磁场频率 ω 的变化如图 11.1 所示。

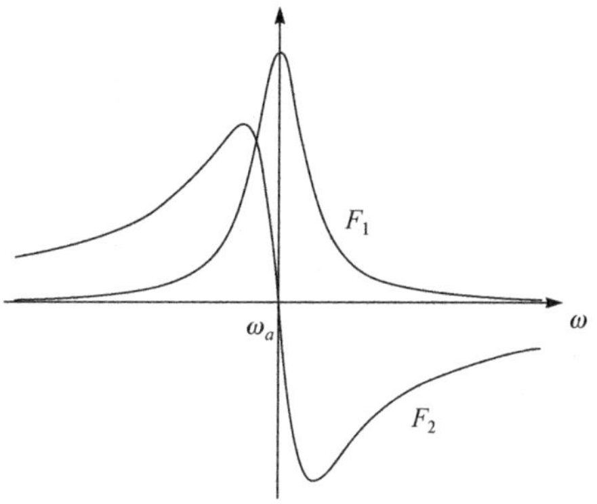

图 11.1　F_1 和 F_2 随电磁场频率 ω 的变化

11.2　光学黏团、激光冷却原子的机理和温度极限

光场对原子的作用力可以使原子减速、动能减小，由于原子运动的平均动能正比于温度，即 $\bar{E}_k \propto T$（$\bar{E}_k$ 为平均动能，T 为热力学温度），因此从统计的意义上来讲，使原子减速等价于使原子系统冷却。

设想用六束相互垂直、两两对射的激光束照射原子，处于激光束交汇处的原子受到激光的作用力，一方面被减速，一方面被黏住，难以逃脱激光束的禁锢。Hänsch 和 Schawlow 于 1975 年最先提出这一设想[6]，美籍华裔科学家朱棣文等[7-9]最先利用该设想在实验上对原子实现了冷却。他们把六束激光交汇处的这团原子与光子的集合体称为"**光学黏团**"。用六束激光冷却原子的示意图如图 11.2 所示。朱棣文小组的光学黏团实验装置如图 11.3 所示。

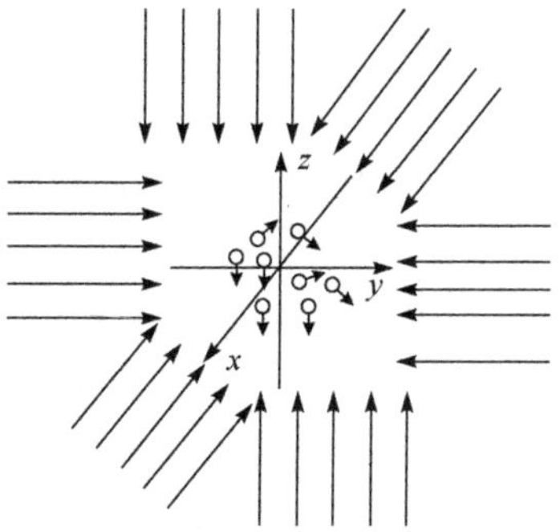

图 11.2　六束激光冷却原子示意图

根据激光与二能级原子相互作用模型，考虑到原子运动的多普勒效应，理论上

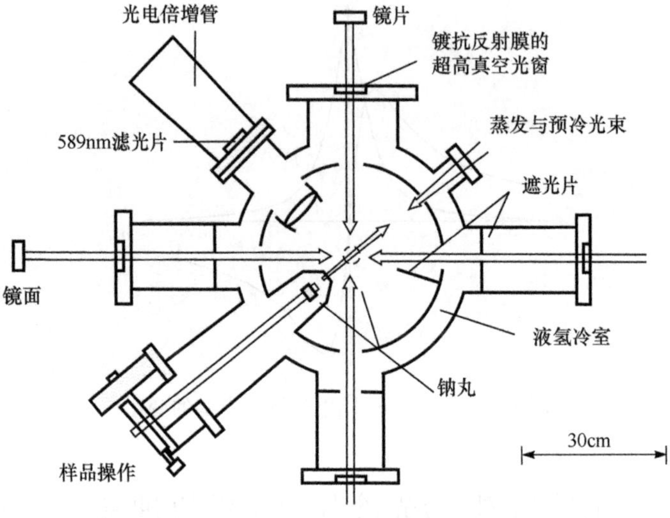

图 11.3　朱棣文小组的光学黏团实验装置

可以导出激光冷却原子的一个极限温度 $T_{\min}$，称为**多普勒冷却**极限温度，满足下式，即

$$k_B T_{\min} = \hbar\Gamma/2 \tag{11.9}$$

其中，k_B 为**玻尔兹曼常量**；Γ 为原子上能级的衰减速率。

对碱金属原子，$T_{\min}$ 在$10^2\mu$K 数量级。

此外，还存在一些限制冷却温度的物理过程。例如，某一瞬间原子碰巧处于静止状态，这时原子发射一个动量为 $\hbar\boldsymbol{k}$ 的光子（或者被一个动量为 $\hbar\boldsymbol{k}$ 的光子“击中”），由于反冲，原子将获得$\hbar\boldsymbol{k}$ 的动量改变，即获得反冲速度 $\boldsymbol{v}_R=\hbar\boldsymbol{k}/m$（$m$ 为原子质量），根据 $k_B T/2=mv_R^2/2$（$v_R=|\boldsymbol{v}_R|$），可得

$$T_R=\frac{(\hbar k)^2}{mk_B} \tag{11.10}$$

T_R 称为**反冲温度**，$k=|\boldsymbol{k}|$）。对碱金属原子，T_R 在$(0.1\sim1)\mu$K 数量级，远低于多普勒冷却极限温度。

最初的几个激光冷却原子实验的确没有突破多普勒冷却极限温度，然而随着实验研究的深入发展，发现激光冷却得到的原子温度可远低于多普勒冷却极限温度，甚至低于反冲温度。这表明导出多普勒冷却极限温度时采用的二能级原子模型没有正确反映原子的实际情况。这促使人们认真分析原子的实际情况以及与激光相互作用的过程，建立新的物理模型，正确解释实验结果。由此发展出一系列激光冷却原子的机理，如**偏振梯度冷却**、**磁感应冷却**、**拉曼跃迁冷却**、**速度选择性相干布居囚禁冷却**等。这些冷却机理均用到原子的多能级结构性质。

11.3　囚禁原子的阱

物理上所谓的"**阱**"(或说"**势阱**"),指的是能把物体限制在一定范围内运动的装置。在量子力学中,我们曾遇到过一些形式的"势阱"。当原子系统被激光冷却之后,要对它进行观测,就需要将它装入一个"阱"中,防止并避免它与周围环境发生接触而升高温度。在激光冷却与囚禁原子研究中,常用的阱有**激光阱**、**静磁阱**、**磁光阱**等。

1. 激光阱

前面谈到,原子由于具有电偶极矩,因而会受到电磁场的电场分量的作用力,即

$$V_E(\boldsymbol{r},t)=-\boldsymbol{d}\cdot\boldsymbol{E}(\boldsymbol{r},t) \tag{11.11}$$

特别是,当光场强度在空间不均匀时,会受到**偶极力**的作用。**偶极力**的表达式(11.8)可改写为

$$\boldsymbol{F}_2(\boldsymbol{r})=-\frac{\delta}{2}\left[\frac{\nabla[I(\boldsymbol{r})/I_s]}{1+I(\boldsymbol{r})/I_s+(2\delta/\Gamma)^2}\right] \tag{11.12}$$

其中,$I(\boldsymbol{r})$为光强;I_s 为饱和光强。

偶极力具有以下性质:与光强梯度成正比;在红失谐情况($\delta<0$),力指向强光处;在蓝失谐情况($\delta>0$),力指向弱光处。利用这些性质,可以制成**激光阱**。将上式对空间坐标积分,可得阱势的表达式

$$V_{dip}(\boldsymbol{r})=\frac{\hbar\delta}{2}\ln\left[1+\frac{I(\boldsymbol{r})/I_s}{1+(2\delta/\Gamma)^2}\right] \tag{11.13}$$

这个势能的最大绝对值称为阱深。**激光阱**如图 11.4 所示。

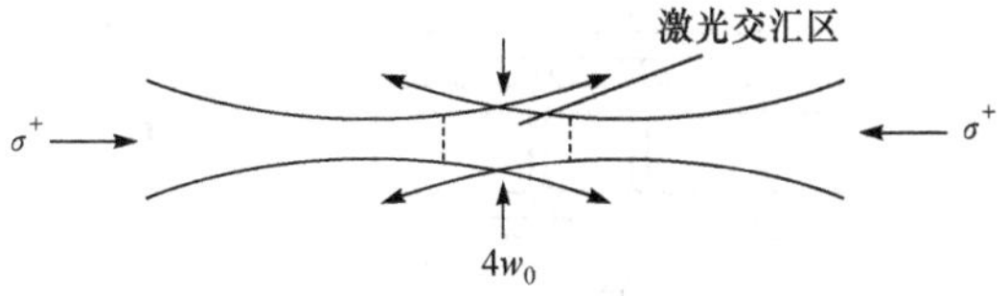

图 11.4　激光阱示意图

2. 静磁阱

一些原子具有磁矩,因而会受到磁场的作用力,设磁场为静磁场,则磁作用能为

$$V_B(\boldsymbol{r})=-\boldsymbol{\mu}\cdot\boldsymbol{B}(\boldsymbol{r}) \tag{11.14}$$

其中，$\boldsymbol{\mu}$ 为原子的**磁偶极矩**。

如果磁场在空间不均匀，则原子会受到磁场力，即

$$\boldsymbol{F}=-\nabla V_B(\boldsymbol{r}) \tag{11.15}$$

据此，可以制作**静磁阱**。用于捕获和囚禁原子的磁阱的结构基本上可分为两类。

① 具有零点的**四极型磁阱**，由一对载有反向电流的亥姆霍兹线圈构成，如图 11.5 所示。

② 具有非零极小值的 **Ioffe-Prichard 型磁阱**，由四条载流直导线和两个载有同向电流的线圈构成，如图 11.6 所示。

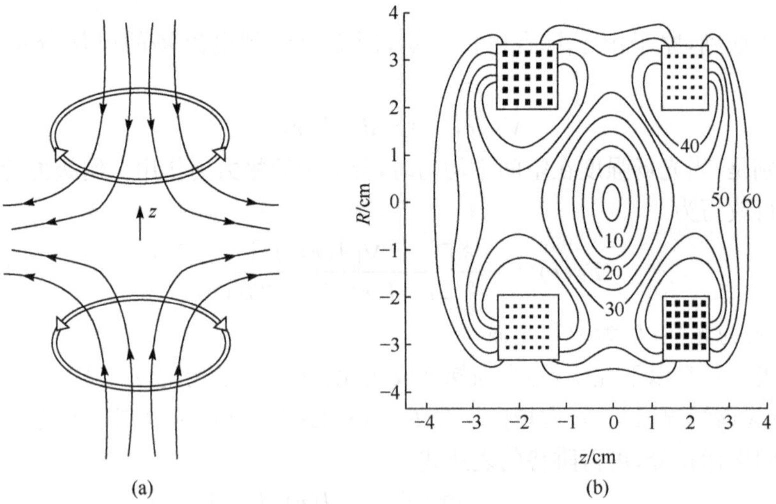

图 11.5　四极型磁阱的线圈布置及磁力线分布和等势面

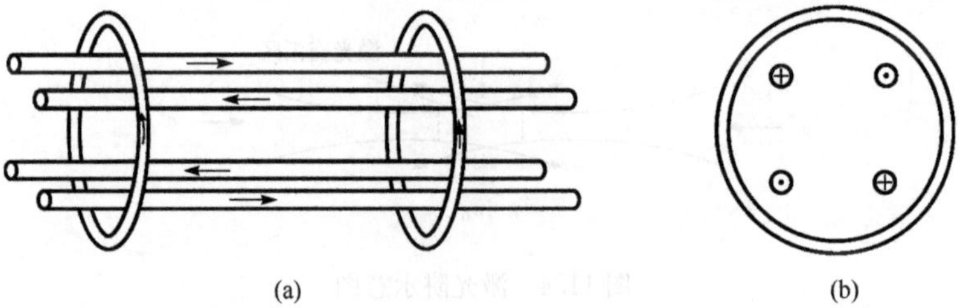

图 11.6　Ioffe-Prichard 型磁阱示意图

3. 磁光阱

利用激光束与静磁场结合构成的阱称为**磁光阱**，如图 11.7 所示。

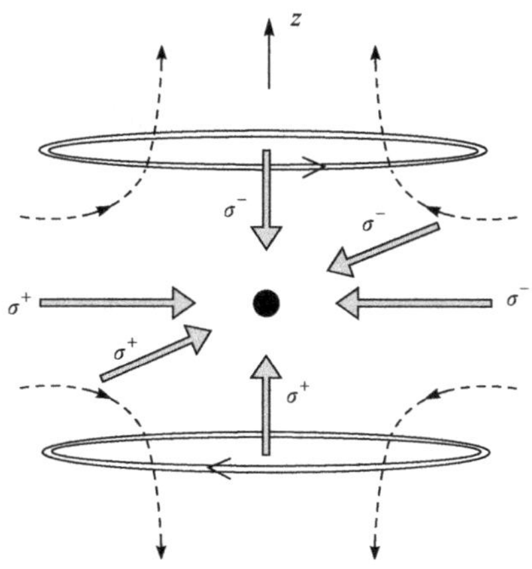

图 11.7　磁光阱示意图

11.4　玻色-爱因斯坦凝聚和相干原子波激射器

1924～1925 年，玻色和爱因斯坦研究发现，由玻色子组成的粒子体系在低温下将集聚到能量最小(动量也最小)的状态，后人将此现象称为**玻色-爱因斯坦凝聚**(简称 BEC)。实现 BEC 的条件为

$$n\lambda_{\mathrm{dB}}^3 = n\left(\frac{h}{\sqrt{2\pi m k_B T}}\right)^3 \geqslant 2.612 \tag{11.16}$$

其中，n 为粒子数密度；λ_{dB}为粒子的**德布罗意波长**；h 为**普朗克常数**；k_B 为**玻尔兹曼常量**；m 为粒子的质量；T 为粒子体系的温度。

可见，要实现 BEC，就要提高粒子体系的数密度 n 或者降低粒子体系的温度 T。直到激光冷却与囚禁原子技术出现之后，才于 1995 年在实验上观测到了 BEC 现象。玻色-爱因斯坦凝聚体作为一种新的物态，对其各种性质的探索与研究引起了人们极大的兴趣[10,11]。

进一步的研究发现，从 BEC 体引出的原子波具有类似于激光那样的相干性、定向性和亮度，从 BEC 体引出的两束原子波在空间重叠后会产生干涉现象，这导致了“atom laser”和“nonlinear atom optics”等概念的提出。这两个名词直译分别为“原子激光(器)”和“非线性原子光学”。由于这里实际上指的是“具有相干性的原子物质波”而不是“光”，建议将其译为**“相干原子波激射(器)”**和**“非线性原子波(动)学”**。

利用激光冷却与囚禁原子，不仅实现了 BEC 这一新的物态，而且在科学技术上有广泛的应用，如时间和频率的精确测量(**原子钟和频率标准**)、**原子干涉仪和原**

子刻印术等[12,13]。

近年来，人们又将冷原子物理的研究与量子信息科学的研究相结合，利用冷原子体系来实现量子信息处理。另外，用冷原子体系模拟其他复杂物理体系也是近年来的研究热点。

参考文献

[1] Arimondo E, Philips W D, Strumia F. Laser Manipulation of Atoms and Ions. Amsterdam: North-Holland, 1992.

[2] Metcalf P, Straten P V. Laser Cooling and Trapping. New York: Springer, 1999.

[3] Meystre P. Atom Optics. New York: Springer, 2001.

[4] 王义遒. 原子的激光冷却和陷俘. 北京：北京大学出版社，2007.

[5] 印建平. 原子光学. 上海：上海交通大学出版社，2012.

[6] Hänsch T W, Schawlow A L. Cooling of gases by laser radiation. Optics Communications, 1975, 13(1): 68, 69.

[7] Chu S. Nobel Lecture: The manipulation of neutral particles. Reviews of Modern Physics, 1998, 70(3): 685-706.

[8] Cohen-Tannoudji C N. Nobel lecture: manipulating atoms with photons. Reviews of Modern Physics, 1998, 70(3): 707-719.

[9] Phillips W D. Nobel lecture: laser cooling and trapping of neutral atoms. Reviews of Modern Physics, 1998, 70(3): 721-741.

[10] Cornell E A, Wieman C E. Nobel lecture: Bose-Einstein condensation in a dilute gas, the first 70 years and some recent experiments. Reviews of Modern Physics, 2002, 74(3): 875-893.

[11] Ketterle W. Nobel Lecture: When atoms behave as waves: Bose-Einstein condensation and the atom laser. Reviews of Modern Physics, 2002, 74(4): 1131-1151.

[12] Hall J L. Nobel lecture: defining and measuring optical frequencies. Reviews of Modern Physics, 2006, 78(4): 1279-1295.

[13] Hänsch T W. Nobel lecture: passion for precision. Reviews of Modern Physics, 2006, 78(4): 1297-1309.

附　　录

附录 A　几个常用定理的证明

定理 A.1　设 A 和 B 是两个彼此非对易的算符，ξ 是参数(c 数)，则有

$$e^{\xi A}Be^{-\xi A}=B+\xi[A,B]+\frac{\xi^2}{2!}[A,[A,B]]+\cdots$$

证明：　令

$$f(\xi)=e^{\xi A}Be^{-\xi A} \tag{A.1}$$

将 $f(\xi)$ 按 ξ 的幂次方展开，即

$$f(\xi)=f(0)+f'(0)\xi+\frac{1}{2!}f''(0)\xi^2+\cdots \tag{A.2}$$

注意到

$$f(0)=B$$

$$f'(0)=\left.\frac{df(\xi)}{d\xi}\right|_{\xi=0}=[A,f(\xi)]|_{\xi=0}=[A,B]$$

$$f'(0)=\left.\frac{d^2f(\xi)}{d\xi^2}\right|_{\xi=0}=[A,f'(\xi)]|_{\xi=0}=[A,[A,f(\xi)]]|_{\xi=0}=[A,[A,B]] \tag{A.3}$$

将式(A.3)代入式(A.2)即可得证。

定理 A.2Baker-Hausdorf 定理　设 A 和 B 是两个彼此非对易的算符，但满足 $[A,[A,B]]=[B,[A,B]]=0$，则有

$$e^{A+B}=e^Ae^Be^{-\frac{1}{2}[A,B]}=e^Be^Ae^{\frac{1}{2}[A,B]}$$

证明：　令

$$f(\xi)=e^{\xi A}e^{\xi B} \tag{A.4}$$

$$\frac{df(\xi)}{d\xi}=Ae^{\xi A}e^{\xi B}+e^{\xi A}Be^{\xi B}=(A+e^{\xi A}Be^{-\xi A})f(\xi) \tag{A.5}$$

利用定理 A.1，注意到现在的条件 $[A,[A,B]]=[B,[A,B]]=0$，则有

$$e^{\xi A}Be^{-\xi A}=B+\xi[A,B] \tag{A.6}$$

将式(A.6)代入式(A.5)，得

$$\frac{df(\xi)}{d\xi}=(A+B+\xi[A,B])f(\xi) \tag{A.7}$$

根据定理中的条件，A 与$[A,B]$对易，B 与$[A,B]$对易，则$(A+B)$也与$[A,B]$对易。因此，可以将$(A+B)$和$[A,B]$当作普通的对易变量看待。将上式积分，并注意到 $f(0)=1$，可得

$$f(\xi)=\exp\left[(A+B)\xi+[A,B]\frac{1}{2}\xi^2\right]=\exp[(A+B)\xi]\exp\left[[A,B]\frac{1}{2}\xi^2\right] \tag{A.8}$$

即

$$e^{\xi A}e^{\xi B}=\exp[(A+B)\xi]\exp\left[[A,B]\frac{1}{2}\xi^2\right] \tag{A.9}$$

令 $\xi=1$，则有

$$e^A e^B=e^{(A+B)}e^{\frac{1}{2}[A,B]},\quad e^{(A+B)}=e^A e^B e^{-\frac{1}{2}[A,B]} \tag{A.10}$$

证毕。

附录 B　求解薛定谔方程的一般过程

我们的目的是求解薛定谔方程

$$\mathrm{i}\frac{\mathrm{d}}{\mathrm{d}t}|\psi(t)\rangle = H|\psi(t)\rangle$$

一般情况下，**总哈密顿量**可以写为**自由哈密顿量**和**相互作用哈密顿量**之和，即

$$H = H_0 + V$$

设**自由哈密顿量** H_0 的本征态为 $|B_k\rangle$（B：bare states，**裸态**），例如 $|e\rangle$，$|g\rangle$，…，将 $|\psi(t)\rangle$ 用 $|B_k\rangle$ 展开（H_0 表象），有

$$|\psi(t)\rangle = \sum_k b_k(t)|B_k\rangle, \quad b_k(t) = \langle B_k|\psi(t)\rangle$$

则问题转化为求出 $b_k(t)$。

另一方面，设**总哈密顿量 $\boldsymbol{H}$** 的本征方程为

$$H|D_j\rangle = \lambda_j|D_j\rangle, \quad \text{(D:dressed states,缀饰态)}$$

将 $|\psi(t)\rangle$ 用 $|D_j\rangle$ 展开（H 表象），有

$$|\psi(t)\rangle = \sum_j d_j(t)|D_j\rangle, \quad d_j(t) = \langle D_j|\psi(t)\rangle$$

则问题转化为求 $d_j(t)$。

下面建立 $b_k(t)$ 与 $d_j(t)$ 之间的关系（表象变换），由

$$|\psi(t)\rangle = \sum_k b_k(t)|B_k\rangle = \sum_j d_j(t)|D_j\rangle$$

可得

$$b_k(t) = \langle B_k|\psi(t)\rangle = \langle B_k|\sum_j d_j(t)|D_j\rangle = \sum_j d_j(t)\langle B_k|D_j\rangle = \sum_j d_j(t)u_{kj}$$

其中，$u_{kj} = \langle B_k|D_j\rangle$，因此若求得 $d_j(t)$ 即可得到 $b_k(t)$。

下面求解 $d_j(t)$，将 $|\psi(t)\rangle = \sum_j d_j(t)|D_j\rangle$ 代入薛定谔方程，可得

$$\mathrm{i}\frac{\mathrm{d}}{\mathrm{d}t}d_j(t) = \langle D_j|H|\psi\rangle = \lambda_j d_j(t), \quad d_j(t) = d_j(0)\mathrm{e}^{-\mathrm{i}\lambda_j t}$$

于是，有

$$b_k(t) = \sum_j d_j(t)u_{kj} = \sum_j d_j(0)\mathrm{e}^{-\mathrm{i}\lambda_j t}u_{kj}$$

一般情况下，初始条件是由裸态 $b_k(0)$，而不是由缀饰态 $d_j(0)$ 给出，因此我们需要将 $d_j(0)$ 用 $b_k(0)$ 表示，即

$$d_j(0) = \langle D_j \mid \psi(0)\rangle = \langle D_j \mid \sum_k b_k(0) \mid B_k\rangle = \sum_k b_k(0)\langle D_j \mid B_k\rangle = \sum_k b_k(0) u_{kj}^*$$

于是,得

$$\begin{aligned} b_m(t) &= \sum_j d_j(t) u_{mj} \\ &= \sum_j d_j(0) \mathrm{e}^{-\mathrm{i}\lambda_j t} u_{mj} \\ &= \sum_j \Big(\sum_k b_k(0) u_{kj}^*\Big) \mathrm{e}^{-\mathrm{i}\lambda_j t} u_{mj} \\ &= \sum_k \Big(\sum_j \mathrm{e}^{-\mathrm{i}\lambda_j t} u_{kj}^* u_{mj}\Big) b_k(0) \end{aligned}$$

上述求解过程可概括如下。

求解薛定谔方程,即

$$\mathrm{i}\frac{\mathrm{d}}{\mathrm{d}t}|\psi(t)\rangle = H|\psi(t)\rangle \tag{B.1}$$

将$|\psi(t)\rangle$用H_0的本征态(裸态)$|B_k\rangle$展开为

$$|\psi(t)\rangle = \sum_k b_k(t) \mid B_k\rangle \tag{B.2}$$

求得展开系数为

$$b_m(t) = \sum_k \Big(\sum_j \mathrm{e}^{-\mathrm{i}\lambda_j t} u_{kj}^* u_{mj}\Big) b_k(0) \tag{B.3}$$

其中,$u_{kj} = \langle B_k | D_j\rangle$, $|B_k\rangle$为**自由哈密顿量 $\boldsymbol{H}_0$** 的本征态,$|D_j\rangle$为**总哈密顿量 $\boldsymbol{H}$** 的本征态;λ_j 为 H 的本征值。

附录C　电偶极相互作用与磁偶极相互作用

我们知道，电磁场既有电场分量，也有磁场分量。在研究电磁场与物质的相互作用时，经常仅考虑电场的作用，而不考虑磁场的作用，这是为什么呢？

电场的作用主要是原子的电偶极矩与电场之间的电偶极相互作用，其相互作用能为

$$U_e = -\boldsymbol{d} \cdot \boldsymbol{E} = -e\boldsymbol{r} \cdot \boldsymbol{E} \propto -ea_B E$$

其中，e 为电子电荷；$\boldsymbol{d}=e\boldsymbol{r}$ 为原子的电偶极矩；a_B 为原子的玻尔半径；$\boldsymbol{E}$ 为电场矢量。

磁场的作用主要为原子的磁偶极矩与磁场之间的磁偶极相互作用，其相互作用能为

$$U_m = -\boldsymbol{\mu} \cdot \boldsymbol{B} \propto -\mu_B B$$

其中，$\boldsymbol{\mu}$ 为原子的磁偶极矩；μ_B 为原子的玻尔磁子；$\boldsymbol{B}$ 为磁场矢量。

磁偶极相互作用能与电偶极相互作用能的比值为

$$\frac{U_m}{U_e} \propto \frac{\mu_B B}{ea_B E} = \frac{(e\hbar/2m)}{e(\hbar^2/me^2)}\frac{B}{E} = \frac{1}{2}\frac{e^2}{\hbar c} = \frac{1}{2}\alpha = \frac{1}{2} \times \frac{1}{137}$$

可见，磁偶极相互作用比电偶极相互作用弱两个数量级，因此在研究电磁场与物质相互作用时，在许多情况下只考虑电场的作用，而不考虑磁场的作用。

附录D 有效哈密顿量①

在研究电磁场与原子的相互作用时，在将系统的哈密顿量变换到相互作用绘景后，我们经常会遇到下列形式的哈密顿量，即

$$H(t) = \sum_m h_m^+ e^{i\Delta_m t} + \text{H. c.} \tag{D. 1}$$

其中，h_m^+ 是电磁场算符和原子算符的组合；Δ_m 是电磁场频率与原子跃迁频率的失谐量；H. c. 表示厄米共轭。

(1) 二能级原子与经典单模电磁场的相互作用

$$H(t)=\hbar\Omega\sigma^+ e^{i\Delta t}+\text{H. c.} \tag{D. 2}$$

其中，Ω 是描述电磁场与原子相互作用强度的 Rabi 频率；$\sigma^+=|e\rangle\langle g|$，$|e\rangle$和$|g\rangle$分别是原子的上下能态；$\Delta=\omega_a-\omega_f$，$\omega_a$ 和 ω_f 分别是原子跃迁频率和电磁场频率。

将式(D. 2)与式(D. 1)比较可知，$h_m^+=\hbar\Omega\sigma^+$，$\Delta_m=\Delta$。

(2) 二能级原子与量子单模电磁场的相互作用(JC 模型)

$$H(t)=\hbar g\sigma^+ a e^{i\Delta t}+\text{H. c.} \tag{D. 3}$$

其中，g 是描述电磁场与原子相互作用的耦合常数，a 是电磁场的光子湮灭算符，其他符号的意义与上面相同。

将(D. 3)式与(D. 1)式比较可知，$h_m^+=\hbar\Omega\sigma^+ a$，$\Delta_m=\Delta$。

(3) 三能级原子与经典双模电磁场的相互作用(以 Λ 型相互作用为例)

$$H(t)=\hbar\Omega_1\sigma_{ab}e^{i\Delta_1 t}+\hbar\Omega_2\sigma_{ac}e^{i\Delta_2 t}+\text{H. c.} \tag{D. 4}$$

其中，$\sigma_{jk}=|j\rangle\langle k|(j,k=a,b,c)$，其他符号的意义与上面类似。

将式(D. 4)与式(D. 1)比较可知，$h_1^+=\hbar\Omega_1\sigma_{ab}$，$h_2^+=\hbar\Omega_2\sigma_{ac}$。

(4) 三能级原子与量子双模电磁场的相互作用(以 Λ 型相互作用为例)

$$H(t)=\hbar g_1\sigma_{ab}a_1 e^{i\Delta_1 t}+\hbar g_2\sigma_{ac}a_2 e^{i\Delta_2 t}+\text{H. c.} \tag{D. 5}$$

其中，$g_j(j=1,2)$是描述电磁场与原子相互作用的耦合常数；$a_k(k=1,2)$是电磁场第 k 个模式的光子湮灭算符，其他符号的意义与上面类似。

将(D. 5)式与(D. 1)式比较可知，$h_1^+=\hbar g_1\sigma_{ab}a_1$，$h_2^+=\hbar g_2\sigma_{ac}a_2$。

(5) 三能级原子同时与一个量子单模电磁场和一个经典单模电磁场的相互作用(以 Λ 型相互作用为例)

$$H(t)=\hbar g\sigma_{ab}a e^{i\Delta_1 t}+\hbar\Omega\sigma_{ac}e^{i\Delta_2 t}+\text{H. c.} \tag{D. 6}$$

---

① James D F V, Jerke J. Can. J. Phys. 2007, 85: 625.

其中，各符号的意义与上面类似。

将式(D.6)与式(D.1)比较可知，$h_1^+=\hbar g\sigma_{ab}a$，$h_2^+=\hbar\Omega\sigma_{ac}$。

在许多时候我们需要研究系统在大失谐条件下的性质。下面我们首先导出在大失谐条件下与式(D.1)对应的有效哈密顿量的一般形式，然后将其用于式(D.2)～式(D.6)，导出对应的有效哈密顿量的具体形式。

在相互作用绘景，薛定谔方程为

$$i\hbar\frac{\mathrm{d}}{\mathrm{d}t}|\psi(t)\rangle=H(t)|\psi(t)\rangle \tag{D.7}$$

其形式解为

$$|\psi(t)\rangle=|\psi(0)\rangle-\frac{i}{\hbar}\int_0^t \mathrm{d}t'H(t')|\psi(t')\rangle \tag{D.8}$$

将式(D.8)代入式(D.7)的等号右端，可得

$$i\hbar\frac{\mathrm{d}}{\mathrm{d}t}|\psi(t)\rangle=H(t)|\psi(0)\rangle-\frac{i}{\hbar}H(t)\int_0^t \mathrm{d}t'H(t')|\psi(t')\rangle \tag{D.9}$$

下面作两个近似。

① 假设式(D.1)中的 Δ_m 很大，以至于 $H(t)$ 振荡很快，使得上式中第一项 $H(t)|\psi(0)\rangle\approx 0$；相应地，第二项积分后只代上限 t。

② 取马尔可夫近似，即将积分中的 $|\psi(t')\rangle$ 用 $|\psi(t)\rangle$ 代替，于是式(D.9)可化作

$$i\hbar\frac{\mathrm{d}}{\mathrm{d}t}|\psi(t)\rangle=H_{\mathrm{eff}}|\psi(t)\rangle \tag{D.10}$$

其中，有效哈密顿量 H_{eff} 为

$$H_{\mathrm{eff}}=-\frac{i}{\hbar}H(t)\int^t \mathrm{d}t'H(t') \tag{D.11}$$

下面导出与哈密顿量(D.1)式对应的有效哈密顿量。将式(D.1)代入式(D.11)，可得

$$\begin{aligned}H_{\mathrm{eff}}&=\sum_{m,n}\frac{1}{-\hbar\Delta_n}\{h_m^+h_n^+\mathrm{e}^{i(\Delta_m+\Delta_n)t}+h_mh_n^+\mathrm{e}^{-i(\Delta_m-\Delta_n)t}-h_m^+h_n\mathrm{e}^{i(\Delta_m-\Delta_n)t}-h_mh_n\mathrm{e}^{-i(\Delta_m+\Delta_n)t}\}\\&=\sum_{m=n}\cdots+\sum_{m\neq n}\cdots\end{aligned} \tag{D.11$'$}$$

在下面的运算中，我们略去快速振荡项(旋转波近似)。在式(D.11′)中，$\sum\limits_{m=n}\cdots$ 项为

$$\sum_{m=n}\cdots=\sum_n\frac{1}{\hbar\Delta_n}[h_n^+,h_n] \tag{D.12}$$

而 $\sum\limits_{m\neq n}\cdots$ 项要分两种情况考虑。

情况一，Δ_m 和 Δ_n 同号，不妨设 $\Delta_m>0$，$\Delta_n>0$，则

$$\sum_{m\neq n}\cdots=\sum_{m\neq n}\frac{1}{-\hbar\Delta_n}\{h_m h_n^+ e^{-i(\Delta_m-\Delta_n)t}-h_m^+ h_n e^{i(\Delta_m-\Delta_n)t}\} \tag{D. 13}$$

进一步，计算可得

$$\sum_{m\neq n}\cdots=\sum_{m<n}\frac{1}{\hbar\overline{\Delta_{mn}}}\{[h_m^+,h_n]e^{i(\Delta_m-\Delta_n)t}+\text{H. c.}\} \tag{D. 14}$$

其中，$\overline{\Delta_{mn}}=\frac{1}{2}(\Delta_m+\Delta_n)$。

将式(D. 12)和式(D. 14)代入式(D. 11)得

$$H_{\text{eff}}=\sum_n\frac{1}{\hbar\Delta_n}[h_n^+,h_n]+\sum_{m<n}\frac{1}{\hbar\overline{\Delta_{mn}}}\{[h_m^+,h_n]e^{i(\Delta_m-\Delta_n)t}+\text{H. c.}\}$$

$$\overline{\Delta_{mn}}=\frac{1}{2}(\Delta_m+\Delta_n) \tag{D. 15}$$

情况二，Δ_m 和 Δ_n 异号，不妨设 $\Delta_m>0$，$\Delta_n<0$，则

$$\sum_{m\neq n}\cdots=\sum_{m\neq n}\frac{1}{-\hbar\Delta_n}\{h_m^+ h_n^+ e^{i(\Delta_m+\Delta_n)t}-h_m h_n e^{-i(\Delta_m+\Delta_n)t}\} \tag{D. 16}$$

进一步，计算可得

$$\sum_{m\neq n}\cdots=\sum_{m<n}\frac{1}{\hbar\overline{\Delta_{mn}}}\{[h_m^+,h_n^+]e^{i(\Delta_m+\Delta_n)t}+\text{H. c.}\} \tag{D. 17}$$

其中，$\overline{\Delta_{mn}}=\frac{1}{2}(\Delta_m+|\Delta_n|)$。

将式(D. 12)和式(D. 17)代入式(D. 11)得

$$H_{\text{eff}}=\sum_n\frac{1}{\hbar\Delta_n}[h_n^+,h_n]+\sum_{m<n}\frac{1}{\hbar\overline{\Delta_{mn}}}\{[h_m^+,h_n^+]e^{i(\Delta_m+\Delta_n)t}+\text{H. c.}\}$$

$$\overline{\Delta_{mn}}=\frac{1}{2}(\Delta_m+|\Delta_n|) \tag{D. 18}$$

将式(D. 15)依次用于式(D. 2)～式(D. 6)可分别得到各模型的有效哈密顿量。

① 二能级原子与经典单模电磁场相互作用的有效哈密顿量，即

$$H_{\text{eff}}=\hbar\frac{\Omega^2}{\Delta}(\sigma_{ee}-\sigma_{gg})=\hbar\frac{\Omega^2}{\Delta}\sigma_z \qquad \text{(D. 19)}\Leftrightarrow\text{(D. 2)}$$

② 二能级原子与量子单模电磁场相互作用(JC 模型)的有效哈密顿量，即

$$H_{\text{eff}}=\hbar\frac{g^2}{\Delta}(aa^+\sigma_{ee}-a^+a\sigma_{gg})=\hbar\frac{g^2}{\Delta}[(\hat{n}+1)\sigma_{ee}-\hat{n}\sigma_{gg}]$$

(D. 20)⇔(D. 3)

其中，$\hat{n}=a^+a$。

③ 三能级原子与经典双模电磁场相互作用的有效哈密顿量(以 Λ 型相互作用

为例)，即

$$H_{\text{eff}}=\hbar\frac{\Omega_1^2}{\Delta_1}(\sigma_{aa}-\sigma_{bb})+\hbar\frac{\Omega_2^2}{\Delta_2}(\sigma_{aa}-\sigma_{cc})-\hbar\frac{\Omega_1\Omega_2}{\bar{\Delta}}(\sigma_{cb}\mathrm{e}^{\mathrm{i}(\Delta_1-\Delta_2)t}+\mathrm{H.c.})\tag{D.21}\Leftrightarrow(D.4)$$

其中，$\bar{\Delta}=\frac{1}{2}(\Delta_1+\Delta_2)$。

④ 三能级原子与量子双模电磁场相互作用的有效哈密顿量(以 Λ 型相互作用为例)，即

$$\begin{aligned}H_{\text{eff}}=&\hbar\frac{g_1^2}{\Delta_1}[(\hat{n}_1+1)\sigma_{aa}-\hat{n}_1\sigma_{bb}]+\hbar\frac{g_2^2}{\Delta_2}[(\hat{n}_2+1)\sigma_{aa}-\hat{n}_2\sigma_{cc}]\\&-\hbar\frac{g_1g_2}{\bar{\Delta}}(a_2^+a_1\sigma_{cb}\mathrm{e}^{\mathrm{i}(\Delta_1-\Delta_2)t}+\mathrm{H.c.})\end{aligned}\tag{D.22}\Leftrightarrow(D.5)$$

其中，$\hat{n}_k=a_k^+a_k(k=1,2)$；$\bar{\Delta}=\frac{1}{2}(\Delta_1+\Delta_2)$。

⑤ 三能级原子同时与一个量子单模电磁场和一个经典单模电磁场相互作用的有效哈密顿量(以 Λ 型相互作用为例)，即

$$H_{\text{eff}}=\hbar\frac{g^2}{\Delta_1}[(\hat{n}+1)\sigma_{aa}-\hat{n}\sigma_{bb}]+\hbar\frac{\Omega^2}{\Delta_2}(\sigma_{aa}-\sigma_{cc})-\hbar\frac{g\Omega}{\bar{\Delta}}(a\sigma_{cb}\mathrm{e}^{\mathrm{i}(\Delta_1-\Delta_2)t}+\mathrm{H.c.})\tag{D.23}\Leftrightarrow(D.6)$$

其中，$\hat{n}=a^+a$；$\bar{\Delta}=\frac{1}{2}(\Delta_1+\Delta_2)$。

最后，我们用式(D.15)导出囚禁离子问题中的有效哈密顿量。对囚禁离子问题，要考虑离子的两类运动，即**内部运动**和**外部运动**。所谓内部运动指的是离子中电子态之间的跃迁，假设离子有两个电子能态$|e\rangle$和$|g\rangle$，构成两态系统。所谓外部运动指的是离子整体的运动(或质心运动)。设势阱可以近似看作谐振子势阱，质量为M的离子在其中作频率为ν的简谐振动，ν的取值由势阱的参数决定，谐振子量子(声子)的湮灭算符和产生算符分别用a和a^+表示，离子的质心位置用算符$\hat{x}$表示。设沿势阱的轴向(x方向)施加一束频率为ω_L、波矢量为k_L的激光(作经典处理)，则在相互作用绘景中，系统的哈密顿量为

$$H(t)=\hbar\Omega\mathrm{e}^{\mathrm{i}k_L\hat{x}(t)}\sigma_{eg}\mathrm{e}^{\mathrm{i}\Delta t}+\mathrm{H.c.}\tag{D.24}$$

其中，$\Delta=\omega_a-\omega_L$。

$$\hat{x}=\sqrt{\frac{\hbar}{2\nu M}}(a^+\mathrm{e}^{\mathrm{i}\nu t}+a\mathrm{e}^{-\mathrm{i}\nu t})\tag{D.25}$$

$$k_L\hat{x}(t)=\eta(a^+\mathrm{e}^{\mathrm{i}\nu t}+a\mathrm{e}^{-\mathrm{i}\nu t})\tag{D.26}$$

其中，$\eta=k_L\sqrt{\hbar/(2\nu M)}$称为 **Lamb-Dicke 参数**。

一般情况下，$\eta \ll 1$（称为 **Lamb-Dicke** 范围），从而 $k_L \hat{x}(t)$ 很小。

在 **Lamb-Dicke** 范围，有

$$e^{ik_L \hat{x}(t)} \approx 1 + ik_L \hat{x}(t) = 1 + i\eta(a^+ e^{i\nu t} + a e^{-i\nu t}) \tag{D. 27}$$

$$H(t) = \hbar\Omega\sigma_{eg}[1 + i\eta(a^+ e^{i\nu t} + a e^{-i\nu t})]e^{i\Delta t} + \text{H. c.} \tag{D. 28}$$

将式(D. 28)与式(D. 1)比较，可知

$$h_1^+ = \hbar\Omega\sigma_{eg}, \quad \Delta_1 = \Delta \tag{D. 29a}$$

$$h_2^+ = i\eta\hbar\Omega\sigma_{eg}a^+, \quad \Delta_2 = \Delta + \nu \tag{D. 29b}$$

$$h_3^+ = i\eta\hbar\Omega\sigma_{eg}a, \quad \Delta_3 = \Delta - \nu \tag{D. 29c}$$

将式(D. 29)代入式(D. 15)，可得

$$\begin{aligned} H_{\text{eff}} = & \hbar\frac{\Omega^2}{\Delta}(\sigma_{ee} - \sigma_{gg}) + \hbar\frac{(\eta\Omega)^2}{\Delta+\nu}[\hat{n}\sigma_{ee} - (\hat{n}+1)\sigma_{gg}] + \hbar\frac{(\eta\Omega)^2}{\Delta-\nu}[(\hat{n}+1)\sigma_{ee} - \hat{n}\sigma_{gg}] \\ & + \left[\hbar\frac{-i\eta h\Omega^2}{\Delta+\nu/2}(\sigma_{ee} - \sigma_{gg})a e^{-i\nu t} + \text{H. c.}\right] + \left[\hbar\frac{(\eta\Omega)^2}{\Delta}(\sigma_{ee} - \sigma_{gg})a^{+2} e^{i2\nu t} + \text{H. c.}\right] \end{aligned} \tag{D. 30}$$

略去最后两项（含 $e^{-i\nu t}$ 和 $e^{i2\nu t}$ 的快速振荡项），由前三项可得

$$H_{\text{eff}} = \hbar\frac{\Omega^2}{\Delta}\left[1 + \frac{2(\eta\Delta)^2}{\Delta^2 - \nu^2}\left(\hat{n} + \frac{1}{2}\right)\right](\sigma_{ee} - \sigma_{gg}) \tag{D. 31}$$

其中，$\hat{n} = a^+ a$。